누리보듬
홈스쿨

바른 교육 시리즈 **❶**

아이의 행복한 오늘을 위한 선택

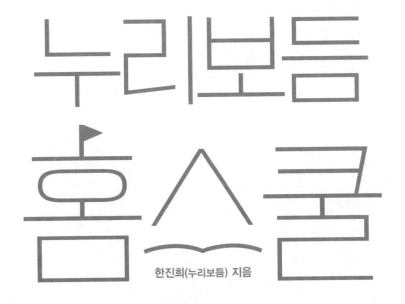

누리보듬 홈스쿨

한진희(누리보듬) 지음

서 사 원

자신만의
걸음으로

자신만의
길을 가라

결혼을 했으니 엄마가 되는 것은 당연한 수순인 줄 알았다. 그런데 이 세상에서 엄마로 살기 위해서는 누군가의 축복과도 같은 선택이 필요한 것 같았다. 그 선택을 받을 자격에 미치지 못했는지 엄마가 되기까지 간절함과 절실함 그리고 두려움이 오랜 시간 함께 지속되었다.

"부디 바라건대 제게 한 아이의 엄마가 될 수 있는 축복을 주시어, 그 아이가 우리 곁에서 밝고 건강하게만 자라준다면 절대 더 이상의 욕심은 부리지 않겠습니다."

결혼하고 햇수로 10년이었다. 아이를 기다리는 내내 아이에게 욕심을 부리지 않는 엄마가 되겠다는 다짐을 수없이 했다. 몇 해 동안 사교육 현장에서 선생님 소리 들으며 가슴 아픈 학교 교육 현장을 남의 일처럼 기웃거렸다. 태어나지도 않은 내 아이에게 학교가 어떤 의미로 다가오고, 머물고, 지나갈지 드는 생각이 많았다. 곧 달라지겠지, 더 나아지겠지 하고 기대했던 세상은, 아이들이 희생자이며 피해자가 되는 사건 사고들로 등줄기를 오싹하게 만들었다. 사회면의 기사를 일부러 외면해야 하는 지경에까지 이르렀다. 이 세상에서 엄마로 살아가는 것에 두려움마저 느꼈다.

신생아실 창문 앞에서 주체할 수 없는 감정으로 엉엉 소리 내어 울며 기적같이 우리 품으로 날아 와준 아이와 첫 대면을 할 때만 해도, 학교의 변화에 대한 기대가 남아 있었다. 우리에게는 아주 먼 일이라 생각되었기 때문이다.

하지만 아이들이 감당해야 할 삶의 무게는 점점 더 무거워져만 갔다. 아이들은 무겁다 아우성쳤지만, 그 가녀린 어깨를 짓누르는 보이지 않는 손들이 아이들을 땅 속으로 꺼져버리게 만들 것만 같았다. 이 세상은 엄마로 살기도 힘겹지만 아이로 살기도 버겁기는 마찬가지였다.

내가 아이를 키우고 있는 이 어이없는 세상에 화가 났다. 도무지 이해되지 않는 이 세상에 아이를 내놓아야 한다는 것이 겁이 났다.

하지만 세상은 이해하는 것이 아니라 적응해야 하는 것이었다. 그래서 이해하려 애쓰지 않았다. 더 이상 오지 않을 세상을 기다리지 않기로 했다. 내 아이를 위해서 지금 당장 내가 할 수 있는 최선을 찾아야 했다. 무슨 용기였는지, 아니면 무슨 배짱이었는지 모르겠지만 세상에 순응하기보다는 아이가 선택해서 갈 수 있는 다른 길을 찾기 시작했다. 가능성을 확인하기 위해 지속적으로 남과 다른 선택을 해야만 했다.

친구들과는 다른, 다듬어지지 않은 거친 길을 선택했다. 함께 손잡고 지나오면서 집에서 빈둥거리는 아이를 바라보며 마음이 조급해졌다. 지치지도 않고 아이에 대한 욕심이 마음속 깊은 곳에서 꿈틀거렸다. 그럴 때마다 아이를 기다리는 동안 수없이 기도하면서 했던 다짐을 떠올렸다. 아이의 존재만으로 행복이니 이걸로 됐다, 이걸로 충분하다고 감사했으면서도, 부모가 되어 자식에 대한 욕심을 내려놓는 것이 그렇게 힘든 일인지 몰랐다. 수없이 했던 약속, 그 다짐을 지키지 않아 벌을 받게 되면 어쩌나 두렵기도 했지만 아이가 잘 받아주면 받아줄수록, 잘 견뎌주면 견뎌줄수록 부모가 채워야 할 '욕심 그릇'은 커져만 갔다.

초등학교 졸업을 앞두고 뜻밖으로 화려해진 초등 이력을 놓고 마음이 흔들렸다. '국제중학교에 보내볼까? 과학영재고를 목표로 해볼까? 3년 죽어라 몰아 부치면 가능성이 있지 않을까?' 엄마 아빠가 적극적으로 앞에서 끌어주고 뒤에서 밀어주면, 속된 말로 아이에게 '올인'하면 사회적 잣대에 맞춘 성공에 닿을 수 있을 것 같았다. 아이의 생각과는 무관하게 엄마 혼자 커져버린 욕심 그릇에 무엇을 담아야 할지 고민했다.

그러던 어느 날, 반디가 학교 특별활동으로 가깝게 지냈던 1년 선배들의 중학교 생활 모습에 놀라 자신의 진로에 대해 구체적인 고민을 꺼냈다. 그 일은 반디의 진로를 고민하던 시점에 우리 모자가 화들짝 정신을 차리게 해준 전환점이 되었다. 초등 6학년 여름방학 무렵이었다.

반디와 긴 시간 이야기를 나누었다. 누구나 가는 길이 아닌 다른 길도 있다는 것을 보여주었다. '너만의 걸음으로 나아갈 수 있는 너만의 길을 선택할 수 있다'는 것을 알게 해주고 싶었다. 엄마가 그 길을 위해 준비했던 지난 시간도 처음으로 털어놓았다. 몇 년 뒤에 알았다. 반디는 내색하지 않았지만, 꽤 오랫동안 혼자서 심각하게 고민했었다고 한다. 수개월이 지나 6학년 겨울방학을 앞두고, 반디가 스스로 '홈스쿨'을 선택한 덕분에 우리 가족은 '학교 교육'이라는 수렁에 빠지지 않을 수 있었다.

1년 6개월간의 홈스쿨을 통해 한국의 중등교육(중고등학교) 과정을 검정고시로 마무리했다. 초등 1학년부터 시작한 '엄마표 영어' 8년으로 자유로워진 영어는 계획조차 없었던 선택지를 아이 앞에 가져다 놓았다. 16세에 불과했지만, 선택 가능한 것에 해외 대학 진학이 포함되어 있었다. 망설임은 언제나 제자리걸음일 뿐이다. 의지할 지인 하나 없는 낯선 타국에서 달랑 이민 가방 두 개만으로 우리 모자의 새로운 일상이 시작되었다. 반디는 대학생이었지만 미성년자였다. 현지에서 부모의 직접적인 보호가 필요하다는 조건이 붙었던 입학 허가였기에 따라 나서야 했던 엄마였다.

시드니의 시티 레일을 타고 하버브리지를 건너다 보면, 초등학교 아이들이 도화지 반을 채워 색칠한 하늘색과 꼭 닮은 눈부신 하늘을 만날 수 있었다. 그 아래 하늘빛 닮은 바다를 배경으로 그림이나 사진으로 익숙한 풍경이 일상이 되었다. 한동안은 그 낯선 일상에 자신도 모르게 웃음이 나더라는 반디였다. 나 또한 다르지 않았다. 4년 동안 힘들지 않았다면, 외롭지 않았다면 거짓말이다. 하지만 매일매일 새로움에 가슴 설레며 관심 있는 학문에 지적 호기심을 키우고 충족시키는 아이를 지켜보며 감사했다. 적극적이고 충분한 소통이 가능한 교육을 통해 꿈을 키워나가는, 바쁘지만 행복해하는 일상을 가까이에서 함께할 수 있어 더할 나위 없었다.

이 세상에서 그 어떤 다른 이름의 무엇도 아닌 '그냥 엄마'로 살면서 평범치 못한 길에서 수시로 흔들리고 바로잡기를 반복하며 스무 해를 걸어왔다. 혼자 가는 그 길에서 문득문득 찾아오는 불안과 초조를 이겨내기 위해 '잘하고 있다. 내가 옳다'고 스스로를 위로했다. 아이와 함께했던 길은 누군가에게 떠밀려 억지로 가야 하는 길이 아니었다. 보이지 않는 손에 이끌려 어쩔 수 없이 가야만 하는 길도 아니었다. 남들이 가니 그냥 묻어가야 하는 바쁜 걸음은 더더욱 아니었다. 발길이 많이 닿지 않아 다듬어지지 않은 길이었기에 상처 입을 각오도 했었다.

손잡고 가는 길가에 꽃이 보이면 꽃향기도 맡아보고, 강이 나오면 발도 담그며 쉬엄쉬엄 자신만의 걸음으로 자신만의 길을 걸었다. 나 자신 이외의 경쟁자와 싸워야 하는 에너지 소모가 없어서였을까? 불필요한 반복을 하지 않는 효율적인 학습 덕분이었을까? 그것도 아니면 줄 세우기 위한 평가에서 자유로울 수 있어서였을까? 느린 걸음이라 생각했는데 예상보다, 계획보다 늘 일찍 도착해 있었다. 그렇게 또래 친구들보다 훨씬 덜 지친 몸과 마음을 지키며 걷다 보니 지금이 되었다.

누구나 가는 길에 동참하면 뻔한 길 끝을 향해 다 같이 걷게 된다. 그렇기에 누가 먼저인지가 중요하다. 경쟁은 필수이고 줄 세우기는 어쩔 수 없는 평가의 결과이다. 그 길 끝에 가야 만날 수 있다는 성공과 실패, 승자와 패자의 기준 또한 명확하다. 그런데 그 끝이 어디인지 정의 내리기 어려워졌다. 대입인지 취업인지 그 이후의 삶인지 도무지 끝이 보이지 않는다. 그 무엇이라도 가는 내내 끊임없이 이어지는 치열하다 못해 처절한 경쟁을 피할 수 없다.

확실하지도 않은 미래를 위해 오늘을 몽땅 저당 잡히는 것이 과연 아이의 행복을 위한 것인지 스스로에게 물어봤다. 그리고 답을 찾았다. 아이와 '오늘'을 살자. 적지 않은 부모들이 한번쯤은 반디가 선택했던 길에 대해 깊이 고민해봤다고 고백한다. 현실이 되지 못하고 생각에 그칠 수밖에 없는 수많은 이유를 이해할 수 있다. 하지만 수십, 수백 가지의 이유를 이길 수 있는 단 하나의 이유를 댈 수도 있다. '지금 현재 아이가 행복한가?' 즉답이 망설여진다면 다시 묻고 싶다. '그럼, 지금 말고 언제 행복할 건가?'

자신만의 걸음으로 자신만의 길을 걷다 보면 그 길 끝에 무엇이 놓여있는지 예측하기 어렵다. 불안하고 두렵기도 하다. 많은 사람이 지나갔고 지금도 지나가고 있는 잘 닦인 길이 아니다. 거칠고 험할 뿐 아니라 외로운 길이다. 하지만 누군가 성공의 길이라고 미리 정답처럼 보여주는 길에서 그 길을 좇느라 나 자신을 잃어버리지 않아도 된다. 내가 선택한 길에서 나만의 과정을 만들어가는 동안 '오늘'을 살 수 있다. 그것이 뒤에 오는 누군가에게는 또 하나의 다른 길이 될 것이다. 그렇게 자꾸자꾸 길이 만들어져야 한다. 반디가 만들어놓은 길에 누군가 조심스럽게 발을 들여놓을지도 모른다는 기대와 우려가 있다. 그 사람은 반디가 그랬던 것처럼 자신만의 걸음으로 자신만의 길을 걸으며 또 다른 길을 만들 것이다. 그렇게 길을 만들고, 먼저 지나온 사람으로서 새롭게 만들어질 그 길을 응원한다.

"그 누구도 아닌 자기 걸음을 걸어라. 나는 독특하다는 것을 믿어라. 누구나 몰려가는 줄에 설 필요는 없다. 자신만의 걸음으로 자기 길을 가거라. 바보 같은 사람들이 무어라 비웃든 간에…."

_영화 〈죽은 시인의 사회〉 중에서

Part 1 왜 다른 길이어야 했나?

Part 2 학교 유감

몰랐으면 놓쳤을 길에서 행복했던 취학 전

제도 교육으로 무난했던 초등 6년

Part
5

대안교육의 학력 인정

Part 6 홈스쿨과 사회성

Part 7 홈스쿨 학습

Part 8 사춘기 그리고 아빠의 교육 참여

Part 9 해외 대학 입학 준비

Part 10 시드니 일상

Part 1

왜 다른
길이어야 했나?

....

서두르다
일을 망친다

——— • • •

● **발묘조장(拔苗助長): 拔**뺄 발, **苗**싹 묘, **助**도울 조, **長**긴 장

《맹자》에 나오는 이야기다. 중국 송(宋)나라에 어리석은 농부가 모
내기를 한 이후 벼가 어느 정도 자랐는지 궁금해서 논에 가보니 다
른 사람의 벼보다 덜 자란 것 같았다. 농부는 궁리 끝에 벼의 순을
잡아 빼보니 약간 더 자란 것 같았다. 집에 돌아와 식구들에게 하루
종일 벼의 순을 빼느라 힘이 하나도 없다고 이야기하자 식구들이
기겁하였다. 이튿날 아들이 논에 가보니 벼는 이미 하얗게 말라 죽
어 있었다. 농부는 벼의 순을 뽑으면 더 빨리 자랄 것이라고 생각해
그런 어처구니없는 일을 하였다. 공자(孔子)도 '서둘러 가려다 오히
려 이르지 못한다'라고 이와 비슷한 말을 하였다. 한국 속담에도 '급
할수록 돌아가라'는 말이 있듯이, 빨리 서두르면 도리어 상황이 더
욱 악화된다는 의미가 있다.

_출처: 네이버 백과

본래 성격이 느긋한 편은 아니었다. 급한 마음을 몸이 따라주지 못해 움직임이 엇박자여서 여기저기 부딪혀 멍 자국이 많았다. 약속 시간에 늦는 상대방을 기다려주지 못하고, 쉽게 자리 뜨는 것으로도 악명 높았다. 주방 일이 서툰 것도 아닌데 결혼 10년 차까지 유리컵이 남아나질 않았다. 그런 성격이 변하기 시작한 것은 아이를 키우면서부터였다. 아무리 성격 급한 엄마라도 '때가 되어야 한다'는 아이의 자연스러운 성장을 기다려줄 수밖에 없구나 깨닫고 나서부터였다. 기다림에 익숙해지려 조급한 마음을 달래고 달래야 했다. 익숙해지니 기다림을 넘어 게으른 엄마가 되어버렸다. 그리고 게으른 엄마의 핑계가 되어주는 것 같아 좋아하는 말이 생겼다. '서두르다 일을 망친다.'

아이들의 몸과 마음을 성장시키기 위해 어른들이 의도적으로 개입해서 서두르다 보면, 아이들이 스스로 깨우치는 자연스러움을 놓치게 된다. 세상 모든 것이 호기심으로 충만한 아이들은 가만히 지켜만 봐줘도 스스로 잘 자란다. 아무것도 안 하고 뒹굴거리는 시간조차도 꼭 필요하고 중요한 시간이 되어주는 때가 있다. 그런 널널한 시간을 주면 작은 보폭이지만 서두름 없이 또 머무름 없이 몸과 마음, 뇌까지도 스스로 성장시킬 수 있다 믿었다.

언제부터였는지 우리는 누군가 가르치는 것을 배우는 것이 '교육'이라 생각해왔다. 그 누군가는 학교나 선생님으로 단정 지었다. 빨리 배울수록 좋다고 생각해서 '조기교육'에도 관심을 가졌다. 아이들은 취학연령 훨씬 이전부터 유치원을 비롯해서 어린이집, 문화센터, 방문교육 등 다양한 방법으로 선생님을 만났다. 스스로 무엇인가 알고 싶다는 생각이 들기 전에 이미 그것을 알아야 할 것으로 규정한 선생님들이 배워야 할 것으로 가르쳤다. 그렇게 아이들은 타고난 지적 호기심이나 욕구를 느껴보기도 전에 무언가 배우기 위해서는 선생님이 필요한 것이구나 착각하게 된다.

아이들이 성장하며 깨우치고 익히고 배우는 과정을 가만 들여다보면 스스로 알아갈 수 있는 무한 능력을 가지고 있다는 것을 알 수 있다. 천장만 바라보며 발버둥 치던 아이가 어떻게 엎어져야 한다고 가르치지 않아도 때가 되면 혼자 얼굴 빨갛게 힘들이며 엎어질 줄 안다. 엄마나 아빠가 기어 다니는 모습을 시범으로 보이지 않아도 때가 되면 스스로 기어 다니는 방법을 터득하고 베개를 기대놓지 않아도 꼿꼿해진 허리로 혼자 앉아 있을 수 있다. 사람들이 걷는 모습을 보며 자기도 걸어야겠다 싶은지 잔뜩 겁먹은 얼굴로 화장대를 붙잡았던 손을 떼고 뒤뚱거리며 몇 발자국 걷다 주저앉는 연습을 포기하지 않는다. 그러다 또 때가 되면 혼자 우뚝 일어나 걷기 시작한다. 신체 능력뿐일까? 평범한 환경에 놓인 아이라면 굳이 모든 단어를 일일이 가르치고 배우지 않아도 때가 되면 말을 배워 쏟아낸다.

대부분 비슷한 시기에 비슷한 행동을 하는 것을 보면 신체적으로, 정신적으로 그만한 성장을 위해서는 기다려야 하는 시간이 있는 것 같다. 부모에게는 이렇게 아이가 스스로 배워나가는 것을 대견해하며 마냥 기다려 주는 때가 있다. 또래에 비해 말이 조금 느려도, 신체 발달이 더뎌 늦게 걸음마를 떼어도 '때가 되면 다 한다'는 말로 아이들마다 성장 속도가 다를 수 있음을 인정하며 서두르지 않고 지켜본다. 그런데 왜 그것을 영유아기에 한정지으려 하는 걸까? 말귀를 알아듣는다 싶으면 어째서 무엇이든 자꾸 가르치려 드는가 말이다. 그것도 제 나이 이상의 것에 욕심을 부리면서.

저항 없는 수용과 타협이 ——— ···
수동적인 아이를 만든다

아이들이 가족의 무한한 사랑 속에서 자신이 사랑받을 만한 가치 있고 소중한 존재이며, 어떤 성과를 이루어낼 만한 유능한 사람이라는 믿음을 키워나가야 할 중요한 시기가 있다. 타인의 외적인 인정이나 칭찬에 의해서가 아니라 자신 내부의 사고와 가치에 의해 자기 자신을 존중하고 사랑하는 마음을 키우는 시기다. 이러한 '자아존중감'을 키워나가야 하는 시기에 수많은 규칙 안에서 하고 싶은 일보다는 해야 하는 일에 자신을 구겨 넣어야 하는 취학 전 교육제도를 나는 긍정적으로 보지 않는다. 어린 나이에도 능동적인 사고보다 수동적인 사고로 자신을 억제하며 단체 생활에 잘 적응하는 것이 사회성 좋은 아이라 생각한다면, 또 그게 다 사회성을 위해서라고 말한다면 더 논의할 의미가 없다.

취학 전 교육제도에 의해 아이들이 각종 기관에 맡겨지는 것이 반디의 유아기보다 점차, 아니 너무 갑작스레 빨라졌다. 의무교육이 아닌데도 안 보내면 손해 보는 느낌이 드는 누리과정도 거드는 면이 있지 않을까? 어린이집이나 유치원을 다니면 정부의 교육·보육비를 지원받을 수 있다. 분명 좋은 의도로 만들어진 제도다. 보육비 지원도 받고 유·초등 연계까지 고려하기 때문에 '의무 교육이 사실상 유아교육 범위까지 확대됐다'라는 평가도 있으니까.

그런데 제도가 확대, 안정되면서 취학 전 아이들을 집에서 돌보는 것을 비정상으로 여기는 사회적 시선이 생겼다는 것이 놀라웠다. 네다섯 살 아이들을 데리고 자유롭게 시간을 보낼라 치면 '왜 다 큰 애를 집에 데리고 있느냐?'는 질문을 받으니 말이다. 아직까지는 선택의 자유가 있으니 사회의 불편한 시선에 그런대로 자유로울 수 있는 취학 전이다. 다시없을 그 시기를 아이들과 어떤 시간으로 채워나가야 먼 후일 후회로 되짚지 않을지 깊이 생각해보라 한다면, 이 또한 '꼰대적' 사고라 손가락질할지도 모르겠다.

합법적으로 아이들은 가정에서부터 자연스럽게 분리되고 있다. '교육제도' 또는 '복지제도'란 이름으로 부모들이 별 저항 없이 수용하게 만들었다. 그래 놓고는 마땅히 지속되어야 한다는 타당성마저 흔드는 관리 감독의 부재로, 어린아이들이 피해자 혹은 희생자가 되

는 사건사고가 하루가 멀다 하고 터진다. 어린이집·유치원의 사건
사고를 만나는 것이 이리 익숙해져서 될 일인지 안타깝기 그지없다.
해보고 싶은 것, 하고 싶은 것이 많아야 할 시기다. 시류를 따르는
일반화를 잘못 수용하고 타협하면, 해야만 하는 것과 지켜야 할 규
칙 속에 아이를 가두어 능동적 사고를 일찌감치 막을 위험이 있다.

어차피 몇 해 지나 학교 교육을 받게 되면 아이들은 수동적이 될
수밖에 없다. 교과서라는 이름으로 잘 정돈된, 지식 아닌 지식을 담
아놓고, 그것들을 아이들 머릿속에 똑같이 실수 없이 집어넣어야 하
는 학교 교육 시스템이다. 아직도 교과서에 담아놓은 내용을 지식
이라 부를 수 있을까 의심스럽다. 심지어 선행이라는 이름으로 누가
먼저 집어넣는지 경쟁하는 현상이 만연하다.

수동적이지 않으면 경쟁에서 이기는 것은 고사하고 버티기도 힘
들다. 얼마 못 가서 이런 상황을 필연적으로 마주해야 한다. 그렇다
면 굳이 그러지 않아도 좋을 시기에 미리 서두를 이유가 있을까? 설
마 그 이유가 아이가 학교에서 잘 적응하길, 혹은 일찍 단체생활에
익숙해지길 바라기 때문이라고 말하는 이는 없기를 바란다. 학교에
잘 적응하기 위한 사전 교육이라는 것은 내 아이를 위한 것이 아니
다. 내 아이를 손쉽게 통제하기 원하는 학교를 위한 것이다.

아이가 벌겋게 상기된 얼굴로 힘들여 뒤집기를 시작할 때, 열심
히 응원하고 지켜보면서 절정의 순간에 살짝 등에 손을 대주는 것
으로 힘을 보태주었듯이, 서툰 걸음으로 뒤뚱거리다 넘어져도 혼자

일어설 수 있게 용기를 주며 기다려주고, 울며 간신히 일어서 손 터는 아이에게 달려가 힘껏 껴안아주면서 그 대견함에 칭찬을 아끼지 않았듯이, 어눌한 말이지만 전부 알아들을 수 있었던 엄마 아빠였기에 아이의 말 한 마디 한 마디에 적극적으로 반응하며 아이의 말 트임을 이끌어주었듯이, 아이가 "이게 뭐야?", "왜?"라는 말을 입에 달고 있어 대답이 궁색하고 귀찮다 생각 들어도 그 능동적 호기심이 신기해 일일이 설명하고 받아주었듯이, 그렇게 아이가 스스로 배우고 깨우치고 익히고자 할 때 살짝 손 내밀어주는 부모이고 싶었다.

아이들은 알고자 하는 호기심, 배우고자 하는 지적 욕구를 선천적으로 가지고 태어난다고 믿는다. 섣부른 조기교육과 수동적인 학교 교육을 통해 그 의지를 주저앉히고 밟아버리지만 않는다면, 어디에서든 어떤 방법을 통해서든 그 무엇이든 스스로 원하는 것을 배울 수 있는 능력을 가지고 있다. 이런 믿음을 바탕으로 아이의 교육 방향을 잡았다. 취학 전 기관 교육의 수용을 가능한 늦추고 줄였으며 초등교육에서 사교육을 배제했다. 영어 습득을 위한 '엄마표 영어'와 중등교육과정 '홈스쿨'은 모두 그것과 닿아 있다. 혼자 찾아가고 배우고 익혀야 하는 아이가 지치고 힘들 때, 살짝 손 내밀면 닿을 수 있도록 곁에서 지켜봐주는 것이 우리 부부가 해야 하는 일의 전부였다.

평범하지 않은 선택들은 특별한 배움을 욕심내서가 아니었다. 특별한 아이를 욕심내서는 더더욱 아니었다. 촘촘히 나뉜 시간 속,

빼곡히 채워진 '해야 할 일'에 쫓기는 또래들과는 다른 지루하고 심심한 일상이었다. 하지만 아이가 알고자 하는 것에 대해 능동적으로 스스로 알아가는 힘을 키울 수 있었던 시간이었다. 그런 시간이 아니었다면 전혀 다른 환경, 다른 문화, 다른 시스템에서 전공을 공부해야 하는 대학 4년을 버텨내기 힘들었을 것이다.

"학교에서의 강의 시간은 자신이 무엇을 찾아 공부해야 하는지 깨닫는 시간에 불과하다. 해야 할 공부를 찾아가는 것도 온전히 내 몫이다."

반디가 유학하던 4년 동안 자주 했던 말이다.

자존감, 아이의 평생이 걸려 있다

학교 교육은 개인의 능력이나 성향, 관심 등을 반영하지 못하는 획일화에 아이들을 끼워 맞춘다. 마음을 키우는 교육이 아닌 머리를 키우는 학습 능력 발달에만 치중하여 또래집단 내에서의 경쟁만 키우게 되었다. 지나친 경쟁은 아이들을 너무 빠르고 쉽게 자포자기하게 만든다. 키워줘야 할 자존감마저 잃어버리게 한다.

조지 워싱턴, 에이브러햄 링컨, 프랭클린 루스벨트를 비롯한 역대 미국 대통령들, 안데르센, 마크 트웨인, 찰스 디킨스를 비롯한 유명 작가들, 볼프강 모차르트, 찰리 채플린, 토머스 에디슨, 아인슈타인, 슈바이처, 퀴리 부인, 나이팅게일, 윈스턴 처칠, 벤자민 프랭클린, 더글러스 맥아더 등 우리가 이름만으로도 설레는 이 모든 인사들이 홈스쿨을 통해 교육받았다는 사실을 알고 있는가?

'학교'라는 공간적 개념이 생기기 훨씬 전부터 가정은 최초의 교육기관으로서 그 역할을 훌륭히 해왔다. 가정에서 교육받은 것만으로도 정서적 안정감과 바람직한 인성을 키울 수 있었다. 또한 천재성을 발휘하고 창의적인 예술혼을 불태우며, 의미 있는 삶을 살다간 위인들은 셀 수 없이 많았다. 종소리에 맞춰 시작하고 끝내는, 조각낸 시간에 맞춰 국어, 수학, 영어, 사회, 과학 기타 등등으로 나누어진 학과목을 배우지는 않았지만 사랑, 배려, 용서, 믿음, 협동, 감사, 정직, 성실, 근면 등의 선한 인성을 기르고 적절하게 성숙하며 마음을 키웠을 것이다.

근대에 들어서며 도시화, 산업화의 필요로 인해 집단 교육을 통한 사회적응 능력을 목표로 학교가 세워졌다. 아이들은 자아 존중감을 형성할 중요한 시기 대부분을 학교에서 보내게 되었다. 자기 자신을 타인의 사랑과 관심을 받을 만한 가치 있는 소중한 존재이고, 어떤 성과를 이루어낼 만한 유능한 사람이라고 믿는 '자아 존중감'은 평생 삶의 모습을 결정짓는 중요한 요소다. 자신이 가치 있는 사람이라고 스스로 생각할 때 넘어져도 일어설 힘이 생기기 때문이다. 또한 세상을 긍정적으로 바라보며 자신감을 가지고 적극적이고 도전적인 자세로 삶을 대하느냐, 부정적인 시각을 가지고 무기력한 삶 속에서 허우적거리느냐를 결정 짓는다.

'왜 홈스쿨이었나?' 하고 묻는다면 '학교'와 '자아 존중감', 이 두 단어 사이의 이질감이 너무 컸기 때문이라고 답할 수 있다. 아이가 태어나 가족의 무한한 사랑을 받으며 가정 안에서 천부적인 능력만으로 스스로 삶을 배우는 시간이 점점 짧아지고 있다. 누군가는 저항하고 싶어도 상황이 어쩔 수 없어서, 또 누군가는 시류를 따라 특별한 저항 없이 교육제도를 안심하고 믿으며 서둘러 아이를 맡긴다. 싫으면 거부할 수도 있는 취학 전 제도인데도 불구하고, 어떤 이유로든 그것에 익숙해진 아이들과 부모들에게 교육제도의 중심인 학교는 당연하게 받아들여야 하는 수순이 되었다. 처음 학교에 입학하는 날, 기대와 두려움 또는 호기심으로 반짝이던 아이들의 눈빛은 머지않아 점차 무기력해지고 청소년기를 맞아 냉소적으로 변할 것이다. 하지만 저항 없는 수용에 익숙해진 아이들은 그 어떤 자기방어도 하지 않는다.

아이는 선택의 여지도 없이 우리를 부모로 만났다. 자신의 의지로 살아내야 할 성인 이후의 삶을 준비하는 이십 년 동안, 아이를 귀하게 여기고 자긍심을 심어주어 건강한 자아 존중감을 키우길 바랐다. 그렇게 자란 아이가 세상에 나가 자기를 존중하는 삶을 살기를 기대했다. 그러기 위해 부모로서 내 아이에게 해줄 수 있는 최소한의 의무가 자아 존중감을 상실시키는 잘못된 교육을 선택하지 않는 것이라 생각했다. 그럼 적어도 선천적으로 가지고 태어난 능력을 빼앗기지는 않을 것이며, 왜곡된 인성을 갖게 되는 일은 막을 수 있을 테니까.

사람들은 남과 다르면 불안해하고, 강한 개성을 가지고 주관이 뚜렷한 사람을 만나면 불편해한다. 자신만의 독특한 개성을 가지고는 조직에 적응할 수 없다고 가르치고 배워왔기 때문이다. 학교에서도 집에서도 깊이 간섭하고 통제하며 착하고 말 잘 듣는 아이로 성장하길 바란다. 개성을 밟아버리고 자아 존중감마저 죽이면서.

하지만 지금은 자신만의 색깔을 잃어버리지 않고 지켜낸 사람들이 창의적인 일에서 상상 이상의 성과를 보여주는 세상이다. 자신을 억누르고 다른 사람의 시선이나 기대치에 맞춰 살아야 하는, 말 잘 듣고 착한 사람으로 사회적 잣대의 성공을 이루었을 때 진심으로 행복할 수 있을까?

세계적으로 직업의 종류뿐만 아니라 기업의 수명도 점점 짧아지고 있다. 우리 아이들이 사회의 주역이 되는 몇 십 년 후 어떤 직업이, 또 어떤 기업이 사라지고 살아남을지 예측하기 어렵다. 아이들이 살아갈 미래 사회 모습은 우리가 사회의 주역으로 살았던 1980년대 이후부터 지금까지의 모습과 달라도 너무 다를 것이다. 어쩌면 그 누구도 상상하지 못했던 세상을 만날 수도 있다. 기성세대의 시각으로 아이들의 미래를 계획하거나 기성세대의 경험과 체험을 토대로 아이들에게 충고해서는 안 되는 이유다. 그 어떤 세상을 만나도 대처 가능한 유연한 사고를 가진 아이로 성장할 수 있게 도와야 한다.

반디가 제도교육에서 벗어나 혼자서 홈스쿨을 하는 동안, 남들이 정해놓은 규칙보다 스스로 정한 규칙에 철저해지는 법을 터득해 나갔다. 스스로에 대한 믿음이 강해졌고 그 믿음은 자신감으로 이어졌다. 낯선 곳에서 유학 생활을 시작하며 학교와 학업에 관한 선택을 하는 권리와 책임의 의무를 아이에게 완전히 넘겨주었다. 한국에 있었다면 어린나이라는 이유와 엄마가 아이보다 주변 상황에 더 익숙하다는 핑계로 쉽게 하지 못했을 일이었다. 몰라서도 관여할 수 없었지만 돌아가는 시스템을 잘 알았다 해도 관여해서는 안 되는 대학생활이었다.

이후 지금까지도 아이의 학교생활에 대해서는 몰라도 너무 모르는 엄마, 몰라서 세상 편한 엄마가 되었다. 반디가 말하길 혼자서 문제를 해결해야 하는 상황에 놓였을 때 자기가 가진 능력 이상의 힘을 발휘하는 경험을 자주 했다고 한다. 자신이 가지고 있는 잠재된 능력이 노력 여하에 따라 어떻게 나타나는지 확인하면서 자신감을 넘어 확신을 갖게 된 것이다. 아이가 혼자 힘으로 자신을 통제하면서 실패와 실수의 시행착오를 겪으며 다가올 미래를 준비할 수 있을 것이라 믿게 되었다.

학교가
창의력을 죽인다?

지켜야 할 수많은 규칙 안에 자신을 가두고, 서둘러서 먼저 배우는 시스템에 아이들은 익숙해졌다. 그런데 그 규칙들은 대부분 아이 당사자를 위한 것이라기보다는 단체생활에서 아이들을 원활하게 통제하기 위한 목적으로 만들어졌다. 이렇게 아이들은 자존감을 익히고 키우기도 전에 타고난 재능은 꺼내 보지도 못하고 '적응'에 익숙해진다. 그리고 자연스럽게 이어지는 학교 교육에 적응하는 정도에 따라 모범생과 문제아 따위로 분류된다.

치열한 경쟁이 따르는 때마다 여러 부분에서 우위를 차지하며 잘 적응한 모범생에게도 '실수'는 절대 해서는 안 되는 최악의 일이 되었다. 선택에 따라 다를 수 있지만 아이들이 긴 시간 한 가지 목표만 가지고 학교에서 교육을 받는 시기가 온다. 그 교육을 바탕으로 딱 하루에, 그것도 온종일 자신의 남은 인생 전체가 걸렸다 생각하는 '대학수학능력시험'을 치러내야 한다. 그날의 컨디션은 그야말로 복불복이다. 해마다 수능시험의 난이도 또한 '물수능'이 될지 '불수능'이 될지 수험생들에게는 복불복이다.

2015년 1월, 난이도 실패와 해서는 절대 안 되는 최악의 일, '실수'로 아이들의 승패가 뒤죽박죽이 되었다. 분명 대학수학능력시험인데 사건의 깊은 내막을 떠나 어이없게도 최고 점수를 얻은 만점

자들이 대입에 실패하는 전대미문의 사건까지 벌어졌다. 대학에서 수학할 수 있는 능력을 평가하는 시험에서 더 이상 토를 달 수 없는 만점인데 말이다. 이후로도 아이들의 인생이 걸린 수능시험은 때마다 땜질 처방을 해가며 조금씩 모습을 바꾸어왔다. 하지만 상황은 점점 나쁜 쪽으로 흘렀나 보다. 역대급 혼란을 가져온 2022학년도 대입개편안을 위해서는 시민 참여단 490명이 논의하는 공론화위원회까지 만들어졌다. 하지만 그조차 막연하고 포괄적인 결론 이외에 한 걸음도 나아가지 못한 상황을 만드는 데 그쳤다.

도대체 학교에서는 어떤 교육을 왜 하고 있는 것일까? 진심으로 궁금한 이 질문에 명쾌히 답을 얻지 못한지 꽤 되었다. 다만 떠오르는 것이 있다. 충격으로 한동안 멍해지게 만들었던, 영국 교육학자 켄 로빈슨(Ken Robinson)의 2006년 테드(TED) 강연이다. 최다 조회 강연(The most popular talks of all time) 순위에서 오래전부터 부동의 1위를 차지하고 있다. 현재 재생 수는 5,200만 회가 넘었다. 학교 교육의 문제는 비단 우리나라에만 국한된 심각함이 아닌 것이다.

미래가 어떤 식으로 전개될지 아무도 알 수 없다. 알 수 없는 미래를 엿볼 수 있게 해주는 단서가 바로 교육에 있다. 우리는 아이들이 미지의 앞날에 대비할 수 있도록 가르쳐야 한다. 아이들은 무한한 재능을 갖고 있다. 혁신을 창조하는 재능이 있다. 우리의 교육제도는 이러한 재능을 가차 없이 억누르고 있다. 이제 창의력을 읽기·쓰기와 같은 수준으로 다루어야 한다.

아이들은 실수를 두려워하지 않는다. 실수하는 것이 창의력을 발휘하는 것과 같다는 말이 아니다. 그러나 잘못하거나 실수해도 괜찮다는 마음이 없다면 신선하고 독창적인 것을 만들어낼 수 없다. 어른이 되면 뭔가 실수를 할까봐, 틀릴까봐 걱정을 하면서 살게 된다. 우리의 교육제도는 실수라는 것을 살면서 할 수 있는 최악의 일이라고 생각하도록 만들고 있다. 결과적으로 우리는 교육을 통해 사람들의 창의적인 역량을 말살시키고 만다. 우리의 교육 체계는 학습 능력에 초점을 맞추고 있다. 이건 산업화의 산물이다.

피카소가 이런 말을 했다. "모든 어린이들은 예술가로 태어난다. 하지만 자라면서 그 예술성을 유지시키는 것이 문제다." 우리의 창의력은 자라면서 계발되기는커녕 있던 창의력도 없어진다. 교육이 창의력을 빼앗아가는 것이다. 아이들이 미래에 대처할 수 있는 교육을 하려면 창의성을 중요시하는 전인교육이 되어야 한다. 그래서 아이 스스로 미래를 멋지게 만들 수 있도록 도와야 한다.

_켄 로빈슨(Ken Robinson), 테드(TED) 강의 〈Do Schools Kill Creativity?〉(2006. 6.) 중에서

잘못된 교육,
학교는 책임지지 않는다 ── •••

일반적인 경우 초등교육, 중등교육(중, 고등학교), 고등교육(대학교)을 모두 마치려면 16년이란 시간이 걸린다. 우리나라는 그중 초등학교 6년, 중학교 3년을 국가에서 아이들의 교육을 책임지겠다며 '의무교육'으로 법제화해놓았다. 하지만 일정 연령까지는 의무교육으로 정하여 취학을 강제하는 정부도 의무교육 과정에서 잘못된 학생을 책임져주지 않는다. 문제를 바로 보지 못하고 외면하다 덮을 수 없는 지경에 이르면, 규제법부터 만들어내는 학교 시스템 자체는 아이들을 학교 밖으로 몰아내기에 급급하다.

근본적으로 자녀를 교육시킬 책임은 부모에게 있다고 생각한다. 여기서 '교육'이라 말하는 것은 '학교 교육'에 국한된 것이 아니다. 아무리 좋은 학교, 훌륭한 교사도 내 자녀의 잘못된 교육을 책임지지 못한다. 눈에 보이는 잘못도 있지만 눈에 보이지 않는 잘못이 더 무겁다. 사고를 편협하게 만들고 수동적인 삶에 익숙하게 만들어 앞으로의 삶을 온 힘을 다해 사랑하며 살아가는 법을 배우지 못하게 하는 것이다.

지금의 학교 교육 시스템이 절대로 쉽게 변화될 수 없다는 것을 잘 알면서도 권위주의와 획일화가 삶의 방식인 자들이 '공교육 정상화'를 외친다.

어떤 것이 정상화된 공교육일까? 수업시간에 학생들이 졸거나 다른 짓 하지 않고 선생님 수업에 집중해서, 새로울 것도 없고 가르치는 방법도 전혀 흥미롭지 않으며 단편적인 지식의 짜깁기에 지나지 않는 교과서 내용을 충실히 배우는 것인가? 그래서 학생 전체를 놓고 본다면 제로섬 게임에 불과한 시험을 무사히 치르게 하고, 서열을 잘 매긴다면 공교육이 정상화된 것일까?

아니면 계속해서 발표되는 개혁안 속에 등장하는, 아이들이 사교육 없이 공교육만 받게 되면? 법으로 선행학습을 금지시키고 '교과서 내'에서라고 시험 범위까지 정할 수 있으면? 학교 교육만으로는 불안한 엄마들을 위해 학원 대신 학교에서 방과 후 수업을 해주면? 특목고, 자사고 등으로 서열화된 고등학교를 전부 일반고로 바꾸어 하향 평준화시키면? 교사를 늘려 학급당 인원을 20명 이하로 줄이면? 이 모든 것이 다 지켜지면 학교 교육이 정상화된 것이라 말할 수 있을까?

수능 이후 발표되고 있는 익숙한 내용을 보자. '수능에 있어 EBS 교재 연계율 70%'를 공교육 정상화를 돕기 위한 정부의 정책이라고 공공연히 이야기하는 것을 보면 놀라지 않을 수 없다. 정부에서 생각하는 공교육 정상화의 수준이 어디인지 속이 너무 훤히 들여다보인다. 그들이 생각하는 공교육 정상화에는 아이들을 위한 참교육은 실종된 지 오래다. 아이들이 학교에서만 배울 수 있는, 함께 해야만 길러질 수 있는, 진짜 배워야 할 것들에 대해서 심도 있게 논의해

본 적이 있을까?

도대체 이들은 학교에서 하는 공교육을 어떻게 생각하는 것일까? 3년, 길게는 6년 동안(그나마 초등은 제외하고 싶어서) 아이들을 단지 대입을 준비하는 각종 시험에 시달리도록 통제하는 것! 그 통제만으로도 잘 줄 세워진 아이들에게 누구도 토 달 수 없는 정확한 등급을 매겨주는 것! 그 일이 아무런 사고 없이 자연스럽게 흘러가는 것을 공교육 정상화로 보고 있는 것이 정부의 시각인 것이다.

교실이나 학교가 붕괴되었으며, 이미 돌이킬 수 없는 지경이라는 것을 인정하면서도 때마다 '학교 교육 정상화를 위한 교육개혁안'은 끊임없이 나온다. 모두 자신의 기득권을 지키고 현 체제를 유지하기 위한 눈가림일 뿐 학생을 위한 것도 더욱이 진정한 교육을 위한 것도 아닌 공허한 메아리일 뿐이다.

21세기를 사는 학생들은 학교의 20세기식 통제 방법을 자신들만의 표현 방법으로 비웃고 저항하고 있다. 교사들은 참 스승이 되기를 포기했다. 학부모들도 이미 백약이 무효인 공교육에 아무런 기대가 없다. 그렇다 해도 학교 말고는 마땅한 대안이 없어 아이들을 학교로 떠민다. 주어진 현실이나 일반화된 가치관을 그대로 받아들이는 것이 편안한 길일 수는 있다.

하지만 교육에 대한 마지막 책임을 질 사람은 부모 말고 없다. 또 당연히 그래야 하기에 학교라는 울타리에 내 아이를 교육시킬 최소한의 가치가 남아 있는지 고민해봐야 한다. 학교 밖에 행복이 있다고 말하는 것이 아니다. 아이가 배워야 할 것, 아이에게 가르쳐야 할 것들의 최우선을 대학입시를 위한 학교 교육에 두지 않는다면, 아이가 지키고 누릴 것들이 보일 수도 있다는 것이다.

12년의 불안, 내 아이만은 아니기를

내가 꿈꾸는 세상, 내 아이가 살았으면 하는 세상은 상식이 통하는 세상이다. 목소리 큰 사람이 이기고, 힘 있는 사람이 이기고, 가진 자가 이기고, 편법이 통하고, 불법이 빠른 길이 되고, 기본을 지키지 않아도 처벌받지 않고, 잘못된 시스템조차도 기득권 때문에 바로잡기 힘든 그런 세상이 아니다. 우리들 누구나가 옳다고 생각하는 기본적인 상식이 예외 없이 누구에게나 통하는 세상을 꿈꾸고 희망한다.

전혀 상식적이지 않은 세상, 아이들이 학교에서 '죽어나간다.' 이렇게 표현하면 안 되는데, 말을 순화해서 쓰고 싶지 않을 만큼 화가 난다. 몇 년 전 전국적으로 손꼽히는 자율형 사립고에서 전교 1등을 한 적도 있다는 아이가 "제 머리가 심장을 갉아먹는데 이제 더 이상 못 버티겠어요. 안녕히 계세요. 죄송해요"라는 카톡을 엄마에게 남기고 세상을 떠났다.

지난 10년 사이 2배로 늘어난 청소년 자살률 1위, 학업성취도 최악, 청소년 행복지수 최악이라는 성적표를 가지고 있는 나라이니 새삼스러울 것도 없다. 더 놀라운 것은 전국에서 서울대를 가장 많이 보낸다는 타이틀도 가지고 있는 지방 명문 사립고였던, 그 학교에서는 이 안타까운 죽음을 마치 없던 일처럼 취급했다고 한다. 2014년 9월에 〈SBS 스페셜〉 '부모 vs 학부모' 제작팀이 발간한 같은 제목의 책 일부 내용을 살펴본다.

몇 학년 몇 반 누가 안타깝게 세상을 떠났으니 그를 위해 명복을 빌어주자는 선생님은 없었다. 하다못해 '동요하지 마라. 공부에 집중하라'는 훈화 말씀조차 없었다. 친구의 부재는 물 떠낸 자리처럼 고요했다. 기숙사 생활도 같이했고, 같은 지역 중학교 출신이라 부모들끼리도 알고 지낸 사이였는데 친구 장례식에 참석하는 것도 허락되지 않았다. 그래서 아이들은 더 깊은 충격과 죄책감을 느꼈다고 한다. 이번이 처음이 아니었다. 2년 전, 한 선배가 자살을 했을 때도 학교의 대응은 마찬가지였다고 한다.
_《부모 vs 학부모》, SBS스페셜_부모vs학부모 제작팀, 예담friend, 2014년, p. 52.

어른들이 만들어놓은 줄 세우기식 입시 전쟁의 소용돌이 속에서 자신의 삶 전체를 평가하는 유일한 도구가 되어버린 성적의 무게에 짓눌려 아이들이 세상을 등지고 있다. 이 아이들을 사회에서는 너무도 간단히 '자살했다' 결론짓는다. 이제 누구도 그와 같은 소식에 더 이상 화들짝 놀라지도 않는다. 그런데 이 안타깝다 못해 화가 나는 죽음이 과연 자살일까? 아이들을 통제하고, 줄 세우기가 학교의 존재이유처럼 되어버린 잘못된 시스템이 저지른 사회적 폭력, 그 폭력에 의해 아이들이 희생자가 된 타살이다. 분명 가해자가 있는데 처벌할 수도 없다. 재발 방지를 위해 가둘 수도 없다. 더 무서운 것은 정부, 교육 관계부처, 학교 그 어디에도 이 폭력을 근절할 의지가 없다는 것이다. 가장 두려워해야 하는 일이다.

아이들은 12년 동안 학교 교육이라는 틀 안에서 성적이라는 유일한 잣대로 쉼 없이 비교 당한다. 그래서 아이들은 불안하다. 그 불안은 폭력을 낳는다. 후진 어른들이 만들어놓은 잘못된 시스템에서 버티기 위해 가쁜 숨 몰아쉬던 아이들이 학교 폭력의 피해자가 되기도 하고 가해자가 되기도 한다. 그저 12년 동안 '내 아이만은 아니기를, 내 아이는 잘 이겨내주길' 하면서 요행수만 바랄 수 있을까?

학교 폭력에 대처하는 학교의 자세는 어떨까? 가해자와 피해자를 분류하고, '학교폭력위원회(이하 학폭위)'를 열고, 생활기록부에 기재하고, 일명 '폭탄 돌리기'로 일컫는 강제 전학을 시키고, 사후 약방문으로 CCTV를 늘린다. 문제의 원인은 묻어두고 책임만 따진다. 학교 폭력을 해결하겠다고 만든 학폭위도 이상한 방향으로 흐르고 있다. 처벌 중심의 심의 결과를 학교생활기록부에 기록하도록 했으니, 징계와 불복의 악순환도 모자라 재심 청구에 행정소송까지 불사한다. 그 과정에서 가해 학생은 사과와 반성보다 핑계를 찾아 자기

방어를 해야 한다. 관계 회복을 통해 치유되어야 할 피해 학생은 법정과도 같은 학교에서 2차, 3차 피해를 입기도 한다.

대학 진학에 직접적 영향을 미치는 '학생부'다. 부모로서는 일단 학폭위가 열리면 시시비비에 매달릴 수밖에 없다. 이 모든 과정에서 학교는 책임 회피가 최우선이다. 성적이라는 무게에 짓눌려 치열한 경쟁으로 허우적대는 아이들에 대한 대책은 아무것도 없다. 그냥 어쩔 수 없다고 한다. 참으라고 한다. 버티라고 한다. 고지가 눈앞이라고. 지금의 아이들만 버티고 지나 보내면 끝이라 생각하는 건가?

부당한지 알면서도 시스템을 거부할 수 없는 수많은 아이가 그 중심에서 비바람과 폭풍우를 맞고 서 있다. 내 아이들이다. 우리는 12년 동안 요행수만 가슴 졸이며 빌어야 한다. 내 아이만 아니기를, 내 아이는 잘 이겨내주기를. 어쩔 수 없는 현실에 눈물 머금고 폭풍우 속으로 아이들을 들여보냈다. 불안한 마음으로 수건과 우산 챙겨 두 손에 꼭 쥐어준, 언제든 손 내밀 수 있는 언저리에 있어주는 엄마, 아빠가 있는 아이들은 그나마 다행이다.

공교육과 사교육의 교묘한 맞물림으로 악순환은 계속된다. 어떤 이유에서든 집으로 돌아와 현관문 열고 엄마를 찾는 아이는 점점 줄어들고 있다. 일부 중학교부터 점점 늘어나고 있는 기숙 고등학교를 성공의 지름길이라고 생각한다. 그곳 아이들은 하루를 온통 학교에서 보내고 나면 돌아가 편히 쉴 곳도 없다. 휴대폰 사용조차 금지되어 가족과 단절된 기숙사 방이 오로지 아이의 안식처다. 집에서 학교에 다니는 아이들의 상황도 크게 다르지 않다. 빈 집에서 혼자 가방 바꿔 학원에 가고, 다음 학원으로 옮겨가는 사이에 편의점에서 컵라면과 삼각김밥으로 저녁을 해결한다.

그것뿐인가? 일부 지역 고등학교에서는 아직도 '야간 자율학습'이라는 미명하에 아이들은 10시가 넘어서야 학교를 벗어날 수 있다. 저녁 무렵, 퇴근 시간이 있는 아빠 엄마보다 아이들이 더 힘들고 고단한 하루를 보내고 있다. 그래서 아이들은 집안의 상전이 되었다. 잘못된 시스템으로 가정마저도 붕괴 위험에 처해 있다. 어이없는 분명한 잘못이 보이는 세상이다. 하지만 이 세상이, 이 시스템이 쉽게 단시간에 변화할 것이라 기대할 수 없었다. 그곳에 속하게 된다면 그와 같이 되지 않을까 두려웠다.

방송 공감: 드라마 〈기억〉, 드라마 대사라서 다행일까?

한 아버지, 학교 폭력에 있어 피해자이지만 가해자가 될 수밖에 없었던 아들을 둔 아버지가 잘못된 시스템에 일침을 가하는 변론을 했다. 누군가는 숙연했고 누군가는 통쾌했다지만 난 눈물만 났다. 몹쓸 생각으로 피해자 아이(자신을 가해했던 아이)가 입원한 병원의 옥상 난간에 섰다가 고맙게도 하지 말아야 할 선택을 포기해주고 한쪽 구석에 웅크리고 앉아 있는 정우. 그런 아들을 발견한 아빠의 극한의 두려움과 안도가 그대로 전해지는 대사다.

박태석 정우야. 아빠 정말 무서웠어. 우리 정우 잃어버릴까봐. 아빠 정말 겁났어! 고마워! 고마워 우리 아들.

잘못되었다는 것을 대다수가 시인하고, 무엇이 잘못되었는지도 잘 알고 있지만, 쉽게 거부할 수 없는 시스템이 학교다. 12년 동안, 어쩌면 그 이상의 시간 동안 내 아이는 아니기만을 얼마나 마음 졸여야 하는 걸까? 문제의 원인은 묻어두고 책임만 따지는 '학교 폭력'에 대처하는 학교의 자세, 그 적나라함이 단지 드라마일 뿐이라고 위로되지 않는다.

이사장 아시겠지만, 우리 학교는 특목고 진학률이 높은 우수학교입니다. 또한 3년 연속 폭력 없는 모범학교로 선정된 바 있습니다. 때문에 학교의 명예를 손상시키는 일이 발생한 것에 대해 이사장으로서 대단히 유감스럽게 생각하고 있습니다. 교육자로서 학교 폭력만큼은 엄단해야 한다는 신념을 가지고 있습니다. 그것이 학교의 명예와 순수한 우리 아이들을 지키는 일이라고 믿기 때문입니다.

특목고 진학률이 높으면 '우수학교'란다. 3년 연속 학교 폭력이 외부로 드러나지 않으면 '모범학교'란다. 지금 우리 아이들이 다니는 학교가 어떤 목적으로 어떻게 운영되고 있는지 그 민낯을 보여주는 이 말이, 그리고 이어지는 말들이 드라마 대사라서 다행일까?

이사장 소명 기회를 주려고 했는데 정말 구제불능이구나.

박태석 구제불능이라는 말은 함부로 하는 게 아닙니다. 교육자라는 분 입에서 나올 말은 아니라는 얘깁니다.

이사장 나는 사실 관계를 확인하고 있는 겁니다.

박태석 고압적인 자세로 내 아들의 존엄성을 짓밟고 상처 주는 것이 이 학교의 사실 관계 확인 절차입니까?

이사장 말씀 다 하셨습니까?

박태석 이제부터 시작입니다.

이사장 발언권을 드릴 테니까 그때 하세요.

박태석 여긴 법정도 아니고, 이사장님이 이래라저래라 할 자리도 아니고 권한도 없습니다.

이사장 이것 보세요!

박태석 안동규! 이상현! 너희에게 정말 고맙게 생각한다. 너희가 그동안 정우에게 행했던 폭력과 비열한 거짓말은 이 세상에 더 이상 친구는 없고 받은 대로 갚아주는 것이 세상 이치라는 교훈을 정우한테 가르쳐줬어. 그리고 친구가 어려움에 빠졌을 때 눈 감고 못 본 척 외면해야 한다는 교훈도 깨닫게 해줬지. 안 그랬다간 친구 대신 폭력의 제물이 될 수도 있으니까.

선생님께도 감사 인사를 드려야 할 것 같습니다. 선생님께 도움을 요청했지만, 가해 학생까지 모아놓고 오히려 정우를 위험에 빠뜨리고 밀고자로 만드셨습니다. 어떤 경우에라도 선생님을 믿어서는 안 된다는 사실을 뼈저리게 깨닫게 해주셨습니다. 감사합니다.

이사장 이것 봐요. 박 변호사님!

박태석 아직 안 끝났습니다. 억울하게 살해당한 사람한테 당신이 왜 죽어야
했는지 생각해보라는 게 말이 됩니까? '자신을 뒤돌아보세요?'(무
엇 때문에 따돌림을 당하고 있는지) 이따위 말도 안 되는 글을 버젓이
상담실 앞에 걸어 두고도 부끄러운 줄 모르고, 3년 연속 모범학교
로 선정됐다는 사실에 자부심을 느끼는 것이 이 학교의 자랑입니
까? 이것이 이 학교의 실체고 소위 교육자라는 사람들이 한 짓입니
다. 그러니 어른은 믿어서는 안 되는 것이 당연합니다. 이런 학교에
서 배우고 어른이 된 아이들이 만들어갈 세상. 정말이지 생각만 해
도 끔찍합니다. 구제불능이라고요? 누가요? 누가 구제불능이란 말
입니까? 침묵하고 외면하는 것도 모자라서 피해자를 가해자로 만든
학교입니까? 그것도 아니면 재미로 친구를 잔인하게 괴롭히는 가해
자입니까? 폭력이 무서워서 가해자의 편에 선 불쌍한 아이입니까?
그것도 아니면 폭력을 폭력으로 맞선 정우입니까?

이사장 정우가 한 행동을 정당화하려는 겁니까?

박태석 모든 건 어른들의 잘못이란 얘기를 하고 있는 겁니다. 어른들이 후
진데 아이들이 폼 날 리가 없지 않습니까? 제일 구제불능인 건, 바로
납니다. 변호사라고 거들먹거리면서 의뢰인의 얘기를 들어주는 것
이 일상이면서도 정작 내 아들이 내미는 손은 잡아주지 못했고, 아들
의 고통에 귀 기울여주지 못했습니다. 폭력을 폭력으로 맞설 수밖에

없었던 아들한테 아버지로서 너무나 부끄럽고 미안하고 또 미안합니다. 아이들은 구제불능이란 말을 들어서는 안 되는 존재입니다. 교만하고 구제불능인 나보다 그리고 당신보다 훨씬 더 순수하고 그래서 언제든 실수를 만회할 기회도 용기도 있는 것이 아이들입니다. 내 아들이 저지른 일에 대해서 변명할 생각 없습니다. 합당한 처벌을 기꺼이 받겠습니다. 그리고 너희들도 응당한 대가를 치러야 할 거다.

이사장 지금 아이들에게 협박을 하는 겁니까?

박태석 합당하고 합리적인 절차를 학교에 요구하고 있는 겁니다. 정당한 징계는 얼마든지 수용할 수 있습니다. 하지만 편파적인 징계로 내 아들에게 또 다른 상처를 준다면 절대로 두고만 보지는 않을 겁니다.

박태석의 아들 정우의 친구 명수, 이 불쌍한 아이는 목소리 큰 사람이 이기고, 힘 있는 사람이 이기고, 가진 자가 이기고, 편법이 통하고, 불법이 빠른 길이 되고, 기본을 지키지 않아도 처벌받지 않는, 상식이 통하지 않는 세상에 익숙한 아이였다. 명수는 이사장 아들인 동규에게는 어떤 저항도 통하지 않는다는 것을 너무 빨리 깨달았다. 그 동규에게 맞는 것이 두려워 명수는 자신의 시계를 스스로 망가뜨려 정우의 가방에 넣을 수밖에 없었다. 선생님께 손을 내밀었지만 피해자인 명수와 정우가 있는 자리에 가해자인 동규와 상현이를 불러서 확인을 하는 우를 범한 담임 선생님으로 인해 선생님들한테는 말해도 아무 소용이 없구나 하는 것을 배우게 되고, 결국 같이 가해자의 편에 서서 정우를 괴롭힐 수밖에 없었던 것이다.

그 아이에게 지금 이 세상의 상식이 아닌 일반적인 상식이 무엇인지 배울 수 있는 기회를 언젠가는 가질 수 있을 거라고 위로할 수 있을까? 어쩌면 지금 아이들은 그런 희망조차 찾기 힘든 세상과 마주하고 있는 것은 아닌지, 희망하고 꿈이라도 꿀 수 있었던 좀 괜찮은 세상을 미리 살아버린 어른이라는 것이 미안하다.

'교육에서 희망을 찾으라'는 말에 한때는 허무하다 못해 화가 나기도 했었다. 그런데 그 교육이 꼭 학교 교육을 뜻하는 것이 아니라는 것을 깨닫게 되며 벗어날 용기가 생겼고, 그 말 또한 믿게 되었다. 아이들이 잘못된 시스템에서 버티는 동안 망가지지 않도록 지켜줘야 하는 것이 누구인지 책상 밑으로 가만히 잡아준 엄마의 손, 많은 의미를 담은 아빠의 미소 그리고 정우가 엄마, 아빠와 나란히 걷는 학교 복도에서 밝게 들이치는 햇살을 편안한 얼굴로 마주하는 것을 보며 다시 깨닫는다.

학교 폭력에 있어서는 가해자도 피해자도 모두 다 후진 어른들 때문에 제대로 보호받지 못하는 아이들일 뿐이다. 혹시라도 학교에서 돌이킬 수 없는 상처를 받은 아이들에게 돌아갈 곳이 또 다른 학교일 뿐이라 말하기 어렵다면 학교는 그 어떤 부당함을 견뎌내면서도 반드시 꼭 머물러야 하는, 머무를 수밖에 없는 곳은 아니라고 알려줘도 좋지 않을까?

박태석 네가 원하면 이 학교 안 다녀도 돼.

정우 아빠는 이렇게 말했지만 반디 엄마라면 이렇게 말했을 것 같다.

"네가 원하면 '학교' 안 다녀도 돼!"

교육제도 변화,
누가 관심 가져줄까?

─────── · · ·

정부부처가 다루고, 전문가가 고민하는 교육 문제의 대부분은 실질적인 '교육'에 대한 논의가 아니다. 현실적인 '입시'에 대한 논의다. 지혜로운 아이보다는 지식이 많은 아이가 대우받는 세상이 된 것은 당연하다. 나는 교육 전문가가 아니다. 아이를 여럿 키워 보지도 않았다. 잘못된 시스템에서 버티어 살아남은 사람도 아니다. 잘난 체한다고 숨어서 욕을 해도, 직접 질타하며 돌을 던져도 한번쯤 해보고 싶은 말이 있다. 우리나라에서 직·간접적으로 교육과 연관된 사람을 손꼽자면 얼마나 될까? 교육을 받는 당사자인 학생들, 학생들의 부모들, 직접 아이들을 지도하는 선생님, 학교를 지도 감독하는 행정부처, 어마어마한 사교육 시장에서 교육이라는 이름에 연관된 직업을 가진 사람들, 교육학자, 교육 운동가, 교육 평론가, 교육 관련 컨설팅까지 다 나열하기도 벅차다. 그 많은 사람 중 우리나라의 잘못된 교육 시스템에 대해 정확하게 분석하고 대안을 제시한 사람이 없었을까? 그렇게 생각하지 않는다. 분명 있을 것이다. 아마도 정확한 분석도, 명확한 해답도 가지고 있을 것이다. 다만 그것을 뜯어고치고 바로잡기 위해서는 여러 가지 제도를 줄줄이 바꿔야 한다. 과연 유기적으로 연결되어 있는 기득권층이 흔쾌히 받아들일 수 있을까? 학교 교육이 절대 변화할 수 없는 이유다.

학교 교육의 최종 수혜자 기업은
이 잘못된 시스템에 얼마나 관심을 가지고 있을까?

먼저 사람을 쓰는 기업의 입장을 생각해본다. 80퍼센트 가까이 되는 우리나라 대학 진학률은 아마도 세계 최고에 가까울 것이다. 기업이 학교 교육의 최종 수혜자지만 이들 입장에서는 지금의 전쟁과도 같은 입시나 잘못된 학교 교육에 걱정하거나 관심을 가질 이유가 없다. 가만히 두면 알아서 서열이 매겨지고, 매겨진 서열에서 순서대로 골라 뽑으면 그만이다. 뽑아놓은 사람이 좀 더 좋은 곳으로 떠나면 더 좋은 스펙을 가진 사람을 같은 방법으로 데려오면 된다.

지방에서도 손가락 몇 개를 꼽고 나서야 생각나는 대학, 서울에서는 그냥 싸잡아 '지잡대'로 불린다는 대학을 졸업한 지인이 있다. 그는 어렵게 서울로 취직을 했다. 대기업이 아니다. 그때는 상장을 하기도 훨씬 전이었다. 이름을 듣고 잠깐 생각하면 알 수 있는 한참 성장세에 있던, 전문직들이 많은 회사였다. 실력도 부족한데 줄도 '빽'도 없는 서러운 직장생활에 피눈물을 흘렸다고 한다. 만 2년 동안 집이 사무실인지 사무실이 집인지 몰랐다. S대 라인, Y대 라인, K대 라인…, 그 어디에도 속할 수 없었던 그는 기필코 이곳에서 자기만의 라인을 만들고 말겠다고 매일 밤 이를 악물었다고 한다. 결국 15년 후 그는 사장 직속 부서를 직접 만들어 책임자가 되었다. 인사총 책임자의 자리까지 올랐다. 수많은 SKY를 밑에 두고 학교가 아닌 자신의 이름으로 라인을 만들었다. 그가 인사담당 책임자로 들려주는 신입사원 채용 시나리오는 화가 나다 못해 허탈하기까지 했다.

"입사지원서를 온라인으로만 접수하는 이유를 아는가? 스펙들
이 좋다, 그럴 필요도 없는데 너무 좋다."

그가 시작한 말이다. 입사지원서가 들어오면 모든 지원자들이
밤을 새며 고심하고 채워 넣었을 지원서가 어떻게 분류되는지 알려
주었다. 일차적으로 학교로, 성적으로, 스펙으로 조건을 넣으면 온
라인으로 받아 이미 데이터베이스화된 상태에서 자동으로 걸러진
다. 그렇게 걸러진 채용 인원의 3배수 외에는 그 어떤 입사지원서도
열어 보이지도 못한 상태에서 사장되는 것이다. 어이없어 물었다.

"당신도 예전에 피해자라 생각했다면서 어떻게 그럴 수 있느냐?"

그가 되물었다.

"당신 같으면 최고의 스펙들을 가진 사람들만으로도 우리에게
필요한 인원이 차고도 넘쳐나는데 어떻게 하겠느냐? 어차피 회사에
서 다시 배워서 해야 하는 일, 들어오면 똑같다. 오히려 좋은 스펙을
가진 직원은 이직률이 높은 것도 사실이다. 하지만 그 스펙은 그들
이 단시간에 스스로를 보여 줄 수 있는 전부이다. 성실함과 노력을

인정하지 않을 수 없다."

여기서 성실함이란 그 대학을 들어가기 위해 또 취업을 위한 스펙을 쌓기 위해 보낸 시간들을 의미할 것이다. 반박이 어려웠다. 기업의 매뉴얼이란 그런 것이다.

이미 우리나라 대학은 누구나 분명하게 손가락을 접으며 순서를 꼽을 수 있을 정도로 서열화되어 있다. '서카포연고서성한중경외시삼국대,' 익숙하지 않은가? 이렇듯 너무도 확연한 줄 세우기가 끝나 있는데 기업에게만 모두에게 동등한 기회를 주라고 요구할 수 있을까? 결국 읽혀 보지도 못하고 쓰레기통에 처박히는(실제로는 온라인이라 그냥 키 하나로 삭제되어버리는) 수많은 입사지원서는 어쩌면 우리도 이미 알고 있는 불편한 진실 같은 것이다. 이 진실을 알고 있기에 지금 아이들과 매일매일 전쟁과도 같은 날들을 보내고 있는 것일 테다.

지금 시스템이면 기업에서 원하는 사람들이 고입에서 한 번, 대입에서 다시 한 번, 거기에다 대학에서 전공 공부와 별도로 쌓아온 각종 자격증까지 포함하여 자동으로 걸러진다. 이런 형국이니 학교교육의 최종 수혜자인 기업이지만 교육제도의 변화에 그다지 관심을 가질 것 같지 않다.

학교 교육의 문제점을 가장 잘 알고 있으며,

변화를 주도해야 할 교육계는 어떨까?

그 어느 조직보다도 뿌리 깊게 관료주의가 자리 잡고 있는 곳이 바로 교육계라 할 수 있다. 아이가 초등학교 저학년 때, 잘못된 교육제도에 대해 교육청과 싸우면서, 어떤 일에 대한 시정을 요구하기 위해 개인자격으로 교장 선생님과 면담을 하면서 넘어야 할 보이지 않는 벽을 온몸으로 실감했다. 관료주의의 문제점은 관료제가 상사에 대한 복종의 형태로 변질되면서 특권의식을 갖게 하여 업무에서는 비능률성이 커진다. 같은 조직 내에서 파벌이 생기고 그들 간 갈등 및 책임전가 현상이 생기기도 한다. 가장 큰 문제점은 변화를 바라지 않는 보수성이 크다는 것이다.

죄송스럽지만, 학교 선생님들을 몇 부류로 분류해보자. 첫째, 아이들을 잘 가르치기 위해 노력하는 교사가 있다. 둘째, '좋은 게 좋다', 나 하나 노력해서 바뀌지 않는 현실을 받아들이고 교육자로서의 사명감보다는 학교를 하나의 직장으로 보는 교사가 있다. 셋째, 승진 점수(몰랐었다. 여기도 스펙 전쟁은 존재했다.)를 챙겨 교감, 교장, 교육 관료의 길을 걷는 것이 목표인 교사가 있다. 물론 해서는 안 될 이분법적 논리지만 사회에서 인정받고 존경받으며 교육자로 불리게 되는 부류는 아마도 세 번째일 것이다.

우리가 옳다고 믿고 지향하는 교육제도를 위해 고쳐나가야 할 것들은 이런 기득권층을 뿌리째 뒤흔들어야 하는데 가능한 일일까?

'왜 하필 지금인데, 내가 여기까지 오기 위해 얼마나 힘들게 버텨냈는데.' 학교 교육이 어떤 방향으로 나가야 하는지 현장에서 보고 느끼고 가장 잘 알고 있는 사람들이다. 하지만 고쳐야 할 것이 무엇인지 알면서도 말하지 못하는 이들 또한 이들이다.

정치인들에게 어떤 기대를 할 수 있을까?

교육제도를 고치는 데 결정적 역할을 해야 하는 정치 세력이 교육제도 변화에 진심으로 관심이 있을까? 우리나라 정치인들의 학벌을 보면 그 해답이 있다. 아이를 키우는 엄마들이 꿈꾸는 최고의 학벌들을 가지고 있다. 그들은 지금의 시스템으로 공부해서 승리를 거머쥔 이들이다. 자신을 승리자로 만들어준 시스템을 달리 태클 걸 이유가 없다. 정치적 목적으로 교육제도의 변화를 운운하는 일부 정치인들 때문에 차라리 가만히 두면 더 나았을 일들이 뒤틀리는 것도 많이 봐왔다. 혹시나 '그들이 자식을 위해서? 혹은 손주를 위해서?'라고 기대한다면 오산이다. 우리 사회에는 기막히게도 탯줄 스펙이라는 것도 존재한다. 어차피 그들은 그냥 평범한 우리들이 가야 하는 길과는 좀 다른, 그들만의 정해진 코스가 있다. 그 코스는 뒤틀린 지금의 교육 시스템이 그다지 영향을 미치지 못하는 길일 것이다.

손대기에는 늦어버린 사교육 시장은?

여기에다 교육제도가 조금이라도 바뀌면, 바뀔 때마다 변종 사교육을 만들어내는 '대박 능력'을 가진 사교육업체까지 연관시키면 일은 더 복잡해진다. 우리나라에서 사교육 시장에 종사하는 사람들의 숫자를 한번 생각해보자. 상장된 기업에서부터 프랜차이즈를 가진 대형 학원, 자신의 이름을 걸고 하는 소형 학원, 인터넷강의 전문 사이트, 동네 학원, 아파트 각 동, 각 라인마다 찾을 수 있는 과외선생님까지 그 수는 헤아릴 수 없다. 우리가 지향하는 교육제도는 그들의 상당수를 실업자로 만들어야 한다. 이미 그 규모가 손댈 수 없는 지경에 이르러 사교육은 우리 사회의 필요악이 되어버렸다.

생각하면 생각할수록 갑갑해진다. 적어도 문제의식을 정확히 파악하고 고쳐나가자 마음먹었다 해도 단시일 내 변화하기란 매우 힘든 일이다. 적어도 10년, 길게는 수십 년이 걸릴 수도 있다. 선거 때마다 교육제도에 대한 이슈를 만들어내야 하는 대통령의 임기도 5년이다. 문교부장관, 교육부장관, 교육인적자원부장관, 교육과학기술부장관, 다시 박근혜 정부에 들어서 교육부장관으로 불리는(이름이 뭐가 그리 중요했을까?) 교육계를 대표하는 수장 자리가 이름만큼이나 화려하게, 한 대통령의 임기 동안 적게는 3번, 많게는 7번이 바뀌는 나라다. 누구 하나 총대 매고 변화를 위해 그 기간을 버텨낼 수 있는, 그런 만만한 시스템이 아니라는 것이다.

무엇을 위한
선택이었나?

어이없는 세상에서 살아야 하는 내 아이를 바람막이 하나 없이 내보내야 한다면, 그곳까지 가는 길만큼은 우리가 선택했으면 했다. 가는 동안만이라도 행복했으면 했다. 아이에게 잘못된 교육을 강제해서 천부적으로 가지고 태어난 능력마저 빼앗고 싶지 않았다. 잘못된 것을 알면서, 쉽게 고쳐지지 않을 것을 알면서 내내 가슴 졸이며 만족은커녕 속이 새까맣게 타들어가면서 속하고 싶을 만큼 학교에 대한 기대가 없었다. 뒤에서 누군가는 현실 도피자, 순응하지 못한 패배자라고 손가락질을 하고 비웃을지라도 학교를 떠나고 싶었고 또 떠났다. 학교가 절이라면 우리는 절이 싫은 중이었으니까.

모두가 바라보는 끝은 같아도 정해져 있는 길은 없다. 때에 따라 형편에 따라 돌기도 하고 질러가기도 한다. 도달해야 할 그 목표로 수천, 수만 가지의 길이 있는 것이다. 다른 사람들이 모두 함께 가는 길 위에서는 기회조차도 내 것으로 만들기 쉽지 않다. 좀 힘든 길을 선택했을 때 함께 가는 사람이 적다면, 기회의 확률이 조금은 높지 않겠는가 생각했다. 남과 다른 길을 타의가 아닌 자의로 선택하기 위해서는 남다른 준비와 각오도 필요했다.

내 아이가 이 길의 끝에서 무엇인가 대단한 결과를 이뤄낼 것이라 기대하지 않았다. 단지 보장할 수 없는 미래를 위해 스스로의 삶이 아닌, 선택의 여지도 없이 10대라 이름 붙여진 10년 동안 오늘을 몽땅 저당 잡힌 삶이 아닌 것에 감사했다. 타고난 재능을 피워보지도 못하고, 인성이 왜곡되어 바로잡거나 돌이킬 수도 없는 지경에 이르게 되는 것을 피할 수 있어 그 또한 감사했다. 이 길의 끝이 아주 작고 미미할지라도 끝까지 가는 내내 아이의 오늘이 행복했으면 하는 바람이었다. 그래서 우리 아이가 주체가 되어 살아내야 하는 세상이 지금처럼 어이없어도, 그 세상에서 부딪치고 깨지며 살아가는 동안 적어도 지난 시간을 후회로 되짚지 않았으면 했다. 오늘이 살 만하다고 느낄 수 있었으면 했다. 하루하루가 행복했다면 잘 살아온 인생이 될 테니까.

절실해도 망설임은 있어야 하는 길

홈스쿨과 엄마표 영어의 지난 경험을 풀어놓은 블로그인데 소통의 주가 되는 것은 엄마표 영어였다. 섣부르게 마음 열고 관심을 표하기 어려운 '홈스쿨'인 것이다. 《엄마표 영어 이제 시작합니다》 출간 이후 타 지역에 있는 강연장을 찾을 기회가 잦아졌다. 영어 습득에 대한 이야기를 하자고 모였는데, 뒤풀이에서 질의응답이 깊어지면 어김없이 홈스쿨로 빠져버린다. 본 강연에서 홈스쿨 관련 경험은 말을 아끼는 편인데도 때로 주객이 전도되는 질의응답에 당혹스러울 때가 있었다. 엄마표 영어보다 홈스쿨이 궁금해서 찾았다는 고백도 심심치 않게 만났다. 오늘을 또는 몇 년 후를, 부모보다는 '학부모'로 살아내야 하는 이들이다.

지금의 학교 교육이 망가질 대로 망가진 시스템이라는 것을 대부분 인정한다. 하지만 저항하고 포기하면 내 아이의 미래가 주류에서 벗어날 것 같은 불안으로, 결국 생각에만 머물고 실천으로 옮기지 못하는 것이 대안교육이고 홈스쿨이다. 그런 점을 누구보다 잘 알고 있기에 가벼운 관심 정도라면 마음 편히 이야기를 나눌 수 있다.

그런데 심각하게 깊이 고민하거나 오랜 관심과 고민을 넘어 실행에 옮기고 있거나 곧 옮길 예정인 이들을 현장에서 종종 만난다. 사실 그 수가 적지 않다. 취학 전 아이를 키우는 경우에는 특히 더 관심을 보인다. 학교를 보내보면 다닐 만하다 느낄 수도 있는데, 밖에서 들여다보면 도저히 아이를 맡길 수 없을 만큼 불안한가 보다. 물론 개중에는 그저 호기심으로 잠깐 관심을 갖는 이들도 많다.

그들에게 조심스럽게 건네는 말이 있다. 학교 밖에도 길이 있는 것은 분명하다. 하지만 그 길에서는 아이가 어디에도 속해 있지 못해 학생이라는 신분으로 받을 수 있는 최소한의 보호조차도 기대할 수 없다. 가정 이외에는 어떤 울타리도 없이 허허벌판에서 혼자 걸어야 하는 길이다. 24시간 전체가 내 몫이 된 시간이다. 허투루 쓰자면 한없이 무의미한 시간이 될 수도 있다. 그렇다고 학교처럼 조각

조각 나눈 시간에 맞춰 종종걸음을 해서도 안 될 일이다. 하고 싶은 일과 해야 하는 일의 균형도 필요하다. 학교를 다니면서 겪어야 하는 부담만큼은 아니지만 소홀히 넘기면 안 되는 학습도 있다. 그 모든 것을 자기주도로 진행해야 한다. 그것이 가능하도록 일정 시간을 공들여 준비해야 하는 것은 당연하다. 피하고자 하는 것의 대안으로 섣부르게 마음만 앞서 달려들 수 있는 길이 아니다.

먼저 경험한 사람을 따라가면 조금은 안심이 되겠지만 그들의 발자국을 만나기도 쉽지 않다. 어느 걸음에서 돌부리를 만나 넘어질지, 어느 걸음에서 진흙 구덩이에 빠질지 예측도 불가능하다. 경우에 따라 또래와의 소통이 차단된 지독하게 외로운 길이 될 수도 있다. 각급 학교의 졸업과 동일하게 인정되는 '검정고시'를 무사히 잘 마쳤다 해도 뒤따르는, 보이거나 보이지 않는 불이익과도 맞서야 한다. 또한 패거리 문화라 손가락질하면서도 학연, 지연을 무시하지 못 하는 사회다. 있지만 무시하는 것과 처음부터 없는 것은 분명 다를 것이다.

무너진 공교육을 자기만의 이유로 거부하고 검정고시로 고졸 자격을 취득한 친구들이 대입에서 불리한 입장인 것은 우리가 홈스쿨을 선택할 당시에도 보였다. 반디가 고등학교 졸업 검정고시를 마치고 다음 진로를 선택할 때 그 불리함이 훨씬 크고 무겁게 느껴졌던 것도 사실이다. 뜻밖의 선택으로 해외 대학으로 진학하게 되어, 그 불리함을 자세히 들여다볼 기회가 없었다. 그런데 이후 대학입학 전형에서 수시 선발이 점차 늘어나 80%를 넘나들며 불리함이 커질 수밖에 없는 상황이 되었다. 수시에서 꼭 필요한 '학생부'가 없기 때문이다.

그 불리함에 정식으로 맞선 친구들이 있었다. 2018년 1월, '교육대학의 검정고시 출신자 수시 지원 제한'이 위헌이라는 헌법재판소의 결정을 받아낸 친구들이다. 그 과정이 쉽지는 않았을 것이다. 첫걸음이기에 위헌 결정 뒤에도 평탄치 않을지 모른다. 하지만 이 친구들이 새롭게 만들어가는 길이 기대가 된다. 홈스쿨을 포함한 여러 형태의 대안교육이 더 이상 '불법'이라는 높은 벽에 갇히지 않는 계기가 되기를 바란다.

홈스쿨을 선택한다는 것은 그 이유가 무엇이든 간에 이 모든 것을 감수하더라도, 그럼에도 불구하고 가고 싶은 길이어야 한다. 부모에게도 아이에게도 그럼에도 불구하고 가고 싶은 길일 때, 누구도 간 적 없는 새로운 길을 만들고 나아가는 매 순간이 흔들리지 않을 것이다. 돌부리를 만나 넘어져도 일어서는 것이 가볍고 흙구덩이에 빠져도 엉망이 된 몸과 마음을 씻어낼 맑은 물을 잘 찾아갈 수 있다.

반디의 일반적이지 않은 선택들, 그 자체보다는 그 끝에 보이는 결과가 글을 읽는 분들의 마음을 많이 흔들었구나 하고 느낄 때가 있다. 그러면 마음이 무거워진다. 보이는 것이 전부가 아니기 때문이다. 내 글 솜씨로는 아이가 견뎌야 했던 시간을 글 사이사이에 제대로 녹여 넣을 수 없다는 점이 안타깝다. 현명한 부모가 글의 행간도 느껴줬으면 하고 바랄 수밖에. 절실해도 망설임은 꼭 필요한 길이다. 그럼에도 불구하고 가고 싶은가, 하는 그런 망설임 말이다.

Part 2

학교
유감

....

학교에 관한
불편한 진실

―――――――・・・

반디는 초등학교 이후의 학교 교육을 포기하고 중·고등학교 교육과정을 검정고시로 마쳤다. 학교에 유감이 많았을 것이라 예상 가능할 것이다. 그 학교에 대한 생각을 풀어놓으려 한다. 생각이 다른 이들이라면 불편함을 느낄지도 모르겠다. 옳고 그름이 아니라 세상의 어느 한 사람 생각이 이렇게 다를 수도 있구나, 그렇게 '틀렸다'보다는 '다르다'로 보아주기 바란다. 학교란 무엇이고 그 목적은 어디에 있으며 학교의 기능은 무엇인가? 여기에 대한 학문적 고찰을 논하자는 것이 아니다. 어떤 진실은 거짓보다 불편하고 마주하기 고통스럽다. 그래서 애써 외면하고 싶다. 오래 지나도 변하지 않는, 외면하고 싶은 학교에 대한 불편한 진실은 어떤 모습일까?

● 학교가 '진실로' 하고 있는 일은 무엇인가?

학생들이 부당하게 대우받고, 머리가 텅텅 비며, 인품이 왜곡되고,

사물을 편협하게 보도록 길러져도 학교는 큰일 나지 않는다. 교사가 학생들에게 좋은 지식과 인성을 길러주지 못해도, 학생들이 우정을 기르지 못해도 학교는 큰일 나지 않는다. 학교가 큰일 나는 것은 오직 '시험'을 정기적으로 무사히 치러내지 못했거나, 교실에서 학생들이 '통제'되지 않을 때뿐이다.

학교의 가장 주요한 일은 '시험'과 관련된 것이다. 그것이 학교 시험이든 입시든 학교의 모든 활동은 그러한 '시험'을 치르게 하려고 학생들을 가두어 두고 통제하는 것이다. 학교는 또한 '시험'을 잘 치르도록 도와주는 곳도 아니다. 다만 '시험으로 사회 계층화 작업을 하는 공인된 기관'에 지나지 않는다. 학교는 학생들이 지성을 갖는 것을 원하지도 않고, 그렇게 되도록 노력해본 적도 없다. 설사 학교의 노력으로 학생 한두 명의 성적이 더 올랐다 한들, 그것이 무슨 소용이 있는가? 어차피 전체로 볼 때, 다른 학생들이 떨어져야 하므로 결과는 마찬가지다. 다시 말해 제로섬 게임일 뿐이다.

학교는 사실 학생들이 시험에 시달리면서 살아가도록 '통제'하기만 하면 된다. 그러면 학생들은 자동적으로 우등생과 열등생으로 나뉘게 되어 있다. 그러면 학교는 그렇게 서열이 매겨진 상태를 시험으로 측정해서 등급을 매기는 일만 하면 된다.

_이한, 《학교를 넘어서》, 민들레, 2003년

아이가 태어나 자라면서 대안교육에 관심을 갖게 되었다. 《학교를 넘어서》는 대안교육 관련 책과 자료들을 본격적으로 찾기 시작하다 만난 책이다. 생각이 실타래처럼 얽혀 처음과 끝을 찾지 못하고 마음만 어지럽던 당시에 생각을 어느 정도 정리하는 데 도움을 받은 책이다. 초판은 1998년에 출간되었는데 내가 읽은 것은 2003년 개정판이다. 20년 전에 쓰인 책이다. 그런데 학교가 하는 일, 20년 전이나 지금이나 달라 보이지 않는다. 우리가 알면서도 외면하게 되는 학교에 대한 불편한 진실을 부정하기 힘든 문장들이 담겨 있다.

학교를 넘어서는 대안을 제시하는 2부의 내용보다 공교육의 실체를 적나라하게 보여주는 '1부 학교는 우리에게 무엇인가' 부분에서 강하게 충격을 받고 공감도 했던 기억이 있다. 이 책이 우리가 홈스쿨을 결정하는 데 결정적 계기가 되어준 것은 아니다. 아이 인생이 걸린 홈스쿨이 책 한 권으로 결정할 만큼 호락호락하지는 않으니까. 하지만 가지고 있던 생각을 구체화시키기 위해 관련 책들을 찾아보는 계기가 되었다. 우리의 선택에 영향을 주고 인생을 바꿔준 여러 책 중 하나인 것이다.

아무리 힘들어도, 무슨 일이 있어도 가야만 하는 학교에서 교육을 통해 진정으로 배우는 것은 지루하고 의미 없는 시간을 오랫동안 참고 견디는 능력이 아닐까?

그런데 학부모는, 또 선생님은 이것을 '인내심'이라 미화한다. 종일 입 다물고 앉아서 자신에게 불리한 규칙일지라도 받아들이고 따라야 한다. 그렇게 10년을 넘게 학교 교육에 익숙해진 아이들이 사회생활을 하게 된다고 갑자기 스스로의 틀을 깨부수지 못한다. 세상의 잣대에 맞춘 성공 여부를 떠나 따분한 일상에 갇히는 것에 익숙해져 단조롭고 개성 없는 사람으로 하루하루를 견뎌내야 할지도 모른다. 학교생활을 열심히 해서 얻을 수 있는 전부가 그것이면 어쩌나? 십 수 년 전의 무거운 고민은 이런 거였다.

2018년 오늘의 고민은 좀 다를까?

뚜렷하게 보이는 수치를 측정해서 평가했던 '정량평가'로 학교 시험 잘 보고 수능시험 잘 치르는 것이 줄 세우는 기준의 전부였던, 앞에 소개한 글이 쓰인 20년 전이 차라리 나았다 생각하는 이들이 많아졌다. 눈에 보이는 수치가 아닌 종합적인 정보를 취합, 분석하여 모든 분야에 뛰어난 인물보다는 특정한 학과에 특화된 인재를 평가하는 방식으로 도입된 '정성평가'가 대세가 되었다. 이 또한 분명 좋은 의도였을 것이다. 그런데 어디서부터 어그러져 지금의 상황에 이르게 되었을까? 빙산의 일각으로 드러난 몇몇 사례들만으로도 결국 아이들을 망치고 있는 것은 늘 그렇듯 어른들이었구나 싶은 생각에 미안하고 부끄럽다.

정성평가의 중심에 '학교생활기록부'가 놓이게 되었다. 학교생활의 중심은, 정확히 말해 입시의 핵심은 학생부가 되었다. 언제부터인지 이 학생부는 아이들의 학교생활을 기록하는 것이 아니라 기록하기 위해 학교생활을 하도록 만들어버렸다. 2008~2009학년에 공부가 전부가 아니라며 자기소개서, 비교과 활동, 추천서, 면접 등으로 종합평가를 하겠다고 '입학사정관 전형'이라는 이름으로 이것이 시작되었다. 그 후 2014~2015학년도 '학생부종합전형'으로 이름이 바뀌어서 대입 전형의 한 분류가 되었다.

반디가 초등교육을 받고 있던 당시에 회자되기 시작한 입학사정관 전형은 시작부터 말도 많고 탈도 많았다. 요즘 이 전형을 부르는 정식 명칭은 '학종'이지만 또 다른 말이 있단다. '깜깜이 전형', 합격한 사람도 떨어진 사람도 그 이유를 정확히 알 수 없다 해서 붙여진 별명이란다.

그 학생부를 기본으로, 일명 수시전형으로 학생들을 뽑겠다며 대학들이 내놓는 퍼센트(%) 숫자는 해마다 증가하는 추세다. 이 또한 내신이 뒷받침되지 않는다면 스펙은 무용지물이라는 것이 뼈아픈 현실이기에 아이들은 다 잘해야 한다. 이에 더해서 다 잘하는 아이처럼 포장되어 보여야 한다. 상위권 대학을 갈 만한 아이들에게 상을 몰아줄 수도 있는 억울함을 감수하면서, 진로와 관계없다 하더라도 내신 공부하는 틈틈이 수많은 대회를 준비하고 입상해서 학생부를 채워놓아야 한다. 그래야 성실성이라도 인정받을 수 있을까 해서다.

포장의 주재료인 비교과로 분류된 여러 항목(독서활동, 자율활동, 동아리활동, 봉사활동, 진로활동)을 채우는데 '공교육의 부모 외주화 현상'이 심각하다고 한다. 부모가 학생부 독서활동을 직접 써주고, 자기소개서는 자소설을 넘어 부모가 쓰는 자녀소개서가 되어버렸고, 지원할 전공과 관련 있는 봉사처를 알아오는 것 또한 부모 능력이란다. 학생부의 부모 개입이 도를 넘었다 생각해서인지 2018년 7월, 문제가 되었던 소논문(R&E) 기재도 금지로 가닥을 잡았다. 그런데 이 또한 사후 약방문에 지나지 않는다. 이미 많은 대학에서 그 진정성을 의심하기 시작한 지 꽤 되어서 큰 영향을 미치지 못하고 있는 상황이었다.

말 많고 탈 많은 학생부를 대하는 교사의 자세는 어떨까? 교육부의 학생부 기재 요령에 따르면, 교사가 써야 하는 학생부 기재 내용을 학생이 직접 작성하면 '학생 성적 관련 비위'로 간주돼 징계 대상이 된다. 하지만 현실에서는 학생들이 써내면 교사가 이를 그대로 기재하는 편법이 관행처럼 이루어지고 있다. '학생부종합전형'으로 검색을 하면 수많은 컨설팅 업체의 '파워링크'가 주르륵 뜨고 가격 또한 천차만별이라고 한다. 학생들이 학생부에 기재되기를 원하며 당당하게 학교에 제출하는 내용이 아이들 스스로 작성한 거라 믿는 것일까? 때로는 학생부 기록을 볼모로 아이들에게 피해를 주는 교사에 대한 기사도 심심치 않게 등장하고 있다. 도대체 지금 학교는 무엇을 위해 존재하는 것일까?

"학교도 학생들에게 좋아하는 것이나 무엇을 하고 싶은가보다는 '성적을 얼마나 더 올릴 수 있느냐'고 먼저 묻는다. '하고 싶은 일을 하면 굶어 죽는다'는 불안감을 심어주는 건 덤이다."

'전교 1등도 버겁기만 한 학교… 헌법에 학습권 넣자'〈경향신문〉 2018년 1월 7일 기사에 담긴 2018년 현재 비교육과 반교육이 횡행하는 교실 모습의 한 단면이다. 아이들의 입을 통해 적나라하게 드러나 있는 안타까운 현실이 담긴 기사 전문을 직접 확인해보기 바란다. 20년 전과 달라 보이나? 그때도 지금도 모든 내용은 결국 하나의 분명하고 유일한 목적으로 수렴된다. 입시! 학교가 존재하는 이유가 이것만은 아닐 텐데 말이다.

논리적이고 창의적인 답을 원하지 않는 학교

학교 시험은 절대로 아이들의 생각을 묻지 않는다. 그래서 자신만의 논리에 따라 자신만의 생각을 펼쳐 창의적인 대답을 하면 안 되는 곳이 바로 학교다. 그렇게 학교는 아이들의 창의력을 잠식하고 있다. 정답이 있는 것에 대하여 정답 빨리 찾기만 가르치는 학교 교육은 아이들에게 꿈조차도 정답이 있다고 믿게 만들었다.

아이들에게 꿈이 무엇인지 물어본 적이 있는가? 꿈을 물어보면 공무원, 의사, 과학자, 판사나 변호사, 교사 등 대부분 많지 않은 직업군으로 압축된다고 한다. 아마도 그렇게 꿈꾸도록 은연중에 학교에서, 가정에서, 사회에서 그것이 정답이라고 세뇌시키지 않았을까? 어른들은 자신들의 성장과정이나 현재의 삶을 통해 지식 경쟁에서 우위를 차지하여 생존에 유리한 위치에 서는 것을 최고의 가치로 평가한다. 아이들이 살아갈 세상도 그와 다르지 않다고 확신한다. 그래서 아이들은 직업을 꿈으로 착각한다. 직업이 꿈인 아이들이 자라는 나라, 대한민국의 현 주소다. '무엇이 되느냐'보다는 '어떻게 사느냐'를 고민했다면 지금 우리가 발 딛고 있는 이 세상은 지금과 다른 모습일 것이다.

좋은 직업을 꿈꾸는 것을 탓하는 것이 아니다. 우리 아이들이 직업 자체를 꿈으로 추구하기보다는, 그냥 의사가 아니라 훌륭한 의사를 꿈꿀 수 있고, 그냥 교사가 아니라 위대한 교육자를 꿈꿀 수 있고, 그냥 법조인이 아니라 정의로운 판사나 검사를 꿈꿀 수 있고, 그냥 과학자가 아니라 사회적 책임을 가지고 사회에 공헌하는 과학자를 꿈꿀 수 있다면, 그들이 주체가 되는 세상은 좀 더 희망적이지 않을까 하는 마음이다.

꿈조차도 누군가가 정답이라고 알려준 것에 연연하지 말고 어떤 가치관을 가지고 어떻게 살아갈 것인지 먼저 생각하고 그렇게 살기 위해 해야 할 일들, 하고 싶은 일들을 찾아갔으면 했다. 그런데 아이들에게 제대로 꿈꾸기를 가르쳐줄 수 있는 곳이 학교라고는 믿어지지 않았다. 오히려 꿈조차 정형화되어 마음이 부서지고 다칠 수 있는 곳이 아닌지 의심이 들었다.

초등학교는 차치하더라도 중·고교 6년 동안 아이들이 풀어내야 하는 시험 문항들에는 이미 정답이 있다. 정답이 정해져 있는 문제들을 누가 빨리 실수 없이 정확하게 풀어내는가 하는 것이 유일한 경쟁이고 평가의 수단이 된다. 정답을 찾는 것에 공을 들여야 하느냐면 그것도 아니다. 문제집 뒤편에 아주 친절한 풀이방법까지 정형화되어 나와 있다. 요즘 시험문제에는 서술형이라는 것이 얼마간 포함되어 있다고 한다. 그런데 그 서술형의 채점 또한 이미 정답은 있다. 어떤 단어를 활용해야 하고 어떤 풀이 방법이 들어가야 한다고 채점 기준이 명시되어 있다. 자신만의 독특하고 창의적인 풀이방법으로는 좋은 점수를 받을 수 없다. 자신이 가지고 있는 지식으로 자기만의 논리에 따라 자기만의 생각을 펼쳐 창의적인 대답을 하면 안 되는 곳이 바로 학교인 것이다.

학교 시험은 절대로 아이들의 생각을 묻지 않는다. 정답을 찾도록 가르쳐주지도 않는다. 그저 이미 나와 있는 정답을 외우라 한다. 그렇게 외운 정답을 누가 잘 옮겨놓는지만 확인한 뒤 아이들을 일렬로 확실하게 줄 세우면 학교의 가장 큰 의무가 완성된다. 그런데 요즘 그 정답조차도 아이들을 선별해서 가르쳐주고 있다 한다. 학교가 무엇을 어떻게 왜 하고 있는지 알면 알수록 학교의 존재이유가 진정 궁금해진다.

차라리 이 모든 것이 학교만의 잘못이어서 그것만 바로잡으면 되는 단순한 문제라면 좋겠다. 심하게 뒤틀려버린 사회의 구조적 문제, 그것을 변형시키고 때로는 유지하게 하는 여러 주체 중 가장 힘없는 곳이 학교일 것이다. 바른 변화가 논의되고 제도화된다 하더라도 가장 하부에 놓인 학교까지 내려오는 과정에서 왜곡되고 변형되어 진의에 담긴 장점보다 단점만 부각된다. 차라리 손대지 않는 것이 그나마 나은 상황을 만드는 악순환이 매우 익숙하다.

아이들이 자꾸 ——— ···
분류되고 있다

'교육' 또는 '돌봄'이라는 이름으로 한 공간에 비슷한 또래를 모아놓는다. 말로 자기 의사를 제대로 표현하기 힘든 너무 이른 시기부터 수많은 규칙을 강요하며 아이들을 통제에 익숙해지게 만든다. 먹고 싶지 않아도 입을 틀어막으니 밥을 삼켜야 하고, 자고 싶지 않아도 움직이면 안 되니 억지로 잠을 청해야 하고, 아프지 않아도 주는 약은 먹어야 하는 극단적인 상황을 제외하고도 아이들은 이미 만들어져 있는 수없이 자잘한 규칙에 따라야 한다. 뿐만 아니라 여럿을 안전하고 효율적으로 돌봐야 하는 선생님이 그때그때 새롭게 만들어내는 규율에도 따라야 한다. '그러면 안 된다'는 말이 익숙해지고 하지 말아야 할 일을 일방적으로 지적받고 훈계받으며 자아 존중감과 멀어지고 있는지도 모른다.

그 익숙함 때문인지 처음 입학하는 학교에 기특하게도 잘 적응한다. 신기한 건 취학 전, 그런 익숙함이 없었던 아이들도 학교에는 잘 적응한다는 사실이다. 학교라는 공간이 가지고 있는 특별한 아우라는 규칙 안에서만 자유로울 수 있다는 것을 빨리 깨닫게 하는 것 같다. 학교 교육은 친구들에게 피해를 줄 정도의 지나친 개성이 아니어도 남과 다르게 생각하고, 말을 하고, 행동을 하면 안 된다는 것을 똑같이 모두에게 가르치고 주입한다. 그렇게 획일화되고 더 강력해진 통제에 익숙해지며 학년이 올라가니 덤으로 '분류'가 따라붙는다. 이 분류는 잘잘못의 문제가 아니다. 이기고 지는 문제다.

치열하다 못해 처절한 경쟁에서 우위를 선점해야 특정 기준으로 나뉜 부류 중 상위에 속할 수 있다. 어느 부류에 속하느냐는 선택의 문제가 아니고 생존의 문제가 된다. 서열 상위 대학에 가야 생존할 수 있다고 믿는 사회다. 그걸 위해 특별한 고등학교에 가야 하고 특별한 고등학교 입학을 위해 특별한 중학 생활로 준비를 해야 하니 아이들의 긴 '오늘'은 늘 무겁기만 하다. 어느 개인에 국한된 문제가 아니기에 바로잡기도 어려워진 지 오래다.

아이들이 자꾸 분류되고 있다. 그것도 제대로 된 잣대가 아니다. 그런데 부모도 아이들도 이제 그 분류에 저항하지도 않는다. 당연하게 받아들인다. 어떻게 해서든 학교의 관심을 받을 수 있는 부류에 속할 수 있도록 아이를 다그친다. 학교가 아이를 포기하면 부모도 같이 포기한다.

이명박 정권 시절, 자율형 사립고(자사고) 확대와 고교선택제 도입, 대학수학능력시험과 일제고사 성적 공개 등 경쟁을 부추기는 교육정책이 잇따라 시행되며 성적을 잣대로 학생들을 차별하는 것이 도를 넘어섰었다. 성적순 반 편성은 물론이고 성적 우수 특별반을 만들어 정규수업이 끝난 뒤 이들만을 위한 심화 보충수업을 해주고, 야간 자율학습 공간은 성적우수자들에게만 제공되고, 기숙사를 성적순으로 배정하고, 각종 대회 참석을 위한 자격도 성적순으로 제한을 두어 별도 관리해주는 명백한 평등권 침해가 자행되던 때다.

이러한 차별을 조장하는 것은 잘못된 정책들을 만들어내는 정부뿐만이 아니었다. 명문대 합격자 수를 기준으로 고교 서열을 매기는 언론 보도, 학력 우수 학교 중심 예산 편성과 특혜 지원 등을 일상화하는 교과부와 지방자치단체 모두가 공범이었다. 소수를 위한 전대미문의 차별 입시교육으로 대다수가 방치되고 소외되었던 학교 현장을 누군가는 막장으로 표현하기까지 했다. 반디가 홈스쿨을 하던 때다.

수년이 흘렀다. 학교는 막장에서 벗어났을까? 아이들은 학교에서 학생으로 마땅히 행사하는 기본적인 자유와 권리를 얼마만큼 누리고 있을까? 안타깝지만 지금도 크게 다를 바 없어 보인다. 더 나빠졌으면 나빠졌지 개선의 흔적이 없다. 최근에는 학생의 인권 침해뿐만 아니라 교사의 인권 침해도 심각한 문제로 대두되고 있다. 학교 안에서 벌어지는 별스러운 일들, 유사한 내용의 기사는 꾸준히 나오고 있다. 키보드 몇 번만 두드려 간단한 키워드만 가지고도 쉽게 찾을 수 있다. '명백한 평등권 침해' 맞다. 학교는 아이들의 생각을 키우려 하지 않고 정답을 외우게 하는 교육만 하면서 그 정답조차도 가르치고 싶은 아이에게만, 우수한 대입 실적으로 학교의 위상을 높여줄 아이에게만 제공하고 있다.

세상의 모든 아이는 한 독립된 개체로 충분히 인격적으로 대우받고 존중받아야 한다. 스스로 존중받지 못한 아이들은 결코 남을 존중하지 못한다. 그러한 악순환이 사회를 어떻게 만들었는지 이 시대를 사는 우리는 너무 잘 알고 있다. 학교라는 공간에서 우리가 상식적으로 생각하는 '교육'에 대한 기대는 버렸지만 적어도 가르치지 말아야 할 것을 가르쳐서는 안 된다. 그 안에서 소수로 대접받는 아이들은 행복할까? 소수에 속하지 못해 대다수로 분류된 아이들이 받을 상대적 박탈감은 무엇으로 치유할 수 있을까? 그런데 놀랍게도 아이들도 학부모들도 저항하지 않는다. 너무 쉽게 수긍한다. 그리고 내 아이를 소수에 속하게 하려고 아이를 다그친다. 학교에서 대다수로 분류된 내 아이에 대해서는 더 이상 기대할 수 없다고 포기하기도 한다.

다양화를 추구했는데 서열화만 남은 고등학교

아이들을 분류하는 것이 학교 내에서 벌어지는 문제만은 아니다. 전국의 고등학교는 이미 소수와 대다수로 확연하게 구분 지어져 있다. 다양화를 목표로 했던 이명박 정부의 프로젝트가 남긴 것은 서열화뿐이었다. 2012년까지 서울, 경기, 부산, 대구의 네 곳에 불과하던 과학영재학교(영재고)는 대전, 세종, 인천, 광주 등이 추가로 지정되며 8개로 늘어났다. 수·과학 분야의 영재 양성을 목표로 설립한 특수학교이다. 나라에 수·과학적 영재가 많아서 늘렸다면 할 말은 없다. 그러나 경쟁률이 20:1 가까이 치솟는 이곳 영재고를 목표로 초등 고학년부터 시작되는 사교육과 선행학습의 실체를 안다면 웬만한 강심장 부모도 혀를 내두를 것이다.

이명박 정부의 '고교다양화 프로젝트'로 전에 없던 특별한 학교들이 많이 생겨났다. 대한민국의 각종 고등학교는 운영 주체에 따라서 교육과정에 따라서 운영방식에 따라서 다양하게 분류된다. 자율형사립고, 자율형공립고, 자율고, 특수목적고, 일반고 등 분류를 정확히 알고 있는 사람이 몇이나 될까 궁금할 정도로 복잡하다. 어떤 학교가 되었든 학교 교육의 목적이 하나인 이상 그런 학교들의 특별함도 대학입시 성적에 따라 꼼꼼하게 줄 세워지는 데 오랜 시간이 필요하지 않았다.

일반고가 위기라 한다. 최상위권에 해당하는 학생들은 과학영재고를 시작으로 과학고, 외고, 국제고 등 특목고로 빠져나가고 중학교 내신 성적 상위에 속하는 학생들은 전국단위 자립형 사립고를 비롯해서 광역단위 자립형 사립고, 선발에 경쟁력을 갖춘 자율형 고등학교 등의 자율고를 우선 지원한다. 선발 일정도 일반고보다 먼저인 경우가 많았다. 이렇듯 상위권 학생들의 선택이 한 차례 마무리된 후에야 대입을 목표로 내신 성적의 우위를 겨냥한 일부 최상위권 학생들과 나머지 학생들이 일반고로 배정되기 시작한다.

교육부는 이러한 전후기 입시 일정이 자사고·외고·국제고가 우수한 학생을 선점해 고교서열화를 심화시킨다고 보고 초중등교육법 시행령을 고쳐 2018년부터 이들 학교가 12월에 일반고와 신입생을 같이 뽑도록 했다. 자사고 연합회 측은 부당한 행정을 철회하라며 헌법소원을 냈다. 2018년 6월 '자사고 우선 선발권 폐지' 효력을 일시 정지시킨 헌법재판소의 결정에 따라 교육 당국은 자사고와 일반고 전형을 동시에 진행하면서도, 자사고 탈락 학생들이 일반고 지원과정에서 불이익을 받지 않도록 해야 한다. 자사고로서는 학생 우선 선발 특혜권을 최소 1년 연장할 수 있게 된 셈이다. 들여다보면 들여다볼수록 복잡하기만 하다.

이런 과정으로 진학이 결정되는 일반고의 안타까움이 있다. 교육환경도 불만족스럽고 경쟁력이나 입시성적까지 좋지 않게 되는 악순환이 꼬리에 꼬리를 문다. 특별한 학교가 늘어나면서 일반고의 입지가 점점 줄어들고 있는 것이다. 그러다 보니 일반고도 궁여지책이 있어야 했다. 상위 몇 프로의 아이들을 위해 특별반을 만들었다. 그 학생들에게 교육 관심이 집중되었고 대입을 위해 외부 스펙이 소용없게 되자 교내 스펙을 몰아주는 일까지 벌어지고 있다. 어떻게든 대입 실적을 좋게 만들기 위해 그들만의 소수를 배려하기도 힘이 든다. 방치되고 소외되는 대다수를 돌보고 교육시킬 여력이 없다. 그렇게 자연스럽게 고교 입시를 통해서 서열화는 공고히 자리를 잡는다. 소수의 특별함을 위해 다수를 위기로 몰아가는 어처구니없는 현상이다.

고교 다양화라는 명목으로 추진된 고교 서열화를 비롯해서 현대판 음서제로 불리는 로스쿨 파동, 지방과 수도권의 격차를 더욱 확대할 우려가 제기되는 대학구조개혁 등 언제부터인가 교육마저도 빈익빈 부익부가 뚜렷한 사회가 되어버렸다. 가정의 배경이 학력을 결정하기도 하고 기회를 축소시키기도 한다. 교육으로 부의 세습은 가능하지만 빈곤의 대물림을 끊을 수 없는 사회가 되어버렸다. 이렇듯 점점 승자 독식의 사회가 되어가면서 특별함에 속하지 못한 아이들의 상대적 박탈감은 커져만 가고 있다.

양극화에 일조하는
학교 교육 시스템 ——————— · · ·

수십 년 동안 교육은 우리 사회에서 계층 이동의 주된 사다리 역할을 해왔다. 그러나 지금, 그 사다리는 더 이상 존재하지 않는다고 대다수가 동의한다. 계급이 고착화되어가고 부모의 부와 권력이 상속되면서 개인의 노력으로 간극을 극복하기 힘든 양극화가 심화되고 있는 것이다. 개인의 노력만으로 버텨내기 힘든 세상이다. 출발선도 다르고 이동 수단도 다르다. 운동장마저 이미 기울어져 있다. 부정할 수도 침 뱉고 뒤돌아 안보고 살 수도 없는 내가 살고 있고 내 아이가 살아갈 세상이다.

진작부터 학교 교육 안에서도 양극화를 심화시키는 불씨를 여럿 안고 있는 것이 너무 잘 보여 겁이 났다. 우리가 어떤 극에 속해 있는지 잘 알고 있었으니까. 교육제도를 바꾸려는 그 어떤 기획이나 추진도 대다수를 위한 게 아니라 특별한 소수를 위한 것이었다. 그 '특별함'이 현재의 시스템에 잘 맞춰 열과 성을 다하면 누구나 잡을 수 있는 기회라 믿던 때도 있었다. 그래서였을까? 학교를 포기하는 우리의 선택에 소심한 불안도 있었다. 교육제도가 바로잡히면 그것을 보며 후회하게 되지는 않을까 해서다. 그런데 긴 시간이 흘렀지만 변함이 없다. 아니 더 깊숙이 곪아가고 있는 것 같다.

우리는 교육으로 계층 이동을 경험해본 세대다. 내 아이의 교육에 관해서만큼은 그 어떤 분야보다 차별이나 불공평에 민감할 수밖에 없다. 중간이 없는 사회는 위험하다. 아무리 노력해도 안 될 것 같은 불안은 어떤 형태로든 부정적인 말과 행동으로 드러나게 된다. 언젠가 용이 될 수 있다고 꿈 꿀 수 있도록 개천도 돌봐야 한다. 죽어라 노력하면 타고 올라갈 사다리를 걷어차지 말아야 한다. 때가 되면 사랑도 하고 결혼도 하고 아이를 갖는 것도 자연스러운 그런 세상이 누군가만 가질 수 있는 특별함이라는 생각이 들게 해서는 안 된다.

교육의 목표는 이렇듯 기회 격차를 만들어 빈부 격차로 이어지게 하고 양극화를 조장하는 것이 되어서는 안 된다. 불평등을 완화하고 격차를 해소하는 방향으로 나아지길 바랐다. 하지만 그럭저럭 아이의 초등교육을 학교를 통해 무사히 마치며 상급학교 진학을 고민할 무렵, 특별한 고등학교들이 꼼꼼하게 서열화되는 것을 지켜보며 학교를 포기했다. 서열에서 높은 순위를 차지한 학교에 가기에는 아무 특별할 게 없는 부모이고 아이였다. 그렇다고 내 아이가 소수를 위해 방치되고 소외되는 대다수가 될 수밖에 없음을 타협하거나 포기하며 받아들이고 싶지도 않았다.

이제 교육은 더 이상 계층 이동의 사다리가 아니라 세대 간에 경제력을 대물림하는 통로로 이용되고 있다고 한다. 부정할 수 없다. 하지만 바꾸고 싶은 단어는 있다. 아니 바꾸어야 한다. 첫 단어는 교육이 아니라 '학교'가 맞을 것이다. 학교에서 교육받는 것이 더 이상 계층 이동의 사다리가 되어줄 수 없으며 세대 간에 경제력을 대물림하는 통로로 이용되고 있다는 것이다. 학교가 '교육'을 해준다는 환상에서 빠져나와야 한다. 또 하나, 반드시 그 사다리를 타야만 하는 것은 아니라고 생각해볼 수도 있다.

'개천에서 용이 안 난다.' 너무 싫고 지겹지만 유사한 내용의 기사들이 주기적인 패턴으로 되풀이되고 있다. 중심 잃지 않고 노력하고 참고 기다려 용케 부화했다 해도 때를 만나 승천의 기회를 얻을 수 있는 사다리가 사라진 지 오래라 하니, 용이 될 수도 있는 아이를 이무기로밖에 키울 수 없을지도 모른다는 불안감을 떨쳐버리기 힘들다. 그런데 '내 처지'가 개천이 아니라 모두 몰려가는, 사다리가 놓여 있던 그곳이 썩어버린 개천일지도 모른다. 썩어버린 개천에 놓인 사다리에 미련 두지 말자. 아직 위태롭게 버티고 있다 해도 걷어차자. 아무리 뒹굴어도 용으로 부화할 수도 승천할 수도 없는 그 개천에서 빠져나오자. 우리만의 노력이 제값 받을 수 있는 덜 더럽혀진 너른 천에다 나만의 사다리를 놓아보자. '용의 알'일 수도 있는 아이가 제대로 부화하여 새로운 사다리를 스스로 만들 수도 있지 않을까?

꿈같은 희망을 주려는 교과서적인 충고로 생각할 수도 있을 것 같다. 하지만 반디가 선택하고 지나온 시간들을 따라가다 보면 교과서적 충고만은 아니라는 것을 알 것이다. 우리 처지를 일반적인 시각으로 보면 분명 개천 쪽이다. 하지만 아이를 용으로 키울 수 없겠다고 비판하기보다 이미 썩어버린 개천일지도 모르는 곳에 놓인 사다리를 걷어찼다. 흙수저를 물려줄 수밖에 없다면 좋은 흙을 담아주면 된다. 든든한 뿌리를 내리고 실한 가지를 뻗어나갈 수 있고 무성한 잎으로 그늘을 드리울 수 있도록 밑거름이 되는 좋은 흙이면 된다. 그들만의 리그를 인정해야 하는 것으로 내려놓으면 세상이 허무할 것도 없고 내 아이에게 금수저를 물려줄 수 없는 것에 미안할 것도 없다. 그들의 삶의 방식이 상식적이지 못하다고 손가락질하며 비난할 것도 아니다. 우리는 우리만의 길을 선택하고 우리만의 걸음을 걸으며 나아가면 되는 것이다.

"숲속에 두 갈래 길이 있어 나는 사람이 덜 다닌 길을 택했다. 그리고 그것이 내 인생을 이처럼 바꾸어놓은 것이다."

_〈가지 않은 길〉, 로버트 프로스트

교과서
유감

학교는 가르치고 싶은 것만 가르치면서 그것이 진실이라고 했다. 시험을 통해서만 가치를 부여할 수 있는 단순 지식을 모아 '교과서'라 이름 지었다. 아이들은 세상 모든 단순 지식을 손 안에 쥐고 산다.

휴대폰 자판 몇 개면 해결될 일이다. 교육의 패러다임을 바꿔야 한다. 그것이 학교가 살아남을 수 있는 길이다.

반디가 초등학교 고학년에 들어서 처음으로 한국사를 배우기 시작했다. 근·현대사는 아빠나 엄마가 살았던 시대도 포함되어 있으니 산 증인이라 할 수 있다. 아이와 그때 그 시절 이야기를 나누며 역사적 사건을 호칭할 때 머리 속에서 생각하는 것과 입으로 뱉어 내는 말이 일치하지 않는 오류가 종종 있었다. '4.19 의거'는 '4.19 혁명'이 되었고, '5.16 혁명'은 '5.16 군사정변(쿠데타)'이 되었으며, '광주사태'는 '5.18 광주민주화 운동'이 되었기 때문이다.

박정희 대통령 재임시절에 태어나 국민학교, 중학교를 다녔다. 중학교 2학년 어느 날 대통령이 서거하셨다는 소식을 듣고 친구들과 함께 멋모르고 울었다가 선생님들께 혼이 났던 기억이 선명하다. 왜 혼이 났는지는 세월이 지나고서야 알게 되었다. 전두환 대통령 재임 시절 고등학교를 다녔다. 2학년 때 두발이 자유화되고, 3학년 때 교복이 자율화되었다. 재수생과 예체능을 제외하고는 학원 교습과 개인 과외가 금지된 시대였다. 참으로 어이없는 일이었지만 지금 사교육비로 허리가 휘는 학부모 입장이라면 달리 생각할 수도 있을 것 같다.

교육을 통제하고 관리하는 것으로 권력 유지를 꿈꾸고 또 그것이 가능했던 시대였다. 전국의 모든 학생들이 '국정교과서'라는 이름으로 동일한 교과서로 교육받았다. 대부분 정권교체와 맞물려 교육과정이 바뀌다 보니 그 변화가 정부 수립 이후 열 차례가 넘었다고 한다. 무엇을 어떻게 가르쳐야 한다고까지 나라에서 정해준다. 교사들은 자신의 교육관이나 철학에 상관없이 틀린 내용이라는 것을 알고 있다 하더라도 교과서 내용대로 충실하게 전달해야만 했다. 대통령이 돌아가셨다고 어린 중학생들이 멋모르고 우는 것을 혼냈던 이유도 그래서가 아니었을까?

알아야 할 지식을 담아놓는 과학, 수학은 그렇다 하더라도 이해관계나 가치관이 다른 입장을 담고 있는 국사, 사회, 도덕, 윤리도 정답이 있는 교육을 받았다. 그러한 학교 교육을 받으며 내 머릿속에 단순 암기로 자리 잡고 있던 날짜와 사건들이었다. 그것들이 하나둘씩 역사가 다시 평가되고 명칭이 바로잡아질 때마다 왠지 모를 섬뜩함을 느끼곤 했다. 이성적으로는 잘못된 학교 교육을 바로잡았다고 생각했는데 치열하게 암기했던 그 단어들이 익숙해서인지 입으로는 오류를 범하고 있는 것이었다. 이제 겨우 내 기억에서도 내 입에서도 제자리를 찾아가는 명칭들이 정권이 바뀌며 또다시 재평가라는 이름으로 오르내릴 때마다 예전에 느꼈던 섬뜩함이 되살아나곤 했다.

요즘은 중학교부터 국정교과서, 검정교과서, 인증교과서 등 스무종이 넘는 교과서 중에서 선택이 가능하게 되어 있다. 다행한 일이다. 하지만 교육 관료들에 의한 교과과정의 편성은 현장의 교사들에게 자율권이 주어지지 않는다. 특히 중·고등학교 학교 교육이 단지 대학입학 시험을 위한 준비과정 정도로 여겨지고 있는 지금의 교육 환경에서 다양한 종류의 교과서가 큰 의미가 있을지 의문이 생긴다. 같은 학년에 같은 과목 선생님이 여럿이어도 학년 전체를 같은 시험지로 평가할 수밖에 없는 것이 현실이다. 줄 세우기를 하는 상대평가가 되었든 개인의 성취도를 평가하는 절대평가가 되었든 배워야할 것이, 가르쳐야 할 것이 획일적이고 정형화될 수밖에 없다.

어차피 아이들이 시험을 마치면 잊어버릴 교과서 내용들이니 3년에 나눠서 배워야 할 도덕, 미술, 음악 등을 1년에 몰아서 배워도 좋겠다고 생각하고 '교과집중이수제'라는 웃지 못할 발상을 하는 이들이 교육 관료들이다. 그들이 우리 아이들의 생각을 키우고 가치관을 세우는 시기에 배워야 할 교과서를 만들고 있다. 언제부터 도덕이 빨리 배워 해치워야 하는 과목으로 전락한 것일까? 아이들이 도덕적이지 못한 것이 이 때문이라 말하고 싶은 것은 아니다. 학교에서 도덕 시간을 두 배로 늘린다고 아이들의 인성교육이 강화될 것이라 믿지는 않으니까.

사교육 의존도가 높은 교과 과목의 교과서들은 어떨까? 단순한 예로 수학을 생각해보자. 서점에 나가 다양한 수학 참고서들을 살펴볼 기회를 가져보기 바란다. 교과서의 불친절이 사교육을 키우고 있다는 생각이 들기도 한다. 아이들에게 수학적 흥미를 유지하며 꾸준히 논리력과 사고력을 키워줄 훌륭한 수학책들이 많다. 이 책들이 어쩌면 너무 친절해서 교과서가 되지 못한 것은 아닐까 의심이 들기도 한다. 이렇듯 진정한 배움을 가로막는 것이 교과서임에도 불구하고 아직까지 학교 교육은 가치 없는 교과서를 가치 있게 만드는 재주를 부리고 있다. 시험이라는 평가방법을 통해서다. 시험을 보기 위해 아이들이 하고 있는 공부에 조금만 관심을 기울여보면 내가 하고자 하는 말이 무엇인지 알아차릴 것이다.

세상이 달라졌다. 며칠만 미디어나 인터넷을 멀리해도 되짚어야 하는 지식과 정보의 양은 헤아릴 수 없다. 지식이 생성되는 주기도 짧아졌다. 생성되고 소멸되었다 재생산되는 주기 또한 그리 길지 않다. 배울 것도 많지만 배운 것이 금세 불필요해지는 세상이다. 그 속에서 배우는 것을 즐기는 자만이 진정한 지식인이 될 수 있다. 이런 세상인데 학교에서 교과서를 통해 배우는 내용이 더 이상 가치를 가지지 못하는 것은 당연하다. 가르치고 싶은 내용만 담아 그것만이 가치 있고 진실이라고 전달해주면 그만인 세상이 아니란 것이다.

학교 교육은 교과서의 내용을 단순하게 전달하는 '지식 복사'에서 서둘러 벗어나야 한다. 다양한 방법과 경로로 필요한 정보를 탐구 주제에 맞춰 리서치한 뒤, 받아들인 지식과 정보를 분석하고, 평가하고, 선택하고, 조직하고, 활용하고, 재구성하여 스스로에게 필요한 새로운 정보로 생산할 수 있는 능력을 키워나가는 교육이어야 한다. 그래야만 한국에서 '학교'가 20세기 유물로 전락하지 않고 현재형으로 살아남을 수 있을 것이다.

정답은
교과서에만 있다?

몇 년 전 중학생 자녀를 둔 어느 엄마가 교육부장관에게 편지를 쓴 사연이 기사로 나면서 화제가 되었다. 내용인즉슨, 아이의 〈기술가정〉 중간고사 문제를 보았는데, 교과서가 오히려 아이들의 창의성을 가로막고 있는 것은 아닌지 매우 걱정된다는 것이었다. 학생의 엄마가 이 정도로 걱정을 하게 만든 시험문제는 총 4가지 항목에서 잘못된 조리법을 고르는 내용이었다.

> 다음 조리법 가운데 잘못된 것을 고르시오.
> 1. 깍두기를 담글 때 무는 3cm 크기로 팔모썰기를 한다.
> 2. 미역국을 끓일 때 미역은 찬물에 불려 4cm 길이로 썬다.
> 3. 도라지 오이생채에 들어가는 도라지는 6cm 길이로 얇게 찢어 소금을 넣고 주물러 씻는다.
> 4. 감자볶음을 할 때 감자는 0.5cm, 당근과 양파는 0.3cm 두께로 채썬다.

정답은 1번이었다. 여러분은 이 문제의 정답을 바로 맞힐 수 있겠는가? 나는 식구들 삼시 세끼를 책임지고 있는 주부 경력 30년 차다. 별로 좋아하지 않아 잘 하지 않았던 3번의 오이생채를 제외하고, 깍두기를 담은 횟수, 미역국을 끓인 횟수, 감자볶음을 해온 횟수는 헤아릴 수 없이 많다. 하지만 나는 이 문제의 정답을 맞힐 수 없었다. 정답이 왜 1번인지 관련 기사를 읽고 나서야 알 수 있었다. 깍두기를 담기 위해서는 무를 2cm로 썰어야 한단다. 왜냐하면 교과서에 그렇게 나와 있으니까.

교과서 안에서만 답을 찾아야 하는 것이 학교 시험 문제다. 학교 시험은 절대로 아이들의 생각을 묻지 않는다는 것을 오래전부터 알고 있었다. 아이들의 사고력 향상이나 측정을 위해 고안된 서술형 평가도 객관적인 채점 기준이 없으면 학부모가 문제를 제기하기 때문에 교과서에 있는 대로 할 수밖에 없는 것이 현실이다. 아이들은 어려서부터 교과서에 나온 대로 답을 써야 한다고 배운다. 자신만의 논리로 자신만의 생각으로 창의적인 대답을 하면 안 되는 것에 익숙해져 시도조차 하지 않는다. 분명 의문을 제기할 만한 상황인데도 저항 없이 수용한다. 교과서와 다른 답을 쓴 자신의 잘못이라고 생각한다.

나는 어떤 부모일까? 현실과 다른 교과서에도 이의를 제기할 수 없다는 것을 아이에게 납득시키고 '교과서에 있는 대로만 쓰라'고 강조하는 학부모일까? 아니면 잘못된 시험문제나 교과서 내용의 명백한 오류를 항의해서 인정도 받고 정정 확답도 받겠지만 '교과서에 그렇게 나왔는데 뭘 그렇게까지', 유별난 엄마라는 눈총을 감수할 수 있는 학부모일까? 어느 쪽이 옳다, 옳지 않다 말할 수 없다.

학교 교육이 가지고 있는 최고의 목적인 평가와 줄 세우기를 위한 시험, 그 '시험'을 위해 어마어마한 가치를 부여받고 있는 것이 교과서다. 지금 세상에서는 교과서 안에 있는 내용을 지식이라 부르기 민망할 뿐 아니라 어찌 생각하면 진정한 배움을 가로막는 것이 교과서일 수도 있다. 그렇다 해도 학교이기에 교과서에 있는 대로만 써야 경쟁에서 우위를 차지할 수 있다. 그래서 우리는 아이들에게 이리 가르쳐야 하는지도 모르겠다. 교과서를 만든 사람들이 원하는 대로 답을 써줘라. 옛다 정답! 이런 마음으로.

지식의 개념이 달라졌다

온·오프라인에서 홈스쿨에 깊이 관심 있는 이들이 많이 하는 질문이 있다. 열 개가 훌쩍 넘는 교과서가 있는 교과 과목 공부를 집에서 어찌 전부 감당했는지 궁금해한다. 이 부분은 후에 영역별 홈스쿨 학습법으로 자세히 다룰 예정이다. 학교 교육을 포기하고 홈스쿨을 하고자 하는데 교과과정을 굳이 학교에 맞출 필요가 있을까? 결론부터 말하자면 우리는 교과서를 활용한 홈스쿨은 하지 않았다.

개인적으로 나는 교과서에 유감이 많았다. 빈약한 내용의 교과서에 밑줄 그으며 해석을 덧붙여 시나 소설을 읽어야만 국어 공부가 완성되는 것은 아니라고 생각했다. 아이에게는 시대적 배경이 도무지 마음에 와 닿지 않는 해방 전후 우리나라 근·현대 소설을 읽으라고 강요하지 않았다. 역사를 공부할 때도 사건들을 연도순으로 나열하고, 내용은 물론 그림으로도 본 적 없는 책의 제목만 가지고 어떤 학파 누가 썼는지 암기하고, 비판 의식 없이 시대나 정권에 따라 명칭이 바뀌는 사건들을 단편 서술만으로 기억하는 것이 바른 역사 공부는 아니라 생각했다.

학교 내에서 이루어지는 평가에 자유로울 수 있음에 감사했다. 소설을 읽으며 작가의 시점에 마음 쓰라 하지 않았다. 시를 읽으며 시의 갈래나 제재에 신경 쓰거나 시어들이 의미하는 작가의 숨은 의도를 찾으라 하지 않았다. 가끔 궁금했다. 학교 시험에서 찾아야 하는 작가가 숨겨놓은 주제라는 것이, 진정으로 독자가 찾아줬으면 해서 원작자가 숨겨놓은 그것이 맞는 걸까? 홈스쿨로 해야 하는 학습은 시의 연과 행 사이사이에 해석을 덧붙여줘야 하고, 이해하지도 못하는 시대적 배경에 맞춰 소설의 내용을 납득시켜야 하고, 역사적인 사건들이 인물에 따라 시대에 따라 어떻게 달리 평가되는지 일일이 설명해줘야 하는 것이 아니다. 시험을 보고 난 뒤 잊으면 그만인, 교과서를 가지고 하는 교과 교육을 목표로 해서는 안 되고 그럴 필요도 없다고 생각했다. 교과서에 담겨 있지 않고 담을 수 없는 수많은 지식과 지혜들이 매일같이 쏟아져 나오는 다양한 책에 담겨 있다. 그런 책들을 그저 책답게 읽으면서 교과서의 굴레에서 벗어나 자기만의 감수성으로 자기만의 답을 찾아 접근하는 법을 스스로 배우기를 바랐다.

지금은 지식의 개념 또한 달라졌다. 뇌과학자들이 이야기하기를 이미 인간의 뇌는 정보 자체를 기억하기보다 원하는 정보를 어떻게 하면 더 빠르고 정확하게 찾아갈 수 있는지, 그것을 더 잘 기억하는 쪽으로 발달하고 있다고 한다. 무차별적으로 공급되는 수많은 정보 중 진짜를 가려내는 힘을 길러주고 그것을 취사선택하여 자신만을 위한 지식으로 받아들인 뒤 새로운 정보를 창출하는 능력을 기르는 것이 아이에게 필요한 교육이라 믿었다. 그러기 위해서는 자기만의 논리로 자기만의 창의적인 검색을 통해 정확하고 신뢰할 수 있는 최신 정보에 가장 빠르게 접근할 수 있는 능력을 길러야 한다.

그러한 방법으로 지식을 얻고 문제를 해결하는 능력을 키워주기 위해 먼저 필요한 것이 한계 없는 언어였다. 만날 수 있는 지식이 우리말의 한계에 갇혀서는 안 되기 때문이다. 누군가의 눈과 귀와 입과 생각을 빌려 가공되거나 변형되지 않은 원문의 지식과 정보 접근에 자유로워지는 것이 중요했다. '엄마표' 영어로 전력질주해서 영어 해방이 필요했던 이유이다.

한계 없는 언어에 더해 필요한 것은 충분한 시간이었다. 스스로 알고자 하는 것을 깊이 탐색할 수 있는 충분한 시간 말이다. 조각조각 쪼개진 수업시간에 맞춰 교과서를 이용해 교과 과목을 공부할 필요가 없는 홈스쿨러에게 시간은 최고의 선물이었다.

학교는 올바른 사회성을 ——— ⋯
길러주는가?

홈스쿨을 결정할 때 많이 염려하고 궁금해하는 것이 '친구관계의 부재'다. 사회성이 떨어질 것 같다는 우려다. 홈스쿨을 고민하면서 가장 염려스러운 것이 '아이들이 사회성을 기를 수 없다'라고 한다면 지식교육은 물론 인성교육마저 제대로 못 하고 있는 지금 학교에서 아이들은 올바른 사회성을 기르고 있는지 묻지 않을 수 없다.

학교 교실에서 아이들은 어떤 관계 맺음을 하고 있을까? 초등만 지나도 학교에서 친구들과 눈 마주치는 시간을 갖기란 쉽지 않다. 종일 많은 시간을 앞 친구 뒤통수만 바라본다. 또 학교에서는 옆에 있는 친구를 밟고 올라서라 가르친다. 전체를 놓고 본다면 누군가 성적이 올라가면 누군가는 떨어져야 하는 '제로섬 게임'이다. 하지만 이겨야 살아남을 수 있고 대접받을 수 있는 곳이 학교다. 옆에 친구와 마음을 나눌 여력이 없다. 이러한 학교생활을 하면서 아이들이 느끼는 감정은 불안, 초조, 공포, 불신, 긴장 그리고 만성피로다.

치열한 상급학교 입시경쟁에서 정답 외우기 평가지만 친구를 이겨야 한다. 성적 지상주의를 탓할 여력도 없다. 학교에서의 실패는 곧바로 사회에서 낙오자가 될 것이라는 불안으로 이어진다. 학교에서 그런 불안을 심어주고 있는 것이다. 겨우 친구와 마음을 나누기 시작하다가도 그 친구가 나보다 잘 하면 불안은 배가되어 밟고 올라서기 위해 왕따를 시킨다. 잘 몰려다니던 아이들이 어느 날 한 아이를 왕따시키기 위해 나머지 아이들이 함께 마음 합치는 특이한 현상이 나타난다.

교사는 학생들이 함께 생각을 모아야 해결할 수 있는 과제를 내줄 수가 없다. 학생도 학부모도 교사의 주관적인 평가를 신뢰하지 않는다. 어쩌다 외형 그럴듯한 그룹 과제를 해야 하는 경우, 그룹 안에 누군가는 독박을 한탄하고 누군가는 무임승차가 자연스럽고 또 누군가는 그 무엇도 관심이 없다. 수업시간은 어떨까? 들어도 소용없다 생각하는 학생 절반은 잠을 자고 들으면 손해라 생각하는 몇몇은 학원 숙제를 하고 또 몇몇은 중요 과목 문제를 푼다. 일부러 애써 감추려 하지도 않는다. 교사는 자신의 수업시간에 아이들이 다른 짓을 하는 것에 대해 별로 개의치 않는다. 옆자리 친구와 떠들기 시작한 녀석이 목소리라도 좀 작게 해주길 바라면서 이미 엉망이 된 교실에서 무기력하지만 몇 년을 우려먹어 눈 감고도 가능한 기계적인 일방통행 주입식 수업을 진행한다.

일정한 원칙도 없고 때에 따라 교사에 따라 수시로 기준이 달라지는 규칙에 순응하지 않는 아이들에게 법으로 금지된 체벌 대신 벌점을 주는 것으로 간신히 교사의 권위를 지키고 있다고 말한다면 억측일까? 학교가, 또 교사가 제한된 공간 안에서 원활한 집단생활을 위해 통제해야 한다고 생각하는 이 모든 규칙이 과연 진정으로 아이들을 위한 것이라 할 수 있을까? 이런 잘못된 관계 맺음에서 아이들은 남을 배려하지 못하고 뻔뻔하고 이기적인 사람, 더 나아가 기회주의자가 되어간다. 주변에 무관심하게 된다. 이러한 분위기의 학교에서 조화로운 상호작용에 필요한 사회성을 올바르게 키울 것이라 기대할 수 있을까?

학교에서만 ——— …
해줄 수 있는 교육

12년 동안 오로지 대입을 위한 객관식 문제풀이와 주입식 교육으로 아이들의 지식 교육이나마 책임지고 있는 것이 학교이기는 한 걸까? 대입 제도 개선 안에서 많은 학부모와 학생들이 원하는 것은 정시확대다. 하지만 정부도 학교도 그것을 쉽게 수용하지 못할 것이란 것을 충분히 예측할 수 있다. 학교에서 선생님이 가르치고 있는 것이 또 아이들이 배우고 있는 것이 대입을 위한 문제풀이에서 벗어나지 못하고 있는 지금, 정시 확대는 학교의 존폐가 달린 문제이기 때문이다.

지금은 더 이상 학교가 주입식교육을 해줄 필요가 없는 세상이다. 비대하고 팽배해져 손댈 수 없는 사교육 시장, 세계 최고를 자랑하는 인터넷 환경은 학교보다 훨씬 양질의 주입식교육에 적합한 콘텐츠를 제공하고 있다. 실력 검증이 끝난 최고의 강사들로 포진된 그곳에서 충분히 대체할 수 있는 교육을 바로 지금 우리나라 학교에서 하고 있다. 그것도 짧게는 7시간에서 길게는 15시간까지 아이들 신체의 자유를 박탈하면서, 바람직하지 않은 관계 맺음을 유발하면서, 아주 비효율적인 방법으로.

그럼 학교의 존재이유가 없지 않은가? 맞다. 학교에서 추구하는 교육이 사교육 시장에서, 또 잘 갖추어진 인터넷 환경으로 대체할 수 있다면 학교는 더 이상 존재 이유가 없다. 그곳에서 대체할 수 없는 교육을 위해 학교가 필요한 것이다. 세상이 아무리 변해도 사교육에서, 인터넷에서 배우고 키울 수 있는 능력이 아닌 것이 있다. 그래서 학교가 필요한 것이다. 학교가 교사와 교사 간, 교사와 학생 간, 학생과 학생 간의 원활한 소통을 바탕으로 한 상호작용을 강조하는 수평적 교육으로 바뀌지 않는 한 교육은 사라지지 않아도 학교는 사라질 날이 언젠가는 꼭 오고야 말 것이다.

잘 길들여진 아이가 만나는 대학

'왜 자꾸 공부하라고 하느냐?'는 아이의 물음에 우아하게 답변을 포장하자면 "아는 것이 힘이다. 세상을 변화시키고 움직이는 주체가 되어야지"라고 말하지만 그 속뜻은 '공부라도 잘해야 먹고 살 수 있다. 돈 잘 벌어야 소비의 주체가 될 수 있는 거다', 이것이 아닐까?

　학교와 가정에서 어른들이 아이들을 대하는 방식에는 모순이 있다. 아이들이 학교 교육에 잘 길들여지기를 바라는 마음과 동시에 자기만의 개성을 가지고 창의적인 생각을 하기를 바란다. 하지만 이상보다는 현실이 가깝다. 학교 교육이 요구하는 경쟁 위주의 삶에서 어떻게 하면 남들보다 먼저 사회적 성공의 잣대에 맞게 자리 잡을 수 있는가가 현실이다. 부모들도 길들여지지 않을 때 자신의 생각이나 의지가 생긴다는 것을 알고 있다. 가치관 성립의 과도기에서 수없이 많은 생각 속에 방황해봐야 한다는 것도 모르지 않는다. 하지만 그것을 기다려주기가 쉽지 않다. 기다려주기만 해도 남들과 다르게 성장할 수 있다는 것을 알지만 그것은 이상에 불과하다.

　학교에서 또 가정에서도 한 아이의 능력과 인성이 또래집단 내에서의 경쟁과 줄 세우기로 판가름 난다. 중등교육은 이렇듯 잘 길들여진 아이들을 줄 세워놓으면 할 일을 다 했다 한다. 줄 앞의 아이들이 대학입시에서 좋은 성과를 거두면 아이들의 인권과 무관하게 이름 석 자를 커다란 플래카드에 박아 자랑스럽게 교문 앞에 내건다. 잠깐 생각으로 헛웃음이 나오는 것이 수십 명씩 SKY를 보낸 학교에서는 플래카드를 걸지 않는다. 그래서인지 이런 플래카드를 보면 이미 존재 이유가 없어진 학교가 살아남기 위한 최후의 발악이 아닐까 하는 생각에 씁쓸해진다.

　그렇다면 고등교육은 좀 다를까? 아이들의 소질과 재능, 관심을 최대한 이끌어내야 할 '대학'이 잘 가르치는 경쟁은 하지 않고 뽑기 경쟁만 하고 있다는 사실을 부인하기 힘들 것이다. 이러한 뽑기 경쟁만으로도 대학들은 자신들의 서열을 좀 더 확고히 할 수 있다. 그것이 가능한 이유가 우리나라는 '학벌주의' 사회이기 때문이다. 이미 확실하게 서열이 매겨져 있는 대학에서 한 단계라도 상위대학으로 진학하는 것은 졸업 후 얻게 될 사회적 지위나 인맥에 매우 큰 영향을 미친다. 이렇게 서열화된 대학과 학벌주의가 버티고 있는 한 아무리 획기적인 '대입제도 개선안'이나 '공교육 정상화' 방안을 들고 나와도 뽑기 경쟁의 정도를 낮추지도, 사교육을 줄이지도 못한다.

한때 '한 명의 천재가 몇 만 명을 먹여 살린다'는 말이 그런대로 통하던 시대가 있었다. 안정적인 고용과 개천에서 가끔씩 용 나던 시대였다. 하지만 지금 우리 사회에 대해 곰곰이 생각해보자. '몇 만 명이 한 명을 살찌우기 위해 일하고 있다'라고 표현하면 너무 극단적일까? '아는 것이 힘이다'란 말도 있었다. 진리 탐구가 교육의 목표라 믿었을 때 그 힘의 의미 또한 그렇게 해석되었다. 그러나 그 힘이 경제적 힘이라는 변질된 의미로 받아들여지기 시작한 지 꽤 되었다. 씁쓸하지만 인정할 수밖에 없다. 이러니 청운의 푸른 꿈을 안고 입학한 새내기 대학생들이 대학에 들어가자마자 고민에 빠지고 취업을 위한 스펙 쌓기를 시작한다. 현실이, 상황이 이러한데 언제 자기만의 개성을 가지고 창의적인 생각을 뽐낼 수 있냐는 말이다. 그래서인 것 같다. 어떻게 해서든 좋은 직장 가지고 사회의 주류가 되어 소비의 주체가 되었으면 하는 간절함으로 인정하고 싶지 않겠지만 내 아이가 잘 길들여진 아이였으면 하는 바람을 가지게 된다.

우리가 거부한 것은 알면 알수록 피하고 싶었던 한국의 중등교육(중학교, 고등학교)이었다. 우리나라 고등교육(대학교)에 대하여 깊이 있게 생각해보기도 전에 갑작스럽게 유학을 결정하게 되었다. 그리고 행복한 아이를 바라보며 올바른 선택이었다는 확신이 들 때쯤인 2013년 5월, 기사를 통해 스승의 날 공개적으로 반성문을 쓰신 한 대학 교수의 글을 접하게 되었다. 가보지 않아 미련과 함께 아쉬움이 남았던 한국의 고등교육이었다. 그런데 그 적나라함이 당혹스러웠다. 잘못된 시스템과 싸우고 있고 싸워야 하는 것은 비단 아이들만은 아니었다. 그래서 또 궁금해졌다. 배우는 학생도, 가르치는 선생도, 지켜보는 학부모도, 수많은 교육 전문가까지도 모두 잘 알고 있고 잘못을 인정하고 바로잡기를 간절하게 바라고 있는데, 정말 해결 방법을 찾지 못한 것일까? 방법을 찾았다면 왜 고치지 못하는 것일까?

● **스승의 날에 쓰는 교수의 반성문**

1. 학생을 '제자'가 아닌 '수강생'으로 대해온 것을 반성합니다.

2. 사람을 가르치는 스승 역할을 소홀히 하고, 정보지식 유통업자처럼 정보와 지식만 가르쳐온 것을 반성합니다.

3. 학생들에게 행복한 삶의 가치관이나 태도를 가르치기보다는

성공의 처세술을 가르친 것을 반성합니다.

4. 학생의 잘못된 삶을 보고도 꾸짖지 않고 방관해온 것을 반성합니다.

5. 학기를 마칠 때까지 학생들의 얼굴과 이름을 제대로 구분하지 못한 것을 반성합니다.

6. 가슴 두근거림 없이 매년 신입생을 맞이해온 것을 반성합니다.

7. 학생들의 고민 상담을 귀찮아하고 '바쁘다'는 핑계로 기피해온 것을 반성합니다.

8. 여러 고민으로 아파하는 제자들을 일으켜 세우기보다는, 획일적인 잣대로 냉정하게 질책하여 넘어지게 한 것을 반성합니다.

9. 제자들이 졸업 후 살아갈 직장사회에 대해 충분히 연구하지 않고 가르쳐온 것을 반성합니다.

10. 세상은 급변하고 직업이 요구하는 내용도 달라지고 있음에도, 시대에 뒤진 내용을 매 학기 그대로 가르쳐온 것을 반성합니다.

11. 학생에게 현재 필요한 것, 앞으로 필요할 것보다는 교수가 배운 것, 교수가 연구한 것을 우선적으로 가르쳐온 것을 반성합니다.

12. 다른 학문과 융합하지 않고 내 전공 분야만 고집함으로써, 학생들을 편협한 학문의 세계에 묶어두려 한 것을 반성합니다.

13. 학생들이 학교 밖 학원을 다니며 자신에게 진짜 필요한 것을 따로 배우게 한 것을 반성합니다.

14. 수업 내용과 방법을 제대로 알 수 없는 부실한 수업계획서를 제시하거나 수업계획서와 다른 내용과 방법으로 수업을 진행해온 것을 반성합니다.

15. 사명감이나 열정 없이 시간 때우기로 학생들을 가르쳐온 것을 반성합니다.

16. 실제 수업 시간에도 못 미치는 짧은 시간 동안 수업을 준비하고 가르쳐온 것을 반성합니다.

17. 더 많은 학생들이 더 쉽게 이해할 수 있도록 수업을 정성껏 설계하여 가르치지 못한 것을 반성합니다.

18. 학생들을 수업에 참여시키지 않고 교수 혼자 수업을 주도하며 가르쳐온 것을 반성합니다.

19. 학생들과 상호작용하지 않고 일방적으로 수업을 진행해온 것을 반성합니다.

20. 시간 부족, 진도를 핑계로 체험을 통한 수업방식을 생략하고 이론을 암기시키는 방식으로 가르쳐온 것을 반성합니다.

21. 현재의 수업 방식을 개선하지 않고 늘 같은 방법으로 가르쳐온 것을 반성합니다.

22. 낮은 수업 성과의 원인을 학생의 책임으로만 돌려온 것을 반성합니다.

23. 학생의 개인 차이를 고려하지 않고, 우수학생을 중심으로 가르쳐온 것을 반성합니다.

24. 제 시각에 수업을 시작하고 제 시각에 마치지 못한 것을 반성합니다.

25. 교과 내용의 암기 수준으로만 학습 성과를 평가하고, 채점하기 쉬운 방법으로 출제를 함으로써 학습자의 학습 풍토를 왜곡시켜온 것을 반성합니다.

26. 편견이나 개인적인 관계 등 공정하지 못한 기준으로 학생을 평가해온 것을 반성합니다.

27. 학생의 학습 성과는 철저히 평가하면서, 교수 자신의 교수성과는 제대로 평가하지 않고 가르쳐온 것을 반성합니다.

28. 학생이 오랜 시간 작성한 과제물을 성실하게 꼼꼼히 살펴보지 않고 짧은 시간에 대충 평가하고 성의 없이 피드백해준 것을 반성합니다.

29. 강의평가 결과에 급급하여 학생들의 눈치를 보며 소신 있게 가르치지 못한 것을 반성합니다.

30. '연구' 때문에 '교육'을 못하고, '교육' 때문에 '연구'를 못하겠다고 변명했으며, 개인적인 연구실적만 중시하고 가르치는 일은 뒷전에 미뤄온 것을 반성합니다.

31. 교수는 '현자(賢者)'라는 고정관념에 빠져 학생의 창조적인 생각을 존중하지 않고 교수의 생각을 일방적으로 주입시키려 한 것을 반성합니다.

32. 학생의 학습보다 교수의 연구자료 수집을 위해 과제를 내준 것

을 반성합니다.

33. 학생의 창의적인 아이디어나 자료를 교수의 학술자료로 활용
해온 것을 반성합니다.

34. 교수를 '갑'으로, 학생을 '을'로 여긴 나머지 학생에게 시간적,
금전적 부담을 부당하게 줘온 것을 반성합니다.

35. 타과 수강생, 부전공 수강생, 복수전공 수강생을 차별해온 것
을 반성합니다.

36. 소속 대학을 '우리 학교'가 아닌 '이 학교'로 칭함으로써 학생들
의 자존감을 손상시킨 것을 반성합니다.

37. 교수 자신과 자신의 영역 외에는 모두 비판의 대상으로 여기
며, 대안 없이 비판만 해온 것을 반성합니다.

38. 커리큘럼과 강사 선정의 최우선 기준을 학생들의 학습 성과에
두지 못했음을 반성합니다.

39. 교수 사이에 서열과 신분을 지나치게 중시했으며, 비정규직 교
수를 동료로 충분히 인정하고 배려하지 못한 것을 반성합니다.

40. 교육이나 연구는 부업으로 여기고, 학교 외부 활동을 본업으로
삼아온 것을 반성합니다.

_출처: 스승의 날, 이의용 교수가 페이스북에 올린 글 전문. 2013. 5. 15.

왜 우리는
질문을 잃어버렸을까?

'질문 있습니까? = 수업 끝났다!' 한국 대학 강의실에서 흔히 만나는 자연스러움이라 한다. 왜 우리는 질문을 하지 않을까? 궁금한 것이 없어서는 그렇다 해도 궁금한 것이 있지만 질문하지 않는 이유에 대한 대답이 다양하다.

　궁금한 것을 질문으로 표현하기 쉽지 않다. 수강생이 많아 용기가 나지 않는다. 주변 학생들이 수업 진행에 방해가 된다고 뭐라 할 것 같다. 다 아는 내용을 나만 모르고 질문하는 것이면 어쩌나 걱정된다.

　이렇듯 '나'보다는 '우리'라는 문화가 익숙해서인지 남의 시선이 부담스럽다는 이유가 많지만 근본적인 이유는 질문하지 않아도 되는 잘못된 교육방법 때문에 질문하는 법을 배우지 못해서가 아닐까? 우리가 받았고 또 크게 다르지 않게 우리 아이들이 받고 있는 길고 긴 학교 교육은 '질문하는 법'을 가르쳐주지 않는다. 1년에 한 번 초등 참관 수업에 참석해서 볼 수 있었던 정돈된 발표 모습이 기억난다. 정형화되어 좀 우스꽝스러운 합창(구호)과 몸짓 등으로 '대답하는 법'은 있는 것 같다.

　굳이 질문하는 법을 가르쳐주지 않아도 스스로 알아갈 수 있을 것이다. 하지만 생각이 필요 없는 교육, 너무 친절해서 스스로 알고 싶은 것이 없는 교육에 익숙하다 보니 질문은 필요 없는 것이라 생각하게 된다. 선생님 말씀은 물을 것도 없이 옳은 것이고 옳고 그른 것을 따져서는 안 되는 것이라는 걸 알게 된다. 질문이 많은 아이들을 좋아하고 적극 응해줄 선생님을 기대할 수 없는 것을 우리는 그냥 열악한 교육환경 탓으로 돌려야 한다.

이미 정답이 정해져 있는 것에 대해 그 정답을 빠르고 실수 없이 찾아내는 것을 가르쳐야 하는 학교다. 정답을 알 수 없어 의심이 꼬리에 꼬리를 물고 생기는 질문에 묻고 답하는 것을 기대할 수 없다. 학교에서 교사가 학생들에게 원하는 질문은 정답이 정해져 있는 질문이다. 그 정답을 얻기 위한 질문만이 '좋은 질문'이다. 그렇게 적절한 질문만을 해야 한다는 교실 분위기다. 적절하지 못한 질문을 해서 선생님이나 친구들에게 자신의 질문을 묵살 내지는 조롱 당하는 경험을 통해 일찌감치 옳지 않은 질문에 대한 트라우마를 경험하게 만들기도 한다.

중등교육에 들어서면 교실 전체 아이들은 유일한 딱 하나의 목표를 향해 있다. 그 하나의 목표를 향해 한 가지 정답을 가진 일방통행식 수업 속에서 질문은 하면 안 되는 분위기이다. 의문을 품어서도 안 되고 의심을 품을 만큼 생각의 여유를 욕심 부려서도 안 되는 때다. 이렇게 12년을 듣고 읽고 보는 것에 의심 없어 물어볼 것도 없이 지냈는데 고등교육인 대학에 들어왔다고 달라질 수 있을까? 조용히 고개를 끄덕이며 수업에 초 집중을 보이고, 열심히 받아 적고, 열심히 밑줄을 치다가도 질문을 해보라, 생각을 말해보라 하면 모두 입 꾹 다물고 시선을 피하게 된다. 어른이 되어 만나는 사회조직 내에서도 질문이 허락되는 경우는 흔치 않다. 상하 지위 체계가 분명한 조직생활에서 상명 하복에 익숙해져야 한다. 지시 사항에 대한 궁금증 말고 반박이나 대안의 의미로 꺼내는 질문은 시도조차 힘들다.

깊이 관심 가져볼 틈도 없이 우리와는 거리가 멀어진 한국의 '고등교육'이었다. 이 또한 당사자로 그 안에서 겪어보지 않은 일이기에 밖에서 제 3자의 눈으로 들여다볼 수밖에 없었다. 아이들이 숨도 제대로 고르지 못하고 달려와 겨우 도착한 대학이다. 그렇게 달려와 마주한 대학의 현실에 대한 냉정한 문제제기로 신선한 충격을 준 다큐 프로그램이 있다. 2014년 방송되었던 EBS 다큐프라임 〈왜 우리는 대학에 가는가〉, 그중 다섯 번째 이야기 '말문을 터라' 도입부의 영상은 충격적이었다.

'전 세계인 앞에서 망신당하는 한국인(기자)들'이란 제목으로 유튜브에도 영상이 남아 있다. 2010년, 서울에서 열렸던 G20의 폐막 기자회견장이었다고 한다. 오바마 대통령이 한국 기자들을 꼭 찍어 질문 기회를 준 순간, 그리고 이후 꽤 오랜 정적은 혼자 보면서도 쥐구멍을 찾게 했다. 친절한 미국 대통령은 한국말로 해도 좋다고 다시 기회를 주었지만 또다시 이어지는 침묵이었다. 결국 끼어들어 블라블라 하는 중국 기자, 나만 그랬을까? 노골적인 무시가 느껴졌다.

과연 언론 고시로 불리는 입사 절차를 통과하고 세계적인 행사장에 파견될 정도의 기자가 그 중국 기자만큼 영어를 잘 못해서 질문을 하지 못했던 것일까? 아니면 위기상황이 발생하면 적나라하게 드러나는 모습, 기자지만 기자가 아닐 수밖에 없는 익숙함이 재현된 것일까? 데스크에서 지시한 대로 받아 적기에 급급하고 그 내용을 거침없이 텍스트로 뿌려대는 데 길들여진 모습 말이다. 한국 기자 대부분은 오바마 대통령의 말을 받아 적어 기사로 내보낼 생각만 했지 연설 내용에 의문을 품지 않았다고 한다. 의문을 품지 않았으니 묻고 싶은 것을 찾았을 리 없다. 기자들뿐이겠는가? 국가권력의 핵심인 청와대의 받아쓰기 모습이 어떠했는지 한 정권이 무너지는 과정에서 적나라하게 지켜보지 않았는가?

우리가 왜 질문을 잃어버렸는지 그 답을 찾는 것은 어렵지 않다. 이미 질문을 잃어버려 벌어지고 있는 '이건 아닌데' 하는, 어처구니없지만 흔한 일들만 보아도 원인은 분명히 알 수 있다. 원인을 알 수 있으니 어디서부터 손을 대서 바로잡아야 하는지 모르지 않을 것이다. 상대의 이야기를 귀담아 들으며 동의를 표하는 것도 어색해하고, 자신의 의견을 적극적으로 표현하는 것도 머뭇거리고, 함께 의견을 나누며 문제해결의 합일점을 찾아가는 것이 서투를 수밖에 없는 교육, 잘못된 교육이 그 질문의 원인이고 시작이라는 것이 분명하다. 그렇다면 망설이지 말고 치료해주어야 한다. 상황을 탓하고 환경을 탓하고 시스템을 탓할 여유가 없다. 지금 당장 시작해도 치료의 효력이 영향력으로 나타나려면 얼마를 기다려야 할지 알 수 없는데 자꾸 미루어서는 안 된다.

학교에서 이미 정답이 있는 것들만 가르치고 배운다. 정답이 있으니 질문은 필요 없다. 누군가 가르치면 가르치는 대로 차곡차곡 머릿속에 밀어 넣어 채우기만 한다. 그것을 다시 자신이 가지고 있는 생각들과 버무려 내 생각으로 만들고 그것을 말로 뱉어내는 훈련은 받아본 적이 없다. 안타까운 우리 아이들 모습이다. 멀지 않은 미래 어느 날 어느 장소에서 예고 없이 만나게 되는 이런 모습들, 그 속에 내 아이가 부끄럽게 고개 떨구고 있지 않기를 간절히 바라게 된다.

반디가 한국에서 초등 6년을 다니는 동안 해마다 열리는 참관 수업만큼은 빠지지 않고 가봤다. 학부모회를 비롯해 또래 엄마들과의 만남이 전무해서 1년에 학교에 가는 행사 딱 두 가지 중 하나였다. 다른 하나는 학년 초에 있는 학부모 총회, 담임 선생님이 어떤 분인지는 알아야 했으니까. 6년을 공개 수업에 참관했지만 단 한 번도 스스로 손을 들어 발표한 적 없던 아이였다. 모르는 것은 물론이고 아는 것에 있어서도 자신을 드러내는 것이 서툰 아이였다. 그런 아이가 유학으로 전혀 다른 환경에서 공부를 하면서 참 많이 변해갔다. 환경이 사람을 그리 만든 건지 아이가 자라서인지는 정확히 판단이 서지 않았다. 교수님과의 질의응답에 망설임도 없고 실험을 보조하기 위해 수업 진행을 돕는 마스터(학사)나 PHD(박사) 과정의 선배들에게 이런 저런 사소한 질문들까지 소통을 즐기는 것이 느껴졌다.

처음에 그런 분위기가 낯선 엄마가 잘못 조언을 하기도 했었다. 교수님 메일에 수시로 다이렉트로 질문을 하면서 전혀 형식을 갖추지 않고 예의도 없어 보이게 자신이 필요한 부분만 전달하는 텍스트에 놀라서, 또 너무 서슴없이 교수님 연구실에 들락거리고 있어서였다. 그런데 엄마의 과민반응이었다는 것을 아이가 교수님들과 주고받은 메일에서 깨달았다. 그저 자연스러운 소통이었다.

권위적이고 경직된 시스템에서 소통 자체가 힘든 분위기일 때 아이는 분명 지나치게 소극적이었다. 그런데 소통이 편안한 새로운 환경에서는 자연스러운 소통을 충분히 감당하고 즐길 줄 아는 아이라는 것을 새롭게 알게 되었다. 제도교육을 벗어났기에 그 유연함을 지킬 수 있었던 건지 확신할 수는 없다. 중·고등학교를 한국에서 마치고 현지에서 대학생활을 시작했다면 어땠을까? 가보지 않은 길이니 알 수 없지만 망설임이 많았을 것이다. 가지고 있는 성격으로 보아 그 익숙함을 깨버리기 쉽지 않았을 것이다.

방송 공감: EBS 다큐 프라임_교육 대기획 '시험' 6부작

4부: 서울대 A+의 조건

우리나라 최고의 대학에서는 어떤 능력을 최고로 평가하고 어떤 인재를 키우고 있는가? 교육과 혁신 연구소 소장 이혜정 교수의 연구가 방송에서도 화제가 되었고 관련해서 책도 출간되었다.

우리나라 최고의 대학에 우리나라 최고의 학생들이 들어왔는데 그 아이들도 어려워하는 것이 좋은 학점이란다. 이혜정 소장은 학점을 잘 받는 아이들을 분석해서 추출한 공부법을 학생들에게 알려주면 도움이 되겠다는 생각으로 2009년 좀 특별한 연구를 하게 되었고, 연구진 그 누구도 예상할 수 없었던 결과에 맞닥뜨리게 된다.

적.자.생.존

우리가 이미 알고 있는 적자생존의 의미와는 많이 다르다. 연구 결과 서울대학교에서 좋은 학점을 받은 많은 아이들의 공통점이 놀라웠다. 강의시간 교수님 강의 내용을 요점정리 수준이 아니고 한 마디도 빼놓지 않고, 말을 문장의 형태로 받아 적는 전사나 녹취를 해서 그 내용을 압축한 뒤 시험 볼 때 토씨 하나 안 틀리고 쏟아붓는 형식의 공부를 했다는 것이다. 말 그대로 적지 않으면 도태되는 '적자' 생존이었다.

보다 더 분명한 문제점도 있다. 앞서 말한 적자생존을 깨닫고 수용적 사고력에 익숙한 친구들은 자신이 가지고 있는 굉장히 좋은 아이디어가 교수님의 기존 그것과 다르다 생각되고 자신의 아이디어가 더 좋을 것 같다는 확신이 있어도 그걸 시험이나 과제에 절대 쓰지 않는다. 좋은 학점을 받을 수 있는 방법이 아니니까. 오히려 불이익을 당할 수도 있으니까. 그렇다고 우리나라 최고의 대학인 서울대학교에 수용적 사고력의 아이들만 있는 것은 아니다. 비판적이고 창의적인 아이들도 물론 있다. 하지만 그런 친구들은 학점이 낮을 수밖에 없다는 것이다.

더 큰 문제는 비판적이고 창의적이지만 학점이 낮은 친구들이 수용적 사고력을 가지고 학점이 높은 학생들처럼 행동하지 않으면 죄책감을 느끼고 그렇게 가야 맞는 거라는 생각을 하며 자신의 행동을 수정하려고 한다는 것이다. 또 실제로 자신의 행동을 수정(전사와 암기로)해서 학점 폭풍 상승과 함께 처음으로 성적 장학금을 받게 되어 스스로도 놀랐다는 학생의 인터뷰는 허탈하기까지 하다. 결론에 다다른 이혜정 교수의 인터뷰가 인상적이다.

"사실은 연구하기 전에 굉장히 기대를 했어요. 우리 자식들이 이런 아이들이면 얼마나 좋겠냐는 기대를 했는데, 막상 아이들에게 이렇게 크라고 과연 얘기할 수 있을까. 너의 어떠한 생각도 가져서는 안 되고 네 생각이 아무리 좋아도 교수님과 다르면 버려야 되고 교수님의 말씀을 단 한마디도 빼놓지 않고 적어야 되고, 이게 서울대학교의 교육이라고 과연 얘기할 수 있을까…."

이 교수는 미시간 주립대학교에서 같은 방법으로 연구를 진행하며 정도의 차이는 있겠지만, 미국도 비슷한 패턴이겠지 생각했다가 완전히 다르게 나온 결과로 큰 충격을 받았다 말한다. 강의노트를 하는 방법에 대한 차이도 분명하지만 더 놀라운 것은 교수님과 다른 의견의 표현 여부에 대한 것이다. 반디의 대학 생활을 통해 엿볼 수 있었기에 이 말 속에 거짓이 없다는 것을 믿는다.

"제 의견을 표현해도 교수님은 제 의견을 존중해주실 거고 교수님과 견해가 다르더라도 공정한 학점을 주실 거라는 믿음이 있다. 학점에 나쁜 영향을 주는 상황을 겪어본 적이 없다. 오히려 다양한 생각을 표현하는 것이 학점에 더 좋은 영향을 주는 것 같아서 그렇게 한다."

서울대학교와 미시간 주립대학교, 두 학교가 종류가 다른 공부를 하게 된 원인은 각각 종류가 다른 공부에 높은 학점을 주는 방식으로 평가를 달리하고 있기 때문이다. 분명 학생들의 잘못이 아니고 시스템이 잘못된 것인데 학생들은 그 시스템을 거부할 수 없기에 모두 다 알면서도 이러지도 저러지도 못하는 것이 현실일 것이다.

하버드대학교 심리학과 앨런 랭어 교수는 '~이다', '~일 수도 있다' 두 가지의 다른 전제에 따른 사람의 생각 변화에 대한 실험을 했는데 흥미롭다. 그녀가 내린 결론에 우리 아이들이 어떠한 '학교 교육'을 받으며 오늘을 살아가고 있는지 그대로 담겨 있다.

"정형화된 시험은 한 학생의 인생에 큰 영향을 미치고 아무 의식 없이 공부하도록 만든다. 절대적인 답 하나만을 알고 있으면 다른 방식으로 생각이 뻗어나가지 않는다. '뭔가를 하는 방법은 한 가지다. 뭔가를 알게 되는 방법도 한 가지다.' 이런 답들은 마치 인간 세상과는 별개로 하늘에서 뚝 떨어진 진리처럼 여겨진다. 사람들은 이것만이 진짜라고 맹신하게 된다."

다큐 말미 이혜정 교수의 인터뷰다.

"얼마나 잘 외웠는지 평가하는 시스템에서 아이들이 무엇을 왜 궁금해하겠어요. 궁금한 게 조금 생겼어도 빨리 자르고 외우는 데 집중해야만 하잖아요. 궁금할 때 생기는 호기심을 눌러 놓은 애들이 사회에서 말하는 정해진 성공이라는 길로 가잖아요. 그걸 받아들이지 못한 경우에는 낙오자가 되는 거고 만들어놓은 평가지를 풀다 틀리면 '너는 아닌 아이야'라고 그냥 학점으로 단정을 지어버리고 낙오자로 만드는 이 시스템은 키우는 게 아니라 죽이고 버리고 포기하는 게 되는 거잖아요."

이 프로그램은 반디가 유학 중일 때 방영되었다. 반디 따라 먼 나라에 있을 때 한국의 고등교육(대학교)이 궁금해서 찾아보게 된 프로였다. 그리고 가슴을 쓸어내렸다. 속해보지 않아 알 수 없어 조금은 아쉽고 섭섭했던 마음이 정리가 되었다. 정답을 쫓기보다는 자신만의 해답을 위해 치열한 시간을 보내고 있는 아이를 지켜보는 중이었으니까. 그 시간을 행복해하고 있다는 것이 엄마 눈에 보였으니까.

오랫동안 많은 전문가들이 수많은 부작용을 양산하는 우리나라 각급 학교의 교육, 그 잘못된 시스템에 대해 연구하며 정확하게 진단, 분석하고 있다. 그런데 이 모든 것을 교육 전문가만이 알아차리고 진단할 수 있는 것일까? 이런 진단이 갑자기 최근 들어서 쏟아져 나오고 이슈화되고 있는 것일까? 그건 아니었다. 반디를 낳기 전부터 유사한 고민은 회자되었고 정확한 문제 진단도 없지 않았다. 납득 가능한 대안까지 있었던 것으로 기억한다.

하지만 그 대안들이 현실에 적용되고 안정을 찾아가며, 내 아이가 태어나고 자라는 세상은 조금 달라지려나 기대했던 것이 어리석었다는 걸 깨닫는데 그리 오래 걸리지 않았다. 기대가 사라지니 대안이 있어야 했다. 그것이 자꾸만 학교 밖에서 길을 찾고자 했던 이유였다.

Part 3

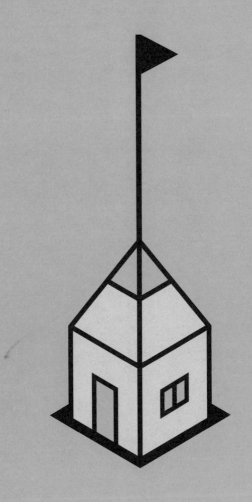

몰랐으면 놓쳤을
길에서 행복했던 취학 전

....

조기교육 열풍, 그 중심에 서다

————— • • •

반디가 홈스쿨의 길로 들어서기 전까지, 즉 취학 전과 제도 교육 안에서의 초등 6년 동안 우리 세 식구는 각기 다른 꿈을 꾸고 있었다. 일찍이 대안교육에 관심을 가지고 학교 밖에서 길을 찾고 있었던 엄마였고, 이상은 같지만 아이가 성장해서 살아내야 할 현실 사회를 너무 잘 알고 있어 결코 동의할 수 없는 아빠였으며, 부모의 선택이 아니고 아이 스스로의 선택이 되어야 했기에 선입견 없이 세상에 익숙해지고 있는 아이였다. 섣부르게 엄마 고집을 세워 선택을 강요할 수 없는 시기였다. 제도교육 안에서 적당히 타협하며 우리만의 걸음을 걸어야 했다. 짧은 유치원 생활과 초등 6년, 언젠가 선택이 될 수도 있는, 원하는 그 길을 위해 준비 아닌 준비를 해야 하는 시간이었다. 유치원에, 그리고 학교에 그 어떤 기대도 없었다. 제도교육 안에 있지만 대안교육을 하는 것 같은 그런 마음으로 보낸 시간이었다.

1998년생 반디가 돌이 지날 무렵 남편이 지방 소도시 발령을 받으면서 우리는 살고 있던 대전을 잠시 떠나야 했다. 새로 간 곳은 군에서 시로 승격한 지 3~4년쯤 되는 도시였다. 아이와 옷을 차려 입고 손잡고 나섰지만 마땅히 나들이 할 곳이 없었다. 모두가 낯선 사람들, 아이 돌보며 잠깐의 의지도 나눌 사람이 없었다. 그곳에서 남편은 IMF 뒤를 잇는 구조조정과 은행통폐합의 몸살을 앓느라 얼굴 마주하기조차 힘들어지면서 난 꽤 심한 우울증 비슷한 마음의 기복을 가지게 되었다.

종일 유일하게 교감을 나누고 이야기 나눌 상대가 반디뿐이었다. 그런데 이제 갓 돌이 지난 아이와 할 수 있는 교감이나 놀이는 그다지 많지 않았다. 아니, 어쩌면 아이와 놀 줄 몰랐던 엄마였을 수도 있다. 하루의 많은 시간을 아이가 좋아하는 비디오를 틀어놓고 지냈다. 그것을 매개로 엄마는 종일 아이에게 조잘댔다. 그렇게라도 하지 않으면 견디기 힘든 시간이었다. 혹자는 아이가 어려서 비디오를 많이 보는 것은 득보다 실이 많다고 했다. 알고 있었지만 나 스스로를 위로했다. 아이 혼자 보게 두었을 때 나쁘지 엄마가 함께 보는 것은 해가 안 될 거라고. 그리고 그것만큼은 지켰다. 엄마의 편의를 위해 아이를 혼자 영상 앞에 묶어놓지는 않았다. 영상을 볼 때는 늘 아이 곁에서 끊임없는 수다로 함께했다.

아이가 낮잠을 자거나 저녁에 일찍 잠이 들면 기분은 급 우울해졌다. 10년 가까이 늘 하루같이 흐트러짐 없던 살림살이는 아이와 함께하면서 도무지 정리가 되지 않아 어수선했다. '반디 엄마' 말고는 내 존재를 찾을 수 없는 것이 허무했다. 아이를 기다리는 10년 동안 충분히 준비된 엄마라 생각했다. 하지만 오히려 너무 오랜 기다림으로 익숙해진 일상이 아이로 인해 크게 변화되었는데 갑자기 낯선 곳으로 옮기면서 상황을 악화시킨 것 같았다. 힘들어하는 나를 위해 남편은 어려운 결정을 해주었다. 다시 발령을 받기 위해 6개월은 더 기다려야 했지만, 우리 모자를 대전으로 먼저 옮겨놓았다. 반디가 네 살 되던 해였다. 대전의 끝자락에 새로운 신도시가 생기던 시기였다.

우리는 그 신도시로 이사를 했다. 도심과 떨어져 새롭게 건설된 대규모 아파트 단지에는 반디 또래들이 아주 많았다. 그런데 이상하게도 오전에 놀이터를 가면 아이들을 만나기 힘들었다. 아침이면 예쁘게 단장한 아이들이 엄마 손을 잡고 버스정류장이 아닌 곳에 삼삼오오 모여 있었다. 잠시 후 노란 버스들이 줄지어 아파트 단지 내로 들어오고 아이들은 엄마와 손을 흔들며 버스를 타고 사라졌다. 개중에는 한 손은 엄마를 붙잡고 다른 한 손은 선생님께 붙잡혀 울고 불고의 신경전을 벌이고 서야 겨우 떠밀려 버스에 오르는 아이들도 종종 눈에 띄었다. 이제 겨우 네다섯 살이나 되었을까? '하바', '오르다', '몬테소리', '가베', '영재교육' 등 이름도 다양하고 추구하는 방향에 따라 프로그램도 다양한 어린이집과 유치원 버스였다.

한바탕 아이들이 그렇게 사라지고 난 뒤 오래지 않아 이번에는 좀 더 어린아이들과 함께 엄마들도 한껏 멋을 부리고 노란 버스가 떠났던 자리에 모여 있었다. 시내 유명 백화점 버스가 도착했다.(무료로 운영되던 백화점 셔틀버스는 이후 유통업체의 셔틀버스 운행이 전면 중단되면서 곧 사라졌다.) 모여 있던 엄마와 아이들은 함께 그 버스를 타고 사라졌다. 처음 알았다. 유명 백화점에서는 걷지도 못하는 아이들부터 대상이 되는 수많은 문화센터 교육 프로그램을 운영하고 있었던 것이다. 갑자기 불안이 몰려왔다. 일곱 살이 되면, 조금 서두른다 해도 이르면 여섯 살부터 유치원에 보내는 것이 초등학교 입학 전에 할 수 있는 기관 교육의 전부라 생각했던 무지했던 엄마는 조급해지기 시작했다. 어린이집에 찾아가 상담을 하고 문화센터도 찾아갔다. 결국 이건 아니구나 싶어 모두 접었지만 '조기교육 열풍'이 막 시작되던 즈음이라 세태를 무시하기란 쉽지 않았다.

시내 전체가 ——— …
아이들 놀이터였다

내 아이를 키우고 내보내야 할, 말도 안 되고 어이없다 생각하는 세상의 어느 부분을 이해하려 애쓰지 않았다. 달라지겠지, 나아지겠지, 기대해도 희망하는 세상이 오지 않을 것이란 것도 알게 되면서 지금 할 수 있는 최선을 찾기 시작한 것은 아이가 다섯 살 무렵이었다. 출판 쪽에서는 부모교육서가 쏟아져 나오고 아직 말도 서툰 아이들은 엄마 손을 잡고 백화점 문화센터로, 새롭게 시도되는 맞춤형 프로그램들을 위한 사설교육기관으로 몰려들고 있었다. 아이들을 너무 일찍 단체생활에 적응시키기 위해 답답한 공간에 가두고, 하지 말아야 할 것들에 익숙해지도록 만들지 않아도 시내 전체가 아이들의 유치원이 되고 체험학습장이 될 수 있었다. 우연찮은 인연이 삶의 방식을 바꾸고 몰랐으면 놓쳤을 길에서 행복할 수 있었다.

아이가 다섯 살이 되면서 집에서 함께하는 시간에 한계를 느꼈다. 이름만 들어도 알 만한 유명 교육업체에서 실물 중심, 활동 중심 교육을 목표로 센터를 열었다는 것을 우연히 알게 되었다. 일주일에 한 번씩 그 센터를 찾았는데 그곳에서 생각이 비슷한 엄마들을 만났다. 모두 어린이집이나 유치원에도 다니지 않고 있었다. 행운이었다. 반디 또래의 여자아이와 이제 막 걸음마 단계인 사내아이를 키우는 엄마는 한 손에 작은아이를 안고 다른 한 손으로 큰 아이 손을 잡고 대전 시내 전체를 놀이터로 삼고 있었다. 대전은 내가 태어났고 살았고 살고 있는 도시인데 특별한 연고도 없는 그 엄마가 훨씬 도시 구석구석을 잘 알고 있는 것이 부끄러울 정도였다. 두 아이와 함께 유모차를 번쩍 들어 버스에 싣고 이동하면서도, 작은아이 안고 큰아이는 걷게 하며 몇 시간을 돌아 다녀도 얼굴에는 웃음이 떠나지 않았다. 난 그 엄마가 궁금했다. 그래서 그 엄마를 쫓아다니기 시작했다. 그렇게 시작된 인연의 끈은 비록 다른 길을 가야 했지만 지금까지 이어지고 있다.

기동력이 없던 그 엄마에게 경차를 가지고 있던 나는 빠른 발이 되어주었다. 충분한 수면과 든든한 아침을 먹고 오전 늦게 만나 시작된 두 집의 하루 일정은 어둠이 내리고도 한참을 지나서야 끝이 났다. 우리 두 집과 인연이 닿아 아름아름 알게 된 다른 집들이 유치원을 마치고 오후에 합류하면, 미술관 앞 잔디 마당이 저녁식사 자리가 됐고 문화예술의전당 앞 너른 마당의 밝은 가로등이 꺼질 때까지 아이들은 숨바꼭질로 뜀박질로 지칠 줄 몰랐다. 그러고도 날 좋은 날이면 시립천문대를 찾아 달을 보고 별을 본 뒤에야 헤어졌다.

국립중앙과학관이나 길 건너 엑스포과학공원은 눈 감고도 찾아다닐 수 있게 되었다. 놀이공원의 1년 회원권은 본전을 뽑고도 남았다. 내가 살고 있던 도시에 아이들이 놀이터 삼아 마음껏 뛰어놀 수 있고 보고 만지고 느끼며 체험할 수 있는 장소가 그렇게 많은 줄 정말이지 모르고 살았었다. 과학의 도시답게 1년 내내 과학 관련 전시나 축제, 다양한 체험 현장이 끊이지 않았다. 이름만 들어도 알 수 있는 유명한 미술관, 박물관, 연구소들은 마음만 먹으면 언제든 견학 가능했다. 물론 아이들에게 그 모든 행사나 장소들은 단지 놀이터에 불과했다. 하지만 수년을 같은 행사, 같은 장소를 찾다 보면 익숙함을 넘어 시나브로 체득되는 것이 있다는 것을 알게 되었다. 그모든 곳이 놀이터가 되고 체험장이 되어 아이가 입학하기 전 3년을, 또 저학년이었던 2년을 친구들과 함께 뛰어놀았다. 돌이켜보면 반디에게도 엄마에게도 최고의 시간이었다.

다른 삶을 만나
선물 같은 시간을 보내다 ——— • • •

그 전까지 반디와 나는 바깥활동보다는 집안에서 보내는 시간이 많은 조금 정적인 삶을 살았다. 가능하면 아이를 깔끔하고 정돈되게 기르는 것이 괜찮은 엄마라 착각했었다. 반디가 태어나기 전 꽤 오랜 시간 잘 정돈한 집 안이 아이 하나로 엉망이 되는 것에 익숙해지는데도 시간이 걸렸다. 장난감을 가지고 놀면 바로 제자리에 정리해놓고 책을 보고 나면 그 또한 있던 자리에 다시 꽂아야 했다. 바깥에 나가 아이가 호기심으로 무언가를 만지려 하면 "안 돼. 지지야!"로 그 호기심을 서둘러 막아버렸다. 아이를 놀이터에 데리고는 갔지만 놀이터에서 노는 것에조차 한계를 뒀다. 아이는 충분히 놀이에 빠지지 못했다. 손에 모래가 묻으면 털어내느라 바쁘고 옷에 무엇이 묻을까봐 마음 편히 놀지를 못했다. 내가 그렇게 만들어놓았던 것이다.

같이 어울리던 친구 집에 처음 놀러갔을 때 집 안으로 들어서는 순간 반디의 표정을 잊지 못하는 것은 나뿐만이 아니었다. 지금도 종종 16년 전 그날에 대해 친구 엄마와 이야기하곤 한다. 현관문 앞에서 반디는 얼어붙어 꼼짝을 못했다. 책과 장난감, 온갖 자질구레한 알 수 없는 것들로 온 집 안이 발 디딜 틈 없었다. 아이와 놀이가 끝나면 모든 것이 제자리에 찾아가 바닥은 늘 단정했던 우리 집과 달라도 너무 달랐다. 발로 물건들을 쓱쓱 밀며 겨우 들어선 그 집 남매들은 손에 닿는 대로 책을 보다가 장난감을 가지고 놀다가, 또 어디 체험학습장에서 만들어왔을 허접한 완성품들을 이리저리 움직여보며 놀았다. 온 집 안이 탐험장 같았다.

집 안으로 들어간 반디는 한쪽에 자리 잡고 앉아 뒤죽박죽인 블록 상자를 뒤지며 정리하기 시작했다. 블록 상자 안에는 블록만 있어야 한다는 생각이었던 것이다. 블록도 레고 따로 카프라 따로. 아, 난 도대체 지금까지 아이를 어떻게 길렀던 것인가? 그 모습을 지켜보던 친구 엄마는 오히려 그런 반디 모습에 놀라워했다. 해도 해도 끝이 보이지 않는 정리에 싫증을 느꼈는지 잠깐 동안 어색한 움직임으로 이쪽저쪽을 둘러보고 남매들의 행동을 관찰하던 반디는 금세 신세계를 만난 듯 온몸이 땀으로 흠뻑 젖는 것도 모르고 집안 구석구석의 신기한 가지가지를 체험하기 시작했다.

그 집과 거의 매일 어울려 논 지 얼마 지나지 않아 반디에게 나타난 변화가 눈에 들어왔다. 반디는 놀이터에서 모래 놀이를 하려면 필요한 것이 무엇인지 알게 되었는지 일단 모래에 물을 붓기 시작하더니 온몸이 모래투성이가 되는 것도 개의치 않고 놀이에 깊이 빠졌다. 손에 묻은 모래를 겁먹은 얼굴로 털어내고, 신발에 모래가 들어갈까봐 조심조심 걷고, 옷을 버릴까봐 무엇을 하기 전에 엄마 눈치부터 살피던 아이가 아니었다. 그런데 그런 아이의 모습이 더없이 행복해 보였다. 여벌의 옷과 신발을 두세 벌씩 가지고 다녀야 하는 불편함은 있었지만 지켜보는 엄마 또한 행복했다. 아이가 행복해하는 것이 보이니까.

지금처럼 휴대폰으로 무장했던 시절도 아니고 컴퓨터도 잘 모르던 그 엄마가 대전 구석구석의 체험학습 현장 소식을 빠짐없이 꿰고 있는 것이 놀라웠다. 누구에게나 기회는 있으나 아는 이들이 부지런함으로 누릴 수 있는 각종 연구소, 특별한 기관, 도서관들의 체험을 해마다, 때마다 빠지지 않고 참여할 수 있었던 것도 그 엄마 덕분이었다.

"반디 엄마 ○○연구소에서 자기부상열차 무료 시승이 있다니까 빨리 들어가서 신청하세요", "카이스트에서 이족 보행 로봇 휴보를 처음으로 일반인에게 공개하는 행사가 있다니까 빨리 신청하세요", "문화 예술의 전당에서 명작 연극 만들기 장기프로젝트가 있다 하니 빨리 신청하세요" 등.

그 당시는 알려주는 정보를 쫓아가기에도 버거웠는데 그 모든 것을 누릴 수 있었던 것이 돌이켜 너무 감사했기에 아이 다 키워놓고 물어본 적이 있다. "도대체 그 많은 체험 정보를 어디서 얻은 거였어요?"

친구가 사는 집은 국립중앙과학관에서 넓은 다리 하나 건너 있는 아파트였다. 아이들과 다리 건너 과학관을 놀이터처럼 이용하던 집이었다. 다리 양쪽 끝에 대형 게시판이 있었는데 그곳에 각종 체험행사를 알리는 플래카드가 1년 내내 바뀌어 걸렸던 것이다. 보이는 대로 메모하고 기억했다가 더듬거리며 홈페이지 들어가 관련 정보를 얻었다는 것이다. 뿐만 아니었다. 지역 뉴스의 마지막 부분에 전해지는 각종 행사 일정을 아이와 함께 챙겨보는 것이 일상이었다고 한다. 어디를 가면 좋을지 아이와 골라보고 기관에 다니지 않았던 아이와 종일을 그리 놀았던 것이다. 우리 모자를 만나기 전까지는 유모차 끌고 두 아이와 버스로 이동하면서.

아이의 성장을 되짚다가 종종 스스로에게 하는 질문이 있다. 그때 그 집과 인연이 닿지 않았다면 취학 전 그 시기, 반디와 함께했을 시간은 어떤 모습이었을까? 아마도 옳다고 믿었던 좀 다른 방향이었을 것이다. 직접 체험보다는 수고와 위험이 덜한 간접 체험에 만족하며 그걸로 잘하고 있다고 믿었을 것이다. 자연스러운 상황이나 환경 속에 풀어놓고 아이 스스로 성장하는 기회를 주지 못했을 것이다. 의도를 가지고 상황을 만들어주고 아이의 행동 하나하나에 개입하는 잘못된 정성을 잘하고 있는 것이라 착각했을 수도 있다. 그랬다면 반디는 지금과는 다른 모습으로 성장해 있을지도 모른다. 호기심도 독창성도 적극성도 자발성도 유연한 사고 또한 덜 발현될 수밖에 없는 심심한 일상이었을 것이다.

그렇게 보낼 수 있어 놓치지 않았던 시간, 그렇게 해서 키워놓은 모든 것이 아이의 오늘이 있기까지 든든한 바탕이 돼주었을 것이라 믿어 의심하지 않는다. 온·오프라인에서 이 시기 아이들을 키우는 부모들을 만나면 그런 시간을 아직 누릴 수 있다는 것이 그저 부럽기만 하다.

한편으로는 그런 시간을 그리 보내지 못하는 것이 못내 안타깝기도 하다. 처음에는 해보지 않은 일이라 그런지 나이 많은 엄마에게는 체력적으로 무리가 왔다. 사흘을 그렇게 쏘다니다 나흘째는 입 안이 헐고 온몸이 무거워 앓아눕기도 몇 차례였다. 반디 역시 친구들과 헤어져 집에 오는 차 안에서부터 곯아떨어졌다. 제한된 공간에서 매 순간 수많은 규칙을 지켜야 하는 일상이 아니었다. 아이들이 넓은 잔디밭, 광장을 뛰어다니며 자기들만의 놀이와 규칙을 스스로 만들어내는 것을 지켜보는 엄마들도 신기했다. 친구들과 함께일 때 샘솟는 에너지로 반디는 앓아누운 엄마의 손을 자꾸만 잡아끌고는 했다. 살면서 우연찮은 인연이 삶의 방식을 완전히 바꾸어놓을 수도 있다는 것을 그때 알았다. 몰랐으면 놓쳤을 길에서 아이는 많이 행복해했고 몸도 마음도 쑥쑥 자랐다.

어려운 부모 노릇, 책 속에서 길을 찾다

아이들은 행복했지만 그 행복을 지켜보는 엄마들의 마음이 마냥 편치는 않았다. 아름아름 알게 된 엄마들은 대전 시내 이곳저곳에 흩어져 살고 있었다. 대전만 해도 구도심과 신도심의 차이가 극명하다. 그 차이에서 오는 불안도 컸지만 더 조바심 나게 하는 것은 자랄수록 교육환경에서 확연하게 차이가 난다고 느끼는 서울과의 상대적 비교였다. 그러다 보니 아이들이 자랄수록 모여서 함께 나누는 이야기는 행복한 아이들의 현재를 안타까워해야 하는 미래지향적인 이야기가 되었다.

한창 유행처럼 번지고 있는 영어유치원을 보내야 할 것 같고, 남다른 교육을 해준다는 영재교육원에 보내야 할 것 같고, 하다못해 어설프지만 영재교육을 시켜준다는 유치원이라도 보내야 할 것 같은 불안을 떨치기 힘들어했다. 아마 그때부터였던 것 같다. 아이를 기다리며, 또 아이를 키우며 막연하게 생각했던 아이의 교육계획을 위해 공부를 해야겠다고 마음먹었다. 난 반디가 계속 행복했으면 했고, 그러기 위해서 다른 길도 있는지 기웃거리게 되었다. 처음 해보는 엄마 노릇에도 공부가 필요하다고 생각했고 책 속에 길이 있을 거라 믿었다. 길은 분명히 있었다. 그런데 너무 여러 갈래였다. 늘 그렇듯 갈림길에서의 선택은 내 몫이었다. 선택이 불안해지면 자꾸 뒤돌아보게 된다. 그럴 때마다 더디게 가는 듯한 초조함을, 시류에 휩쓸릴 것 같은 불안을 위로하는 것도 책이었다.

사람의 눈은 마음과 닿아 있는 듯하다. 보고 싶은 것만 보인다. 마음속에 있는 것은 굳이 찾지 않아도 눈에 잘 띈다. 바깥 활동이 여

의치 않은 날은 반디와 함께 대형 서점이나 도서관 나들이를 자주
했다. 부산한 아이를 간수하며 베스트셀러나 신간 코너들을 훑다 보
면 부모 교육서들이 먼저 눈에 들어왔다. 그런데 이상하게도 '이렇
게 저렇게 해야만 한다'라는 글보다는 '이렇게 저렇게 하지 말아야
한다'는 글에 더 손이 갔다. 책마다 다른 길이 보이니 스스로 중심
잡기가 쉽지만은 않았다. 그래도 밑줄 그어가며 마음이 흔들릴 때마
다 읽고 또 읽었다. 그렇게 읽기 시작한 책들이 차곡차곡 책장의 한
단을 차지하게 되고 관련 정보를 찾기 위해 몇몇 인터넷 사이트들
에 관심을 가지게 되면서 어렴풋이나마 그려지는 그림이 있었다.

삶의 습관을 바꿔놓은 책들이 기억난다. 아이가 다섯 살 무렵에
만난 책이다.《믿는 만큼 자라는 아이들》(박혜란 지음, 나무를 심는 사
람들)은 삼형제를 잘 길러낸 것으로 유명한 여성학자가 쓴 책이다.
이 책이 나의 생활습관 하나를 완전히 바꿔놓았다.

우리 부부는 아이 없이 두 사람만 살았던 세월이 길었다. 그러다
아이가 태어나니 아이가 집 안 전체를 차지하고 어지르는 것이 나
에게는 너무 큰 스트레스였다. 모든 것이 제자리에 가지런히 정리되
어 있어야 하고 바닥은 밟히는 것 없이 매끄러워야 했다. 그것이 아
이를 단정하고 깔끔하게 잘 키우는 것이라 착각했다. 그런데 이 책
을 읽다가 '집이 사람을 위해 존재하는 것이지 사람이 집을 위해 존
재하는 것은 아니다'라는 말이 뒤통수를 세게 때렸다. 반디는 손에
무엇이 묻으면 그것에 신경 쓰느라 아무것도 못했었다. 손에 묻은

모래를 털어내느라 놀이터에서 아이들이 다 좋아한다는 모래놀이에도 집중하지 못했다. 책을 보고 나면 제자리에 꽂았고 과자를 먹으려면 꼭 쟁반을 찾아 그 위에서 조심스럽게 과자를 먹었다. 실수로 바닥을 어지럽히거나 무엇인가를 쏟았을 때 과민하게 반응했다. 어리석게도 난 그것을 나쁘게 보지 않았다. 대견하다고까지 생각했다. 그런데 아이들은 그렇게 자라는 것이 아니라는 것을 이 한 권의 책과 비슷한 무렵 닿았던, 앞서 소개한 엄마와의 인연이 깨닫게 해주었다.

마음을 비우니 행복이 따라왔다. 집 안 가득 어질러진 틈바구니에서도 아이와 행복할 수 있었다. 아이도 변하는 것이 보였다. 거실 바닥에 신문지와 전지를 깔아놓고 손과 발로 물감 놀이를 하며 온몸이 더러워져도 신경 쓰지 않았다. 쌓아놓으면 곧바로 치울 것이 염려되어 잘 꺼내놓지 않던 블록으로 거실 가득 거대한 도시를 지어놓고 며칠을 그 도시의 주인이 되어 놀 수 있었다. 그러면서 아이는 자연하고도 친해졌다. 전에는 잘 만지지도 않았던 돌멩이와 죽은 나뭇가지들이 장난감이 되어 시간가는 줄 모르고 놀았다. 큰집 모내기에 가서 거머리가 오가는 푹푹 빠지는 미끄러운 논에 거침없이 드나들고 겁도 없이 들판의 메뚜기며 사마귀, 도마뱀까지도 일단 손에 쥐고 봤다. 호기심이 많아지고 행동이 자유롭고 자연스러워졌다. 드디어 아이답게 크고 있다는 생각이 들었다.

아이가 4세 후반이었을 무렵에는 《차라리 아이를 굶겨라》(다음을 지키는 사람들 지음, 시공사)라는 책을 읽었다. 이 책을 읽고는 자고 있는 아이 얼굴을 들여다보며 많이 울었던 기억이 있다. 반디는 어려서 입이 짧은 편이었다. 그걸 핑계로 우선 아이가 좋아하는 것, 아이 입에 맞는 것으로 먹이고 보자는 식으로 손쉽게 아이를 기른 것이 왜 그리 미안하고 후회스럽던지, 이후 우리 집 식탁이 조금은 소박하고 단순해졌다.

우리가 자라던 시대에는 '자가면역'을 기를 수 있는 식탁이었다는 것에 뒤늦게 감사하게 되었다. 엄마의 정성이 아니면 힘들었던, 우리 땅에서 자란 제철 재료로 만든 투박한 밥상은 강력한 면역력을 키워주었다. 그런데 지금은 푸드 마일리지가 어마어마하게 늘어나고, 빠르고 편리한 걸 추구하게 되면서 성장기 아이들의 하루 세 끼를 보면 그 아이들이 엄마 아빠가 되었을 때 건강을 제대로 지킬 수 있을까 염려스럽기까지 하다. 그때의 반성과 깨달음으로 재료 선택과 조리법 등을 궁리해 아이를 위한 투박한 밥상을 차렸다. 아이가 초등학교 고학년이 되기 전까지는 그렇게 할 수 있었던 것이 번거로움이 커지면서 소홀하게 되었던 것도 사실이다. 그래도 아이의 성장기 식사에 관한 고민을 게을리하지 않도록 긴장을 유지시켜준 책이다.

학교 밖에도
길은 있다 ———— ...

마음이 이끄는 대로 눈에 띄는 대로 책을 읽다 보니 아이 교육에 대해 깊이 고민하게 만드는 책들과 만나게 됐다. 어찌 보면 먹은 마음이 있었기에 그런 책을 골라 읽었는지도 모르겠다.

《이제 학교는 선택이다》(신홍균, 도솔)

《학교를 거부하는 아이 아이를 거부하는 사회》(조한혜정, 또하나
의문화)

《학교를 넘어서》(이한, 민들레)

《나도 아이와 통하고 싶다》(김정명신, 동아일보사)

《바보 만들기》(존 테일러 개토, 민들레)

《홈스쿨링 오래된 미래》(민들레 편집실, 민들레)

이 밖에도 여러 책이 있다. 내용이 조금 과격하고 직설적인 책을 보면 마음이 불편할 때도 있었지만, 이런 책들을 읽으며 대안 교육과 연관된 서울시립 청소년 직업체험센터인 '하자센터'를 알게 되고, 민들레 출판사도 알게 되었다. 민들레 출판사는 대안교육전문지인 〈민들레〉를 격월로 발행한다. 다음은 출판사 홈페이지의 민들레 소개 글이다.

"민들레는 스스로 서서 서로를 살리는 교육, 삶이 곧 배움이 되는 새로운 길을 함께 열어갑니다. 시키는 대로 움직이면서 서로를 짓누르는 지금의 교육 현실이 우리 삶을 얼마나 피폐하게 만드는지를 올바로 깨닫고 우리의 삶을 제대로 꽃피울 수 있는 길을 열고자 합니다. '교육은 곧 학교 교육'이라는 통념을 깨고, 더 나아가 누가 누구를 가르치는 '교육'이 아니라 함께 성장하는 '배움'의 길을 열어가고자 합니다."

나를 강하게 잡아당긴 한 줄은 '교육은 곧 학교 교육이라는 통념을 깨고'라는 부분이었다. 지금까지 '교육 = 학교'라는 사회통념에 사로잡혀 있었던 것이다. 그리고 깨달았다. 우리가 아이들 교육을 책임지고 있다고 착각하는 학교제도는 그리 오랜 역사를 가지고 있지 않았다. 교육은 삼국시대부터 어쩌면 더 오랜 예전부터 다양한 형태로 존재했다. 그런데 학교는 좀 다르다. 19세기 말에 시작된 우리나라의 근대 학교는 일제 강점기 식민정책에 의해 우리 민족의 정신을 말살하고 개조하기 위한 정책 실현을 목적으로 수적 팽창을 거치면서 급변하는 시대적 환경에 맞추며 지금과 같은 교육 제도를 가지게 되었다.

한국의 근대 교육이 신분에 차별을 두지 않고 누구에게나 기회를 주어 국가 발전을 위한 인재를 키우면서 산업 사회 발전을 이끌어온 것을 부정할 수 없다. 하지만 비약적인 경제성장 속에서 학력이나 지위가 소득에 미치는 영향은 점점 커지게 되었다. 학교 교육은 이제 사회적 잣대로 성공이라 말하는, 안정되고 높은 소득이 보장된 지위를 얻기 위한 무한경쟁만을 남겼다는 현실도 바로 보이기 시작했다.

두 해 가까이 격월간지 〈민들레〉를 정기구독했다. 관심 있는 내용이 실린 과월호와 민들레 출판사의 다른 단행본도 구입해 읽었다. 학교 교육에 대해 일반적이지 않은 생각들로 실타래처럼 뒤엉켜 있던 머릿속이 공부 잘하는 친구의 잘 정리된 노트를 들여다본 것처럼 맑아지는 기분이었다. 그리고 내린 결론이었다. '학교 밖에도 길은 있다.' 막연하게 찾고 있던 다른 길에 대해서 좀 더 구체적인 계획을 세우기 시작했고 가야 할 길을 만들기 시작했다. 그러면서도 이제 막 세상을 향해 걸음마를 떼고 있는 아이를 엄마 생각으로 뒤에서 잡아당기고 있는 것은 아닌지 순간순간 불안하고 초조했다.

개월 수를 따지던 엄마들은 어느새 뭉뚱그려 나이를 얘기하기 시작했다. 그러면서 뭔가 아이에게 넣어주어야 할 시기가 되었음을 강조했다. 언론과 출판 교육업체들은 연령대에 맞는 다양한 교육 프로그램을 개발했고 그것을 거부하거나 뒤처지면 아이가 패배자가 될 것처럼 떠들었다. 4세, 5세에는 뭐가 좋다, 6세에는 뭘 시작해야 한다, 7세가 되면 뭘 꼭 해야 한다더라. 이런 식으로 내 아이를 일반화하는, 근거 없이 쏟아지는 잘못된 정보에 엄마들은 아이 손을 잡아끌며 사교육의 첫걸음을 들여놓기 시작했다. 나 또한 이런 유혹에 순간순간 흔들리고, 시행착오를 겪고 다잡고를 반복해야 했다. 엄마 노릇도 힘들고 아이 노릇도 힘든 세상이었다. 그랬기에 아이 손잡고 가는 긴 여정에 마음이 흔들리거나 방향을 잘못 잡은 것 같은 불안감이 들 때면 이런 책들을 다시 꺼내 읽으면서 위안도 삼고 마음도 다잡아야 했다.

짧은 유치원 경험, 학교에 잘 적응할 수 있을까?

대부분 어린이집에서 시작해 몇 년 동안 단체생활에 익숙해진 뒤 학교에 입학하는 수순과 달리 반디는 6세에 시작한 유치원 교육을 1년이 조금 넘어 자의 반 타의 반으로 중단하게 되었다. 반디가 여섯 살이 되던 해 처음 유치원에 다니기 시작했다. 유치원 정규프로그램 이외에는 그 어떤 특별활동(사설 유치원은 대부분 영어, 오르다, 뫼비우스, 음악 프로그램 등을 정규 프로그램 이후에 별도의 교육비를 받고 시행하고 있었다) 없이 놀이터로, 가까운 숲으로 동산으로, 자연과 함께 몸 움직임이 많은 대학 부설 유치원이었다. 그런데도 아이는 아침에 눈을 뜨면 "엄마 오늘 유치원 가는 날이야?" 하고 지치지도 않고 물었다. 여름방학 40일이 적다고 여름방학 끝나는 날 겨울방학이 빨리 왔으면 좋겠다고 말하는 아이였다. 그런 아이 때문에 매일 마음

줄이고 석 달에 한 번 가져오는 유치원비 납부서를 받아들고 망설였다. 망설인 끝에 목돈을 찾아 납부하고 돌아서서 이제 석 달은 덜 고민해도 되겠구나 작게 한숨 쉬는 엄마였다.

한 학기를 마치고 학부모 개별 면담이 있었다. 담임 선생님이 반디의 특성을 잘 요약해주었다. "창의적이고 신사적이며 상식이 풍부한 아이"라고 하는데 '신사적'이란 말이 새롭게 들렸다. 5세까지 단체 활동 없이 지내서 가장 염려했던 부분이 사회성인데 선생님은 그 반의 25명 중 가장 '바람직한 아이'라는 표현을 썼다. 그러면서 염려의 말도 더했다. 틀에 짜인 상황이나 단체행동에서 자신의 표현을 잘하지 못한다는 염려였다. 유치원에서는 목요일마다 경찰서에서 흔히 볼 수 있는 원웨이 미러(one-way mirror)를 통해 선생님과 아이들은 알지 못한 채 엄마들이 자유로이 참관할 수 있도록 해주었다. 그때 내가 지켜보며 염려했던 부분을 선생님이 정확히 짚어주었다. 신기한 것은 놀이 시간(교실 놀이, 바깥 놀이 등)에는 너무 즐거워하고 놀이 중에 스스로 나오는 표현은 선생님이 그 순간을 놓치기 아쉬워 카메라를 들이댈 정도로 다양하고 색다른데 단체 활동에서는 움직임이 소극적이고 힘들어한다는 것이다. 반디는 유치원에 가고 싶지 않은 이유를 이렇게 표현했다.

"아침에 일찍 일어나야 하고, 버스를 시간 맞추어 타야 하고, 버스 타면 하기 싫은데 선생님이 다 함께 노래 부르자고 하는 것도 싫고, 유치원에 가면 꼭 이렇게 해야 한다, 또 하지 말아야 한다, 규칙이 너무 많고, 저녁에 일찍 자야 하니까 밤에 자기 전에 책도 많이 못 읽고, 어디 갈 때 한 줄 기차 하는 것도 싫고, 엄마하고 가면 내가 보고 싶은 것, 하고 싶은 것 마음껏 할 수 있는데, 유치원에서 견학 가면 선생님만 졸졸 따라다녀야 하는 것도 싫고."

참으로 다양한 불만들이 쏟아져 나왔다. 엄마는 어떤 생각이 가장 먼저 들었을까? 과연 이 녀석, 학교에 적응할 수 있을까? 1년을 버티고 아이가 7세반에 들어간 그 해 봄 유치원에 문제가 발생했다. 이런 저런 사학의 문제점들로 유치원이 파행 운행되는 것을 바로잡기 위해 유치원 전체가 어수선해지며 제대로 해결될 때까지 두 달 이상이 걸렸다. 모든 일이 마무리되는 것을 지켜본 뒤 아이를 유치원에 보내지 않기로 마음먹었다. 어쩌면 지속적으로 학교 밖에서 길을 찾고 있었기에 포기가 쉬웠는지 모른다. 결국 반디는 유치원을 마치지 못하고 그토록 좋아하는 긴 방학을 갖게 되었다. 이미 대전 시내 전체를 놀이터 삼아 뛰어논 지 2년이 넘었으니 아이와 함께 시간을 보내는 것이 어려운 일이 아니었다. 그런데 문제는 다음 해에 있을 초등학교 입학이었다. 안 그래도 규칙에 매인 단체생활을 힘들어하던 아이였다. 7세 유치원 생활마저도 익숙해지지 않았으니 유치원과는 비교할 수 없는 학교생활에 잘 적응할 수 있을지 걱정이 되었다. 본격적으로 대안을 찾기 시작했다. 그러나 반전은 있었다.

초등 입학, 동의할 수밖에 없었던 ─── • • •
남편의 설득

우리 집에도 어김없이 '취학 통지서'가 날아왔다. 반가워야 할 취학 통지서였지만 그럴 수만은 없는 엄마는 마음이 무거웠다. 대부분의 부모가 첫 아이 취학통지서를 받으면 학교에 입학할 정도로 건강하게 잘 커준 아이를 보며 대견하고 흐뭇하고 약간의 감동도 느낀다고 한다. 그런데 아무것도 모르고 학교에 가는 것을 당연하게 받아들인 아이와 달리 엄마는 종이 한 장을 앞에 놓고 수많은 생각으로 쉽게 결정을 하지 못했다. 초등학교 입학을 앞둔 몇 년 동안 대안교육을 기웃거리고 홈스쿨링 자료를 찾아 모았다. 대안교육의 핵심인 대안학교가 우리 집에는 대안이 될 수 없을 거라는 결론을 내리고 홈스쿨로 마음이 가고 있었다. 남편에게 조심스럽게 내 의사를 밝혔다. 아이가 곧 8세가 될 무렵이었다.

남편도 깊게는 아니었지만 아내가 무엇을 생각하고 어디에 관심을 가지는지 모르지 않았다. 하지만 부정도 긍정도 하지 않고 전적으로 아이 교육을 나에게 맡기고 지켜봐주는 쪽이었다. 가끔 아이 교육에 대해 혼자서 짐을 짊어지고 있다는 부담도 없지 않았다. 그렇지만 시대가 바뀌었는데 예전 우리 때만 생각하고 도움되지 않는 간섭으로 부부가 아이 교육에 마찰을 일으켜 다투는 경우를 주변에서 종종 보았기에 믿고 맡겨주는 남편이 고맙기도 했다. 내가 정식으로 남들과 다른 길을 갔으면 한다는 의사를 비쳤을 때 남편도 나름 내색하지 않았지만 그동안 많은 고민 속에서 얻은 자신만의 답을 내놓았다.

남편은 지방 소도시 면 단위에서 국민학교를 나왔다. 동네 친구들과 어울려 논두렁 밭두렁을 가로질러 학교에 다녔고 학교가 끝나도 해질녘까지 여름이면 목에 줄때 끼고 겨울이면 손등이 갈라지면서 지금은 책에서나 만나 봄직한 놀이들을 직접 전부 해보면서 큰 사람이다. 군 단위에서 중·고등학교까지 마친 남편은 아직도 초등학교, 중학교, 고등학교 동창 모임, 직장에서는 동문 모임이 활발하다. 남편은 그것이 보통 남자들의 사회생활이라 생각하는 전형적인 1950년대생 끄트머리 세대다. 그런 남편에게 아이를, 그것도 사내아이를 학교에 보내지 않겠다는 아내의 말에 쉽게 동의할 리 없었다. 시대가 달라졌지만 한국에서 학연·지연을 무시하고 살 수는 없다는 입장이었다. 아이에게 특별히 문제가 있는 것도 아니고 그저 부모 생각으로 아이의 미래를 결정해버리는 것도 맘에 걸린다는 것이다. 남편의 결론은 이랬다.

"지금 현재 학교 교육에 대하여 불만이 없는 것은 아니다. 피할 수 있다면 피하고 싶은 것도 사실이다. 우리 아이가 학교에 다니는 동안 그것이 획기적으로 나아질 것이라 기대할 수 없다는 것도 안다. 하지만 아이에게 학교라는 공간 자체의 경험을 완벽하게 배제하는 것은 바람직하지 않은 일이다. 아이가 좀 더 자라 자신이 스스로 선택할 수 있도록 하는 것이 맞다. 지금 선택은 분명히 아이의 선택이 아닌 부모의 선택이다. 후에 아이가 자신의 선택이 아닌 것에 대해 원망을 할 수도 있다. 일단 학교에 입학을 시키자. 그리고 아이가 적응해나가는 것을 보고 너무 힘들어하거나 정말 이건 아니다 싶은 상황이 되면 그때 다시 생각해도 늦지 않다. 그만큼 우리도 더 많이 생각하게 될 것이고 더 확신 있는 선택을 할 수 있을 것이다."

남편의 말에 동의하지 않을 수 없었다. 내 마음을 가장 움직인 것은 '아이의 선택이 아니다'라는 것이었다. 시간이 필요하다는 것을 인정했다. 더 나은 선택, 더 분명한 확신을 위해 기다려야 한다는 것도 깨달았다. 그렇게 반디는 학교에 입학했다. 몇 번을 돌이켜 생각해봐도 초등학교 입학 전에 부모가 선택하지 않고 중학교 입학 전에 아이가 선택하도록 기다려준 것은 잘한 일이다. 그것이 최선을 넘어 최고의 선택이었다는 것을 이제는 확신할 수 있다. 아이를 위한 마음으로 급하게 부모의 선택만으로 가기에는 녹록한 길이 아니다. 그 어떤 길보다 선택도 책임도 무거운 길이다. 그런 길을 겨우 일곱 살 끄트머리 아이가 받아들이고 이해하고 납득하기란 힘들었을 것이다. 분명한 설득으로 홈스쿨에 동의해주지 않은 남편 덕분에 반디는 초등학교에 입학을 했고 초등 6년은 충분히 만족스러웠다. 하지만 중·고등학교에서는 그 어떤 기대조차 할 수 없는 상황이란 것은 점점 더 자명해졌다.

Part 4

제도교육으로 무난했던
초등 6년

....

드디어 셋이서
한마음이 되다

———— • • •

엄마, 아빠가 어떤 생각을 가지고 있었는지 반디는 전혀 알지 못했다. 유치원과는 달리 학교가 선택의 문제가 아닌 것을 당연하게 받아들였고 잘 적응해나갔다. 뛰어나지도 않았고 문제를 일으킬 만한 성향도 아니었다. '예의 바르고 규칙을 잘 지키며 교우관계 원만한' 학급에서 있는 듯 없는 듯 표 나지 않는 그런 아이로 편안한 학교생활을 하며 해마다 성장했다. 진심으로 바라는 바이기도 했다.

　　방과 후에 학원이나 과외, 학습지 등 그 어떤 과외활동도 하지 않았다. 덕분에 학교 이외의 장소에서 친구들과 비교당하지 않았고 학교 선생님을 제외한 그 누구의 평가에도 마음 쓰지 않아도 됐다. 그저 학교에 가면 선생님 말씀 잘 듣고 친구들과 재미있게 지내고 오면 그만이니 아이의 학교생활은 무난할 수 있었다. 운이 좋았던 것일까? 고학년이 되면서 엄마도 확신 없던 아이의 잠재력을 담임선생님들의 관심과 배려로 끄집어낼 수 있었고 아름다운 추억에 더해 빛나는 영광까지 얻을 수 있었던 초등 6년이었다. 하지만 그것이 초등학교에서만, 그것도 '운수대통'으로 좋은 담임 선생님을 만났을 때만 가능한 일인 것을 우리는 너무 잘 알고 있었다.

고학년 때 우연한 기회 교장선생님과의 개별적인 면담 자리가 있었다. "어쩜 그렇게 담임 선생님 운이 좋으신가요? 최고의 선생님들이십니다." 뒤돌아서니 그 말이 씁쓸했던 것은 실제로 아이에게 있어 '담임 운'이 얼마나 중요한지 다른 분도 아니고 직접 현장에서 수십 년 교직생활을 하고 교장 자리에 오른 분의 입을 통해 들었기 때문이다. 학교생활에서는 복불복처럼 담임 운이 좋아야 한다는 것을 인정하는 말로 들려 기가 막혔다. 내가 가지고 있는 생각이 달라서 그리 들렸을까?

초등 6년을 그렇게 보내는 동안 사회적으로 학교와 연관된 문제들은 더욱 정도가 심해지고 있었다. 아이들의 하루는 점점 견디기 힘든 무게로 힘들어졌다. 연일 언론에서는 교실붕괴, 학교폭력, 청소년 자살 소식들을 쏟아냈고 그것은 먼 동네 일만은 아니었다. 반디가 배정받을 근처 중학교에서도 외부에 오르내릴 정도의 크고 작은 문제들이 발생했다. 학교와 학부모의 미흡한 대처와 사후 처리로 상처를 주고받는 것을 넘어 돌이킬 수 없는 상황까지 이르게 되는 경우도 보았다. 남편과 함께 일련의 사건을 지켜보며 아이의 중학교 진학에 대하여 여러 날 논의하게 되었다. 남편도 더 이상 학교에 기대할 것이 없다는 결론을 내리면서 아이가 선택하면 흔쾌히 받아들이겠다는 말로 동의를 표했다.

　그렇게 우리 부부가 상의 끝에 결론을 내리고 얼마 지나지 않아서였다. 반디가 5학년 때 특별활동으로 각별하게 지냈던 선배들의 중학교 생활 모습에 놀라 진로에 대한 고민을 털어놓았다. 자연스럽게 아이가 만나게 될 상급학교 이야기를 나누면서 홈스쿨에 대해서도 알게 해주었다. 그리고 '지난 6년 동안 혹시나 네가 그 선택을 해주지 않을까 싶어서, 홈스쿨을 스스로 감당할 수 있는 학습 습관을 잡아주기 위해 노력했고 충분히 가능할 정도로 준비가 되었다'는 확신도 주었다.

　반디는 지금까지 자신이 친구들과 달리 어떻게 학원, 과외에서 자유로울 수 있었는지, 친구들이 다 힘들어하는 선행학습이나 경시대회, 영재(원)학급 준비 등에서 어떻게 열외가 될 수 있었는지 알게 되었다. 이후 중등교육을 학교 교육으로 선택한다면 절대 피할 수 없는 것들에 대해서도 바로 보게 되었다. 고민 끝에 아이는 선택했고 남편은 동의했다. 엄마는 10년 가까이, 아빠는 6년을, 아이는 6개월을 고민하여 드디어 셋이서 한마음으로 내린 결정이었다. 우리는 반디의 중등교육을 위해 '홈스쿨'을 선택했다.

담임 운에
아이의 한 해가 달렸다?

학창시절 아름다운 추억, 빛나는 영광은 혼자서 만들어갈 수 없다. 학교를 다니기 시작하면 아이의 성장 절반 이상을 책임지는 담임 선생님이야말로 아이에게 얼마나 큰 영향을 미치는 존재인가. 훌륭한 교육자가 없지는 않지만 학교를 다니는 긴 세월 동안 큰 기대를 할 수 없는 것이 현실이 되었다. 그런 면에서 반디는 짧은 학교생활이었지만 참으로 운이 좋은 녀석이었다.

"학교란 공부하기 위해서 가는 곳이 아니라 위대한 사람과 만나기 위해서 가는 곳이다. 학생은 위대한 랍비, 다시 말하면 스승을 본보기로 훌륭한 삶을 배워가는 사람이다."

탈무드의 한 구절이다. 초등학교 6년 동안 만난 선생님들은 반디에게 있어서만큼은 훌륭한 스승이었다. 새롭게 형성된 꽤 규모가 있는 동네에 지어진 학교였다. 구도심을 벗어나고자 하는 사람들이 새롭게 구성된 신도시로의 이주를 선호하던 때였다. 도시 특성상 대규모 연구소가 많은데 연구단지 접근이 용이해서 한창 아이들을 키우는 젊은 연구원들이 많이 유입되기도 했었다. 반디는 2학년 초에 그곳으로 전학을 갔고 5회 졸업생이 되었다. 관심 지역에 새롭게 생긴 초등학교이니 교사들의 발령 선호도로도 최고로 꼽혔었다 한다. 20대 후반에서 30대 초반 열의에 차고 적극적이며 실력 있는 선생님들이 많이 분포되어 있었다. 단 하나의 문제점은 대부분 가임 여성이다 보니 5년 동안 반디를 지도한 선생님 절반 이상이 출산으로 인하여 얼마간 자리를 비울 수밖에 없었다. 하지만 기다리는 시간이 아쉽지 않을 만큼 선생님에 대한 신뢰는 깊었고 아이의 성장은 눈부셨다. 학년이 올라갈수록 그것이 얼마나 큰 행운이었는지 또래를 키우는 주변 엄마들의 하소연에서 깨닫게 되었다.

해마다 새 학년 첫날이면 훌쩍 커버린 듯한 아이 모습에 흐뭇함으로 등굣길을 배웅하면서도 엄마들에게는 숨길 수 없는 불안이 있다. 과연 올 한 해 우리 아이의 담임 선생님은 어떤 분일까? 이미 엄마들 머릿속에는 블랙리스트 비슷한 목록이 새겨져 있다. 그날 오후 희비가 엇갈린 엄마들의 전화기는 뜨거워진다. 1년 동안 학교로 향하는 아이의 발걸음이 가벼워 보일 때면 마음이 놓이다가도 어쩌다 어깨가 축 늘어진 아이의 뒷모습이라도 보면 가슴이 덜컹 내려앉는다. 그렇게 해마다 엄마들 마음은 롤러코스트를 오르내린다.

학부모 총회에
참석하는 이유는?

아이를 학교에 보낸 6년 동안 해마다 학교의 공식 행사에 참석하는
경우는 학기 초 '학부모 총회'와 1년에 한 번 있는 '참관 수업', 두 번
이었다. 엄마들과 함께 아이들을 위해 힘을 합치는 것에 있어서 마
음은 하나이면서 생각이 하나로 모아지지 않았던 유치원 사건을 겪
으며 세상에서 가장 먼 거리가 가슴과 머리 사이라는 것을 깨닫게
되었다. 세상에서 가장 큰 이기심을 감출 수 없는 것이 내 자식 교육
이기 때문이다. 같은 공간에서 보이는 경쟁, 보이지 않는 경쟁을 해
야 하는 아이들이다. 엄마들 각자가 이기심의 뾰족한 발톱을 감추고
모여 앉아 나누는 이야기는, 이상하게도 나눌수록 갈증만 커지고 뒤
돌아서면 허무해진다. 학교와 연관된 그 어떤 학부모 모임의 형태에
관심을 두지 않은 이유다. 마음 나누는 반디 또래 엄마들은 다른 동
네, 다른 학교를 보내고 있는 취학 전 친구들이었다. 아마도 귀도 얇
고 심지도 약한 사람이 중심을 잃지 않고 버텨낼 수 있었던 것은 내
아이가 속한 학교 교육에 대해 시집살이처럼 귀 막고, 눈 감고, 입
닫고 지낸 덕분인지도 모른다.

　학부모들이 학기 초에 학부모 총회에 참석하는 목적이 무엇일
까? 새로운 담임 선생님께 얼굴 도장을 찍고, 학부모 모임에 가입하
고, 짧은 시간이지만 개별 면담을 통해 아이를 어떻게든 선생님께

각인시키려는 전략일까? 바쁜 시간을 쪼개서라도 꼭 참석하고 있는 학부모 총회에서 파악하고 챙겨야 할 것들은 그런 것들이 아니다.

학부모 총회는 1년간 담임 선생님의 학급 운영 방침을 정확하게 전달받을 수 있는 자리다. 그 해에 아무리 집에서 부모가 마음먹고 실천하고자 하는 일이라 할지라도 학교의 지속적인 관심이 함께하지 않으면 흐지부지되기 쉽다. 아이에게 무엇인가 좋은 습관이나 바른 생각을 심어주기 위해서는 때를 놓치지 않는 것도 중요하다. 학부모 총회에 참석하면 담임 선생님은 한 해 동안 학급을 운영하는 데 있어 어떤 부분에 중점을 둘 것인지 분명히 설명해준다. 만약 그런 설명조차 없는 선생님이라면 학부모 입장에서 당당히 요구할 수 있는 사항이다. 아니 요구해야 한다. 1년 동안 내 아이의 교육 절반 이상을 책임질 사람이기 때문이다. 담임 선생님이 학급운영 방침으로 중요시하는 한두 가지를 파악하고 집에서도 함께 집중하다 보면 시너지 효과를 낼 수 있다. 저학년일수록 적용도 쉽고 효과도 확실했다.

바른 글씨 쓰기

중학교 1학년을 지도하는 영어 선생님은 아이들이 '기초 영문법'쯤은 한번 익히고 들어왔다 생각하고, 고등학교 1학년 수학 선생님은 《수학의 정석》쯤은 한번 공부하고 들어왔다는 가정 하에 수업을 진행한다. 마찬가지로 초등학교 1학년 선생님들은 아이들이 입학 전에 한글쯤은 전부 떼고 들어왔다는 가정을 하고 학급을 운영한다.

유치원 7세반도 다니다 그만둔 반디는 또래 아이들이 읽을 수 있는 책을 읽는 데에는 별 어려움이 없었지만, 쓰기에는 익숙하지 않은 상태로 초등학교 입학을 했다. 입학하고 오래지 않아 집에서라도 한글을 읽고 쓰는 데 각별히 마음을 썼어야 했나 살짝 후회할 뻔한 일이 생겼다. 학기 초에 '받아쓰기'라는 벽에 부딪힌 것이다. 일반적으로 생각하는 단어 받아쓰기가 아니었다. 문장 받아쓰기였다. 반디는 띄어쓰기를 비롯해 맞춤법까지 엉망이고 쓰는 것 자체가 익숙하지 않았고 손에 힘도 없어 글씨가 엉성하고 삐뚤빼뚤한 게 총체적 난국이었다. 어떡해서든 바로 잡고 넘어가야 할 시기였다. 마침 1학년 담임 선생님의 각별한 관심은 '예절 바른 생활'과 '바른 글씨 쓰기'였다. 또래들에 비해 글씨 쓰는 것이 서툴렀던 반디에게 선생님도 각별히 마음 쓰는 '바른 글씨 쓰기'에 정성을 들여보자고 설득했다. 집에서 마음먹고 지도해보려 해도 흐지부지되기 쉬웠을 텐데 선생님의 꾸준한 관심과 격려가 함께하니 좋은 습관으로 바로잡아줄 수 있었다.

특별한 방과 후 활동이 없었던 반디는 선생님이 미리 배부해준 받아쓰기 교본을 가지고 글씨 연습을 했다. 아이와 함께 글씨 연습을 하면서 나는 '글씨는 쓰는 사람의 마음을 보여준다'는 말을 주지시켰다. 쓰기에 서툴러 글씨조차도 엉성했던 아이였으니 처음에 힘들어한 것은 당연하다. 하지만 선생님이 항상 바른 글씨를 강조했고 받아쓰기는 피할 수 없는 일과였기에 '해야 할 일'로 순순히 받아들였다. 받아쓰기 교본으로 또박또박 힘 있는 글씨 쓰기를 연습했고 아이의 글씨가 안정되어갈 무렵 받아쓰기에 더 이상 마음 다치지 않아도 되었다. 그렇게 공들인 바른 글씨 쓰기 연습 덕분에 여름

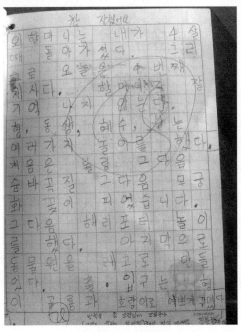

초등학교 1학년 여름방학 그림일기

방학부터 쓰기 시작한 그림일기 속 담임 선생님의 코멘트에는 글씨 칭찬이 빠지지 않았다. 선생님의 관심과 격려 없이 집에서 엄마 혼자 바로잡기 위해서는 훨씬 더 오랜 시간과 더 힘든 과정이 필요했을 것이다.

반디는 단체생활에 익숙하지 않아 염려했던 것과는 달리 학교에서는 규율과 규칙 안에서만 자유로울 수 있다는 것을 단시간에 알아차린 것 같았다. '하고 싶은 것'과 '해야만 하는 것' 사이에서 무수히 갈등하면서도 '해야만 하는 것'에 무게를 둘 줄 알았다. 그렇게 적응해가는 것이 대견하기도 하고 한편으로는 안쓰럽기도 했다.

검사를 위한 일기가 아닌 ──── ··· 소중한 성장 일기로

초등 2학년 담임 선생님의 일기 지도는 남달랐다. 모든 아이의 일기장에 세밀한 코멘트를 달아줬고 아이들은 그 코멘트에 대한 기대로 일기 쓰기를 즐겁게 생각했다. 학교의 이런 지도 덕분에 집에서 아이의 일기 쓰기에 관심을 기울이기도 좋았다. 반디는 1학년 2학기 그림일기를 시작으로 본격적으로 일기를 쓰기 시작했다. 사실 글씨 쓰는 것도 서툰 아이에게 일기를 쓰라는 것이 얼마나 어려운 일인지 함께해본 뒤에야 알았다. 그래서 본격적으로 일기 쓰기에 깊이 개입하기 시작했다. 별로 바람직하지 않은 일이 될 수도 있었지만 아이에게 일기 쓰는 즐거움을 알게 해주고 싶었다.

내가 가지고 있는 유일한 일기는 고등학교 3년 동안 친구가 되어주었던 노트다. 그 전에는 일기를 썼는지조차 기억에 없다. 아마도 검사를 위한 일기를 썼을 것이다. 그리고 검사를 받았으니 그걸로 그만인 일기장이 되었을 것이다. 고등학교를 졸업하고 수십 년이 지났지만 그 일기장은 소중한 보물이 되었다. 오래 잊고 있다 꺼내 들면 묵은 먼지 냄새가 폴폴 나는 노트지만 그때의 일상 설렘과 고민이 그대로 전해지며 추억이 되고 위로가 되어주었다. 그 노트는 반디와 함께 일기를 왜 써야 하는지 이야기해보는 값진 시간도 선물해주었다.

당시 아이의 일기 쓰기나 글쓰기에 도움을 받은 책들이 있다. 대부분 '이오덕' 선생님의 책이었다. 반디가 아직 어렸기 때문에 일기 쓰기를 통해 우리 모자는 남다른 시간을 만들 수 있었다. 식탁에 마주앉아 먼저 그날의 날씨에 대해 이야기를 나눈다. 2학년 일기의 시작은 항상 날씨 이야기였다. 그냥 맑음, 흐림, 비가 아니라 날씨에 대하여 두세 줄 정도 자세하게 묘사할 수 있도록 지도했다. 참으로 신선한 표현들이 쏟아져 나왔다. 담임 선생님도 날씨 표현에 관심과 칭찬을 아끼지 않았다. 아직도 기억에 남는 반디의 날씨 표현들이다.

● 바람이 많이 불었던 날

바람이 많이 불었다. 나무들이 싸우는 것 같기도 하고 춤을 추는 것 같기도 했다. 지금은 창문에서 귀신 우는 소리가 들린다. 문을 꼭 닫았는데도 들린다.

● 아침에 비가 왔다가 갠 날

아침에 비가 많이 와서 우산을 쓰고 갔었는데 깜박 잊고 그냥 내려왔다가 다시 올라갔다. 우산 꽂이에 우산이 많이 남아 있다. 나처럼 깜박 잊고 놓고 간 아이들이 많았다.

● 비 오는 날 잠들기 전 특이한 기억은 다음 날 일기에

어젯밤에 자려고 불을 끄고 누웠는데 반석천 위쪽에서 개구리 소리가 크게 들린다. 비가 오는데 빗소리보다 개구리 소리가 더 크다. 그런데 방에 불을 끄면 소리가 더 크게 들린다.

날씨 이야기가 끝나면, 엄마와 함께 하루 일과를 되짚어보며 쓰고 싶은 이야깃거리를 찾아낸다. 그 일이 있었던 순간을 다시 한 번 기억하면서 일기에 무엇을 쓸지 결정한다. 꽤 긴 시간이 소요된다. 그런데 그 시간은 엄마에게도 매우 중요한 시간이 되었다. 아이가 그날그날 보았던 사물이나 사람, 그리고 벌어진 일에 대해 어떤 생각을 하고 있는지 알 수 있었고, 거기에서 시작해 아이의 생각을 좀 더 확장시켜줄 수 있었다.

긴 시간 엄마와 이야기를 끝내고 반디는 일기를 쓴다. 아직 어린 나이이기에 이야기할 때와는 달리 충분한 표현을 하지는 못했다. 나는 일기장 하단 부분에 반디가 써놓은 일기 분량만큼, 혹은 그 이상의 덧글을 달아주었다. 아이는 엄마가 써놓은 글을 읽고 그 이야깃거리에 대한 엄마의 마음을 이해했다. 아이가 써놓은 일기장과 엄마의 덧글은 어떤 육아일기, 성장일기보다 값진 기록이 되어주었다. 반디는 열심히 일기를 쓰고는 덮지 않은 상태로 엄마에게 밀어놓는다. 엄마가 쓸 차례라는 것이다.

아이와의 소통은 말보다 글이 훨씬 깊고 효과적이었다. 선생님이 볼 것이 부담스럽기도 했지만 그렇다고 반디와의 즐거운 소통을 포기하고 싶지 않았다. 사실 담임 선생님은 아이들에게 월, 수, 금 아침 자습 시간에 학교에서 일기를 쓰도록 지도했다. 학기 초 선생님의 지도에 따라 일기를 쓰는 것이 옳다고 생각해 6개월 동안 계속되었던 우리만의 일기 쓰는 방법을 포기했었다. 그리고 학교에서 선생님 지도에 따라 일기를 쓰게 했는데 그렇게 써온 일기는 너무 단편적인 사건 나열뿐이었다.

조심스럽게 선생님에게 편지를 썼다. 그동안 반디와 어떻게 일기를 써왔는지 말하고 집에서 지도했으면 하는 의사를 비치고 허락을 구했다. 부모의 생각과 마음을 충분히 담은 부탁을 거절할 선생님은 어디에도 없을 것이다. 덕분에 반디의 2학년 일기장은 반디와 엄마, 선생님이 함께 쓰는 소중한 기록이 되었다.

2학년 동안 반디에게는 정성으로 일기 쓰는 습관이 잘 자리 잡았다. 일기를 통한 우리의 소통은 그 후에도 오래 지속되었다. 단지 학년이 올라가면서 날씨에 대한 표현은 간결해졌고 글감을 잡아내기 위해 엄마와 오래 이야기하지 않아도 되었다. 이미 아이는 그날 쓰고자 하는 글감을 가지고 있는 경우가 많았다. 자신의 생각을 정리하고 털어놓는 것에도 익숙해져서 학교에서 일기 검사를 더 이상 하지 않았던 6학년 때는 특별한 하루에 대한 자신만의 이야기를 컴퓨터에 드문드문 기록하고는 했다.

반디가 초등학교 5학년이었을 때의 일이다. 고학년이 되어 더 이상 학교에서 일기장을 검사하지 않을 거라 생각해서 아이와 상의하여 영어일기 쓰기에 들어갔다. 한창 혼자서 영어로 연습장 가득 이야기 만들기에 재미를 붙이던 시기였다. 비록 써놓은 문장이 문법에 맞는지 확인할 수도 없었고, 첨삭 지도는 꿈도 꾸지 못했지만 꾸준히 자기가 하고 싶은 말을 자유롭게 써 내려가게 했다. 4학년 겨울방학부터 시작한 영어일기 쓰기가 새 학년이 되면서 뜻하지 않은 난관에 부딪쳤다.

5학년 담임 선생님이 일주일에 3회 일기 검사를 한다는 것이다. 그렇다고 아이에게 일기를 우리말과 영어로 두 번 쓰라고 할 수는 없었다. 담임 선생님에게 편지를 써서 허락한다면 반디는 영어로 일기를 쓰고 싶다고 말했다. 당연히 허락해주었다. 허락에 그치지 않고 영어 실력이 이미 반디보다 못했던 엄마는 제대로 읽어보지 않았던 내용을 감사하게도 꼼꼼하게 읽어주었다. 그리고 일기 마지막에 정성껏 코멘트도 달아주었다. 틀린 철자를 지적하고 잘못된 문법을 바로 잡아주는 것이 아니라 내용에 맞는 선생님의 생각을 담아준 것이다. 정식으로 지도받으며 쓴 영어 일기는 아니었지만 무엇을 말하고자 하는지는 적절히 표현할 수 있는 정도의 실력이었으니까. 그렇게 1년 동안 꾸준히, 달리 전문가의 지도 없이 영어일기 쓰기에 익숙해질 수 있었던 것도 담임 선생님의 적극적인 관심 덕분이었다.

그렇게 한 해에 네다섯 권씩 차곡차곡 쌓여가는 반디 보물 1호 일기장은 우리 가족에게 그 어떤 기록물보다 소중한 것이 되었다. 일주일에 서너 번 선생님께 검사를 받기 위해 의무적으로 하루 일과를 나열해놓는 것에 그치는 일기가 아니었다. 학교의 일기 지도에 집에서 약간의 관심을 보태주면 아이뿐만 아니라 엄마, 아빠에게도 큰 선물이 되는 성장 기록을 남길 수 있다. 쓰기의 가장 기본이고 기초가 되는 것이 일기다. 그 뒤에 책을 읽고 쓰는 독후 활동의 기본, 요약 단계를 거쳐 주제가 있는 글쓰기를 넘어 다양한 형태의 에세이를 쓰기까지 아이들의 글쓰기는 나날이 업그레이드되어야 한다.

함께하는 즐거움을 찾아서 ——— ...

부모가 되기까지 오래 많이 힘들었던 우리 부부는 어쩔 수 없어 반디가 외동인 것이 늘 마음에 걸렸다. 나눔에 서툴고 독선적이며 이기적인 아이로 자랄까 염려스러웠다. 아빠는 7남매 속에서 엄마는 4남매 속에서 북적거리고 번잡스러운 어린 시절을 보냈다. 그래서 아쉽지 않았던 '함께하는 즐거움'을 반디도 직접 겪으며 알게 하고 싶었다. 아이가 딱 그 나이만큼 아이답기를 바라서다. 그런 마음이 바탕이 되니 경쟁적이고 자기중심적으로 흐를 수밖에 없는 학원 교육을 비롯한 모든 사교육을 지양하는 쪽으로 무게를 두었다. 저학년 때는 몸으로 부대끼며 새롭게 만나더라도 형, 누나, 동생들과 어울릴 수 있는 곳을 찾아다녔다. 여러 학년의 아이들이 함께 모여 진행하는 공동작업 프로젝트를 선택했다. 다양한 연구소, 박물관, 과학관, 미술관 등에서 진행하는 장기 또는 단기 프로그램을 놀이 삼아 찾아다녔다. 관심을 가지고 둘러보니 여러 단체나 기관에서 괜찮은 프로그램들을 진행하고 있었다.

이러한 프로그램들을 부모들이 망설이는 이유를 모르지 않는다. 시간을 많이 빼앗기고 장기 프로젝트에 단체 활동이기 때문에 개인 편의를 위해 일정 조정이 불가능하기 때문이다. 그래서 고학년에 들어서면 대부분 엄두도 못 내게 되니 관심조차 가지지 않았다. 저학년 때나 누릴 수 있는 여유가 아닌가 싶었다. 저학년 때만이라도 학습을 서두르기보다 이러한 프로그램들에 관심을 가져볼 만하다 생각했다.

초등학교 2학년 한 해 동안 '어린이 문화 사과'에서 진행하는 '명작연극 만들기 – 파랑새'와 '멀티미디어 동화 창작 교실'에 참여했다. 학년, 지역 구분 없이 형, 누나, 동생, 친구들과 함께 모여 길게는 6개월을 함께 머리 맞대고 준비하고 만들어가야 하는 프로그램이었다. 그 과정 속에서 혼자 크는 반디가 누릴 수 없고 배울 수 없었던 것들을 많이 얻을 수 있었다. 제각각 다른 의견을 하나로 조율하는 법을 배우고, 혼자서는 불가능한 일들을 협업으로 완성하는 법도 배웠다. 조화를 위해서는 양보를 해야 한다는 것도 깨달았고 다른 사람의 노력과 뛰어남을 인정하는 법도 배웠다. 함께하기 위해서는 기다림에 익숙해져야 한다는 것, 그리고 함께하는 이들과 부딪치는 자잘한 트러블을 해결해나가는 법도 배웠다.

선생님들과 다양한 연령의 친구들이 일주일에 한 번씩 만나 대본을 직접 만들고 몸으로 표현하는 법을 배우고 역할을 정하고 의상을 만들고 무대를 만들었다. 단 1회의 공연이지만 수백 명이 지켜보는 문화예술의 전당 큰 무대에서 공연을 할 수 있는 프로젝트였다.

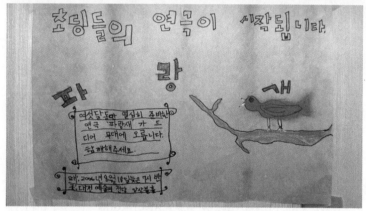

2학년 반디가 직접 만든 홍보 포스터

시민단체에 가입해서 자연을 관찰하고 탐사하는 활동을 시작
한 것도 초등 1학년 때부터였다. 아직도 우리 가족은 이 단체의 정
식 후원회원이다. 생태 보전 시민모임이었던 이 단체의 활동은 '생
태 지킴이'가 되기 위해 자연을 알아가는 것이었다. 깜깜한 밤 가로

등 불빛도 드문 곳에서 마치 크리스마스트리를 연상케 하는 반딧불이들을 만나며 깨끗한 환경의 소중함을 배우고, 휴대용 루페를 목에 걸고 강줄기를 따라 첨벙거리며 수질오염으로 점차 줄어들고 있는 수서 생물을 관찰하기도 한다. 생태계를 어지럽히는 외래 어종이나 생태계 교란 식물들에 관심을 가져보고 민물고기를 분양 받아 키우기도 한다. 이제는 사라져 찾아보기 힘든 작은 생태 체험장, 둠벙을 보호하는 활동에 힘을 보탠다. 그 모든 활동은 가족 단위로 만나는 형, 누나, 동생, 친구들과 자연에서 함께할 수 있었다.

이런 행사에 적극적으로 참여하다 보면 늘 아이보다 엄마, 아빠가 먼저 지치는 경우가 많았지만, 아이가 함께하면서 배울 수 있는 것을 포기할 수 없었다. 아이는 자라면서 모나지 않은 유연성을 기를 수 있었고, 혼자 크는 아이답지 않게 말씨와 행동에서 배려와 붙임성이 있다는 평을 자주 듣게 되었다. 방과 후 영어 학원, 피아노 학원, 밀려 있는 학습지 등에서 자유로울 수 있었던 반디는 그렇게 함께하는 즐거움에 빠질 수 있었다. 아직은 그래도 되는 때라고 생각했다. 아니 그래야 한다고 생각했다. 적어도 초등학교까지는. 그것도 어려우면 저학년까지라도 자신의 욕심을 앞세우기보다 여럿이 함께하는 법을 배웠으면 했다.

학교생활에 있어서도 반디는 조용하고 드러나지 않는 아이였다. 누구나 한번쯤은 욕심 부려본다는 학급 임원에 대해서 전혀 관심이 없었다. 자기 몫을 챙기는 것에도 서툴렀으며 남보다 앞서는 그 무엇도 조심스러워했다. 학부모 참관수업에서 손 한 번 들지 않았지만 쉬는 시간에 친구들과 즐겁게 웃고 떠드는 것이 좋고, 집에 오기 전에 교실에서 학급 문고를 정리하고 쓰레기를 버리고 화분에 물을 주는 일이 재미있다는 욕심 없는 아이가 되었다. 그렇게 아이는 한 학년을 거의 다 보내고 나서야 선생님도 아이들도 '우리 반에 저런 친구도 있었구나' 생각하게 되는, 조용하고 드러나지 않는 학교생활을 해주었다. 아이가 아이답게 클 수 있는 초등 저학년 시기를 놓고 진심으로 우리 부부가 바라던 모습이었다.

직접적인 ——— ...
체험활동 속으로

막연한 호기심으로 머무를 수도 있었던 과학적 관심을 극대화시켜 준 것도 학교 선생님이었다. 하지만 누구나 그런 스승을 만나는 것은 아니다. 같은 시간을 보낸 친구들에 비해 반디는 운이 좋았던 것 같다. 대전에는 도시 특성상 과학 관련 전시, 축제를 비롯한 다양한 체험 현장이 1년 내내 끊이지 않고 이어진다. 초등학교 입학 전까지 그 모든 현장은 반디와 친구들의 놀이터였다. 과학적 호기심을 가지기란 이른 나이였기에 적극적인 참여보다는 놀이 공간에 지나지 않았다. 하지만 굳이 가르치지 않아도 매년 반복되는 행사들을 찾다 보면 보고 즐기는 사이사이 배우고 느끼는 것이 있었다.

해마다 열리는 많은 과학행사들을 찾다 보니 자연스럽게 국립 중앙과학관이나 연구소들의 교육 프로그램까지 연계가 되었다. 초등 저학년들은 학교에서 슬기로운 생활, 즐거운 생활 등의 통합교과목을 배우던 때라 과학을 분리해서 배우지 않던 시기였다. 당연히 과학실험 도구들을 직접 만지고 활용할 기회가 없었다. 그런데 과학관 교육 프로그램들은 저학년 아이들에게도 간단하지만 다양한 실험 관찰을 직접 체험하게 해주는 프로그램을 무료로 진행해주었다. 1회성이 아닌 장기 프로그램이었다. 각종 실험기구들이 즐비한 과학실험실에서 장난감이 아닌 실제 실험도구들을 직접 다루면서 변화를 관찰하고 탐구하는 시간은 아이들에게 있어 과학적 호기심을 자극하기에 매우 훌륭했다.

행사장을 자주 찾다 보니 다양한 시민모임이나 동호회, 단체들을 알게 되었다. 1학년 때 한 전시회가 인연이 되어 친구들까지 가족 전체가 함께 가입한 '생태보전시민모임'을 통해 유학 직전까지 다양한 자연탐사 활동을 비롯하여 환경지킴이 활동을 이어왔다. 어려서부터 참여했던 과학 행사에 이제는 참여자가 아닌 주최자의 자격으로 행사장의 동호회 부스를 직접 운영하며 어린 친구들에게 체험학습을 제공하는 모습을 지켜보았을 때 남다른 감회에 젖기도 했다.

반디는 이러한 시민단체모임의 자연 탐사 활동과 국립중앙과학관 등의 교육 프로그램을 통해서 자연스럽게 과학을 친근하고 재미

있는 과목으로 생각하게 되었다. 책 선택에 있어서도 과학 관련 책들에 더 관심을 가졌다. 이런 기회들은 누군가에게만 특별하게 주어지는 것이 아니었다. 누구나 참여할 수 있는 공간이었고 누구나 신청할 수 있는 교육이었다. 하지만 문제는 시간이었다. 아이들은 늘 바빴다. 일주일에 하루 이틀은 온전하게 비워두어야만 가능한 값싼 프로그램들을 엄마들은 신뢰하지 않았다. 더구나 이런 활동들은 우선 당장 그 변화가 눈에 띄는 것도 아니라는 것이 문제였다. 자꾸 확인하고 싶어 하는 부모 욕심에 기다리고 지켜보기 쉽지는 않을 것이다. 하지만 수많은 책을 읽어도 채워지지 않는 것들이 있다. 직접 손으로 만지고 눈으로 확인하고 귀로 듣는 실질적인 체험은 시나브로 아이의 관심을 키워주고 사고를 확장시켜준다. 이렇게 보낸 시간이 아이에게 좋은 영향을 주었구나 하는 것은 고학년이 되면서 확인할 수 있었다.

적극적 관심이 미래의 꿈으로 이어지다 ———— ...

저학년까지 가까이 했던 체험 활동들은 고학년이 되면서 사물의 변화를 관찰하는 데 적극적인 호기심을 불러일으키고 학교에서 배운 과학 과목과 연관시켜 사고를 확장시키는 계기가 되었던 것 같다.

4학년 여름방학이 시작될 무렵 담임 선생님의 전화를 받았다. 지난 3년 동안 아이는 있는지 없는지 표 나지 않는 학교생활을 했었기에 엄마가 선생님 전화에 적잖이 당황했던 기억이 있다. 반디가 과학관련 활동들을 특히 재미있어 하고 적극적이며 상식도 풍부하다는 칭찬과 함께 방학 과제물 중 선택 과제로 '생활과학 산출물 보고서'를 하도록 지도해줬으면 한다는 연락이었다.

아이를 통해 관련 안내문을 보내줬지만 무엇을 어떻게 해야 할지 막막하기만 했다. 막연한 관심에서 발전하여 분명한 결과를 만들어내야 하는 부담감이 적지 않았다. 반디와 생활과학 관련 자료를 조사하고, 아이가 소화할 수 있는 간단하고 쉬운 주제를 선정했다. 실험을 준비하고, 며칠 동안 매일 관찰하고 일지를 쓰고 방학 내 적지 않은 시간과 공을 들였다. 예상했던 대로, 이론대로 결과가 나오지 않아 마음 졸이면서도 정성을 다해 관찰하고 기록하며 반디는 점차 결과보다는 과정의 중요성을 깨닫고 있었다. 몇 번의 시행착오를 겪으면서, 원하는 결과가 나오지 않는 것에 조급해하지도 않게 되었고 다양한 변수에 의해 달라지는 결과들을 유연하게 받아들일 줄도 알게 되었다.

이 작은 계기는 그 후 졸업하는 날까지 반디에게 빛나는 영광을 안겨주었다. 선생님께서는 반디가 제출한 과제의 정성을 높이 사주셨고 교육청에 학교를 대표하는 보고서로 제출되었다. 신생 학교이기에 아직까지 한번도 '생활과학 산출물 보고서' 부분 수상경력이 없었는데 반디가 교육감 상을 받게 되었다. 그 후에도 선생님은 과학 관련 각종 대회의 학교 예선에 소극적인 반디를 반대표로 적극 추천해주었다. 예선 성적이 좋아 학교 대표가 되고 그렇게 6학년까지 각종 과학 관련 대회에 참여하여 여러 차례 교육감 상을 받게 되었다. 졸업을 앞두고는 당시 교육부장관이었던 교육과학기술부 장관상을 수상하기까지 했다. 그러면서 아이는 과학자를 꿈꾸기 시작했고 그러기 위해서 과학고를 목표로 삼게 되었다.

학교의 적극적인 자극이 없었다면 반디의 과학적 관심은 그저 막연한 호기심으로 머물렀을 수도 있었을 것이다. 집에서는 발견하지 못해서 혹은 확신할 수 없어서 사장될 수도 있었던 아이의 재능을 파악한 선생님은 아이에게 좀 더 깊이 있게 자신을 알아갈 구체적인 기회를 주었고 아이는 늘 그렇듯 열심히 최선을 다하는 과정에서 자신의 꿈을 찾게 되었다.

나는 초등 이후의 교육이 홈스쿨이기를 기대하고 계획하고 있었기에 그 무엇보다 중요한 것이 시간 관리였다. 선행학습을 위해 학원, 과외 등으로 시간에 쫓겨 조급해지는 친구들과 달리 방과 후 외부활동이 거의 없던 반디에게 주 단위 계획표를 작성하는 습관을 들였다. 주어진 시간을 스스로 계획 세우고 실천하는 것에 익숙해지기 위해서였다. 활동이 그다지 복잡하지 않은 반디의 계획표를 식탁 옆에 붙여놓고 수정이 필요할 때마다 수시로 고쳤다. 계획표는 언제든 상황에 따라 수정이 가능했기에 집중이 필요한 학교 관련 활동들이 생기면 그쪽으로 충분히 시간을 할애할 수 있었다. 충분한 시간이 있어서 가능했을 성실함이 선생님들께 신뢰를 주었을 것이라 생각한다. 그 신뢰를 바탕으로 선생님들은 아이가 가진 잠재능력을 키워갈 기회를 꾸준히 추천해주었다. 기회가 주어지면 최선을 다한 것이 좋은 결과를 가져왔다.

　이렇듯 6년 동안 만났던 선생님들은 반디에게 아름다운 추억에 더해 빛나는 영광을 얻을 수 있도록 관심과 격려로 잠재능력을 이끌어주었다. 그러나 그 행운이 중·고등학교로 이어질 거라 믿기 어려운 교육환경이라는 것은 가보지 않아도 분명해 보였다. 그것이 갈등의 시작이었다. 아이의 화려한 초등 스펙을 앞에 놓고 잠깐이나마 '국제중'이나 '과학영재고', '과학고'를 고민하지 않았다면 거짓말이다. 저학년처럼 조용한 학교생활이었다면 훨씬 포기도 쉬웠을 텐데 엄마의 욕심을 내려놓기엔 머뭇거림이 있었다. 반디의 화려한 스펙이 잘못하면 독이 될 수도 있었던 것이다.

　초등 저학년까지 자연스러운 체험활동을 통해 관심을 유발하고 초등 고학년 때 그 관심을 구체화할 수 있어 일찍 자신의 꿈을 찾을 수 있었던 반디는 비록 과학고나 과학영재고에 욕심 부리지 못하고 다른 길을 거쳐 왔지만 지금도 여전히 과학자를 꿈꾸며 그 길로 걸어가고 있다. 돌이켜보니 그 꿈을 찾기 위해 필요했던 것이 조기 교육이나 값비싼 사교육은 아니었다. 발 빠른 선행학습은 더더욱 아니었고 오히려 학교 교육을 피할 수 있어서였는지도 모르겠다.

한 가지 확신할 수 있는 것은 있다. 어려서부터 관심을 가질 수 있는 환경과 자주 만났고 그것에 깊이 관심 가질 만큼 충분한 시간이 있었던 것이 든든한 바탕을 위한 큰 힘이 되었을 것이다. 초등 2학년 때부터 방학이면 북 아트에 빠져 해마다 세상에 단 한 권뿐인 나만의 책을 만들었던 우리는 보고서 또한 책 만들기 형식을 이용해서 평생 간직할 수 있는 하나의 책으로 만들어놓았다. 여러 시행착오를 거치며 아이가 작성한 일지와 실험결과를 토대로 내가 선물한 정리 파일을 이용해서 만들었다. 학교와 교육청 제출용은 실제 아이가 작성한 실험일지였지만, 아직도 우리 집 책장에 그 뜨거웠던 여름방학의 기억은 한 권의 책으로 남아 있다.

2008/08/20

반디가 방학 때 만든 세상에 단 한 권뿐인 책

유학을 마치고 다시 돌아왔을 때 멀지 않은 거리의 세종신도시는 많이 변해 있었다. 꼭 찾고 싶은 곳이었는데 자꾸 미뤘던 장소, 벼르고 별렀던 국립세종도서관을 찾았다. 우리 모자의 세종에 대한 기억은 5년 전 모습이니 돌아와 변화한 도시의 번화함이 낯설기까지 했다. 한여름 무더위에 찾은 도서관, 주차장은 만차였고 로비부터 열람실 구석구석에는 알찬 일요일을 보내는 가족 단위 이용객들을 비롯해 '열공'하는 청년들까지 가득했고 테이블 좌석 또한 만석이었다. 이용객 모드로 조용한 날 다시 들러 꼼꼼히 살펴봐야겠다 싶어 우선은 관람객 모드로 휘리릭 둘러보았다. 그러고는 남편과 아이에게 카페의 시원한 음료를 들려 로비에서 기다리라 하고 개인적 관심사로 지하 1층 어린이 자료실에 내려갔다. 아이들을 위한 영어책 비치 정도가 궁금해서였다.

천장까지 확 트인 공간에 촘촘히 놓인 책장, 대형 유리벽 앞에 바깥 풍경이 훤히 내다보이는 책상 배치 등 너무 근사한 환경에 놀랐다. 알록달록 예쁜 색과 모양의 앉은뱅이 책상이 놓인 그림책 열람실은 작지 않은 공간이었는데 아이들과 그 곁을 함께하는 엄마, 아빠들까지 꽉 차게 둘러앉아 북적였다. 일요일이기 때문일까? 무더위 때문일까? 아빠들이 많이 눈에 띄었다. 이런 공간을 마음껏 누릴 수 있는 시대에 아이를 키운다는 것에, 또 그럴 수 있을 만큼 가까이 산다는 것에 부러움도 느꼈다. 멋진 공간이었다. 그런데 꼼꼼히 열람실을 둘러보며 놀란 것은 허전한 책장이었다. 장기 대출 기간에 연

장 배려까지 이용객들의 편의를 위한 것은 분명한데 비치용으로 따로 남겨

놓지 않고 대여용으로 모두 빠져나가서 보고 싶은 책을 현장에서는 만나기

어려웠다.

입구부터 열람실 안쪽 끝까지 짧지 않은 거리를 천천히 걸어갔다 되짚어 나

오면서 유난히 반복되어 눈에 들어오는 장면이 있었다. 혼자 읽기가 가능한

아이들 대부분이 옆에 쌓아놓은 책, 읽고 있는 책, 찾고 있는 책이 몽땅 '학

습만화'였다. 놀라움을 넘어 충격이었다. 반디가 초등학교를 다닐 무렵은 학

습만화 시장이 점점 커지고 있던 때였다. 역사, 과학, 수학, 한자, 고전 기타

등등 다양한 분야의 학습만화들이 쏟아져 나왔고 학교 도서관에도 퀄리티의

폭이 천차만별인 학습만화들이 책장의 상당 부분을 차지했다. 그리고 일부

'학습'이라 부르기 민망한 것들까지도 아이들의 시선을 빼앗고 있었다. 학교

사서 봉사를 오래하면서 가장 마음에 걸린 부분이었다.

반디는 책을 좋아라 하는 아이가 아니었기에 독서력에 있어 엄마를 많이 긴

장시켰다. 아이의 성향으로 봐서 책을 좋아하는 친구들에 비해 읽어나갈 책

의 양이 적을 것이란 예측이 가능했다. 그래서 적은 책이지만 제대로 읽는

데 도움을 주고 싶어 '독서지도사' 자격증도 받아놓았다. 그런데 독서지도사

공부를 마치며 아이의 독후활동에 오히려 더 무관심해졌다. 책은 그냥 책으

로 읽고 끝내야지 책을 가지고 의도적으로 학습적인 무언가를 시도하는 것

이 내키지 않아서였다. 배운 것을 적극적으로 아이에게 시도하고 아쉬운 마

음에 강요가 뒤따랐다면 아이 성향상 역효과가 날 수도 있을 것 같아 겁도

났다. 반디는 대부분의 책을 그저 읽는 것에 그쳤다.

그런 아이에게 혹시나 하는 마음에 책에 흥미를 가지고 푹 빠져줬으면 하는 기대로 괜찮다 생각되는 학습만화를 이것저것 골라 권한 적이 있었다. 그런데 그조차도 반디는 그다지 달가워하지 않았고 크게 관심을 보이지도 않았다. 그나마 흥미 있게 봐준 학습만화는 유명한 《Why?》 시리즈와 70권이 넘는 《만화 삼국지》, 30권 가까이 되는 《그리스신화》가 전부였다. 만화의 장점이라는 보고 또 보는 정성도 없이 그저 한두 번이었다.

로비에 있던 반디 손을 잡고 지하로 끌고 갔다. 아무 소리 안 하고 입구에서부터 안쪽 끝까지 같이 둘러보고는 눈에 띄는 것이 있는지 물었다. 피식 웃었다. 엄마가 뭘 말하고 싶은지 눈치를 챈 것이다. "너는 저만 한 때 왜 학습만화도 별로 흥미가 없었을까?" 엄마의 물음에 반디가 답했다.

"글쎄 학습만화에 흥미가 없다기보다는 그냥 만화 자체에 별 재미를 못 느꼈던 것 같아. 그건 지금도 마찬가지고. 예전에 엄마가 도서관에서 가끔 읽어보라고 줬던 학습만화도 사실 만화 부분만 읽고 학습 부분은 거의 그냥 넘겼었는데. 심하긴 하네. 정말 전부 학습만화 보고 있네. 근데 도서관에 뭔 만화가 저리 많아."

학습만화의 장단점은 분명하다. 일일이 장단점을 열거하자면 한도 없겠지만 단편적으로, 어려운 내용을 쉽게 이해할 수 있도록 다루는 지식의 양에 비해 쉬운 문체와 적은 글밥으로 부담 없이 접근할 수 있다는 장점이 있다. 반면, 한정된 그림에 의지하면서 만화를 보다 보면 상상력이 제한되고 흥미 위주의 간단한 구어체 텍스트에 치중한 글 읽기에 머물게 된다. 그 정도를 넘어서 길이가 길고 난이도가 있는 텍스트를 읽고 이해해서 핵심내용을 찾아내는 사고력 향상이나 독해 능력에 문제가 생길 수 있다는 단점도 있다. 이 부분은 영어 책 읽기에서도 호흡이 짧은 학습서 접근에 시기와 정도를 조심했던 이유와 일맥상통한다.

책이 좋아 학습만화뿐만 아니라 다양한 책에 빠지는 친구들은 걱정이 덜 된다. 주가 일반적인 책이고 그저 밥 먹는 중간에 간식 먹듯이 학습만화를 즐겨주는 정도일 테니까. 하지만 그렇지 않은 아이들이 학습만화에 치중하는 독서를 하는 경우 장점에 많이 영향을 받을 것인지 단점에 많이 영향을 받을 것인지 고민하지 않을 수 없다. 권장할 만한 좋은 학습만화도 많겠지만 아이들에게 좋은 영향을 주지 못할 저급한 학습만화도 많을 것이다. 어떤 책을 볼 것인지를 아이들에게 그저 맡겨둘 수만은 없는 상황이 아닐까? 엄마들의 책 공부에 학습만화 쪽도 관심을 가져봐야 하는 시대인 것 같다. 도서관을 떠나면서도, 이 글을 쓰는 동안에도 내내 떠오르는 단어가 있다. 과유불급!

엄청난 물량으로 밀어붙이는 학습만화들을 적극적으로 차단하기는 힘들 것이다. 나름 걸렀다고 걸렀을 거라 믿지만 국립도서관에 그리 많이 비치해놓는 것이 과연 아이들의 독서를 위한 옳은 배려일까? 구어체 단문이 많은 책보다는 만화지만 설명문이 많은 책이 부모가 권장하고 싶은 학습만화일 것이다. 하지만 아이들은 그런 책보다는 그림 크고 감탄사 남발에 단문 가득한 책에 흥미를 보인다. 책 읽기 본연의 효과를 기대하기는 힘들 것이다. 단편적인 지식 접근의 수단으로 만족하자 생각하다가도 전달하려고 하는 지식보다는 흥미 위주의 대사나 그림 등의 코믹성에 더 마음을 빼앗기는 경우가 많다. 고민 없이 두고 보기에는 무리가 있겠다 싶었다. 그저 아이가 책을 보고 있다는 것에 만족하지 않으려면 학습만화에도 관심을 가지고 거를 것은 걸러줘야 하지 않을까?

초등수학, 자신만의 학습법을 찾아갈 수 있는 유일한 시기

교육전문가도 아니고 중등교육부터는 제도 교육에 아이를 맡긴 엄마도 아니다. 개인적 경험에 국한해서 말하기 조심스러워서 공개적으로 풀어놓기 망설여지는 것들이 있다. 그런 부분들은 개별적으로 오가는 비밀댓글이나 쪽지, 메일 등으로 경험을 나누고는 했는데, 가장 많이 받는 질문 중 하나가 '초등수학 학습은 어떻게 했는지?'였다. 중학교 이후의 수학 학습은 홈스쿨에 맞춘 진행이 가능했다지만, 질문자와 같은 상황이었던 제도 교육 안에서의 초등 수학 학습법이 궁금했던 것이다.

　수학을 배워야 하는 진짜 이유는 '수학 문제를 풀기 위해서'가 아니라 '논리적 사고를 기를 수 있어서'라고들 말한다. 그러면서도 학교 교육에서는 단 한 문제도 수학을 수학답게 풀 수 있는 여유를 주지 않는다. 그렇게 접근하다 보니 흥미는 사라지고 '수포자(수학포기자)'는 늘어나고 사교육 시장은 가장 커질 수밖에 없었다. 학교 교육 시스템 안에서는 어쩔 수 없이 선행과 내신의 반복, 거기에다 각종 시험에 발목 잡혀 나만의 풀이 방법을 찾으려는 노력은 사치에 불과하다. 빠르고 정확하게 더해서 절대 실수 없이 풀어내는 연습을 하고 또 하며, 앞으로 나가지도 못하고 제자리걸음 하면서 죽이는 시간이 가장 많은 것이 수학 학습법이 되었다.

이 또한 적어도 초등 6년만이라도 시류에 벗어난 선택을 하면 안 되는 것일까? 배짱 좋게도 그리 생각하며 보낸 시간이었다. 그 이후가 다행히도 우리만의 공부법이 통하는 길로 이어질 수 있어서 터럭 끝만큼의 후회도 남지 않았다. 하지만 초등 이후의 아이 교육이 우리와 같지 않을 많은 분에게는 '이 방법이면 된다. 이 방법이 좋다'고 단정할 수 없어 조심스러운 것이다.

온·오프라인에서 많이 궁금해하는 반디의 초등수학 학습법에 대해 솔직하게 풀어보겠다. 반디의 초등 수학은 또래들과 비교했을 때 평범에도 못 미치는 학습량이었다. 아이 스스로 홈스쿨로 마음이 기울었던 여러 이유 중 하나가 수학과 과학 '선행'이 너무 안 되어 있어서였다. 자신이 목표했던 과학고 진학이 불가능해 보였기 때문이다. 같은 목표를 위해 이미 상당 거리 앞서 달리고 있던 친구들을 따라잡기 많이 멀어졌다 생각되는 수준이었다. 원하는 목표를 위해 그 간극을 따라잡으려면 해야 할 학습량이나 어쩔 수 없이 받아들여야 하는 사교육 정도를 구체적으로 이야기해주었을 때 반디는 적잖이 놀랐고 감당할 자신이 없다 했다. 그리고 지금까지 자신만의 속도로 천천히 편안한 걸음이었던 초등과는 달리 참고 견뎌내야 할 하루의 무게가 분명히 보이니 학교에 속하는 중등교육을 망설이기 시작했던 것이다.

반디의 중·고등 수학 학습법은 홈스쿨 학습법에서 자세히 언급하겠지만 개념 위주의 꼼꼼한 진행이었을 뿐 반복도 심화도 사고력도 없었다. 어찌 보면 그래도 좋은 길이었기에 가능했을 것이다. 사교육이나 평가에 대한 부담이 없으니 수많은 시험과 과제, 테스트를 소화하느라 자신의 속도를 잃어버리고 서둘거나 제자리걸음 하지 않을 수 있었다. 반디 본인 스스로도 인정한 부분이다. 한국에 있었으면 절대로 수학을 잘하는 아이는 아니었을 것이라 했다. 대학에서도 수학 과목을 지속했는데 늘 시간에 쫓기는 파이널 시험을 봐야 했다. 세 시간을 고개 한 번 들지 않고 풀어나갔는데도 검토는 고사하고 딱 시간에 맞춰 간신히 풀거나 다 못 푼 경우도 있었다는 것이다. 엄청난 양의 문제를 반복해서 풀어가며 기계적인 풀이에 익숙해져본 적도 없고 계산력 향상을 위해 초등부터 해야 한다는 연산 학습지도 경험한 적이 없었으니 시간 내에 맞춰 풀어야 하는 것에 익숙하지 않았다.

풀이 방법은 정형화된 정답을 쫓기보다 자신만의 풀이 방법을 선호하고 그것을 기억했다. 정답으로 제공하는 깔끔한 풀이법을 익히려 하기보다 조금 지저분하고 돌아가도 스스로 생각해낸 풀이법으로 개념을 잡아가는 것이다. 초등 수학부터 고등 과정 이과 수학을 마무리할 때까지 외부의 도움은 인터넷 강의가 전부였다. 그러면서도 신기한 것이 수학을 늘 재미있어했다. 홈스쿨을 하면서는 가장 시간과 정성을 들였던 것이 수학이었으며 유학 4년 학점 중 최고점수를 기록한 것도 전공과목이 아니라 수학이었다. 아직까지도 수학은 반디에게 흥미로운 학문이다.

그 시작이 초등학교 때였을 것이다. 수학은 초등부터 탄탄히 다져 나가지 않으면 중·고등 과정으로 이어지며 버텨내기 힘든 과목이 분명하다. 일단락되어 끊어지고 다시 시작하는 교과과정이 아니라 고등까지 연계되는 내용들이기 때문이다. 그렇기에 학년별 심화나 창의력도 중요하지만 기본 개념이 탄탄해야 하지 않을까 생각했다. 바탕이 되는 하위개념 없이 상위개념을 이해할 수 없는 것이 수학이기 때문이다.

초등 저학년까지는 별도 학습을 전혀 하지 않았다. 그 흔한 연산 학습지도 접해보지 않았다. 학교에서 수업 시간에 열심히 듣고 수학 익힘책을 열심히 풀어가면 무난한 정도였기 때문이다. 사회, 과학 등이 교과목으로 세분화되기 시작하는 3학년부터 교과목별로 한 학기 과정의 참고 서적이 세트로 판매되고 있다는 것을 알게 되었다. 새로운 학기 시작 전 방학에 그 세트를 구입해서 학기 중에 아이가 무엇을 배우게 되는지 엄마 혼자 과목별로 가볍게 훑어보고는 했다. 그중 수학 과목을 아이와 함께 찬찬히 선행으로 풀어보기 시작한 것은 4학년 올라가기 전 겨울방학부터였다. 6개월 정도 먼저 다가올 학기에 배울 내용을 개념 부분만 살펴보는 시간을 가졌다. 방법은 특별하지 않았다. 아이와 같이 참고서 책 놓고 앉아서 개념 설명이 요약되어 들어있는 쪽을 아이 스스로 읽어나가며 의미와 개념을 파악하게 했다. 이해되지 않는 단어나 부분이 확인되면 그런 부분을 엄마가 다시 이해 가능한 말로 바꿔서 설명해주는 정도였다.

개념 설명에 들어가면 옆에 앉아 있다가 아이 혼자 분명한 이해가 힘든 부분을 엄마가 다시 차근차근 아이가 이해할 수 있는 수준으로 풀어 읽어주는 것이다. 엄마는 무엇을 설명하는 것인지 알고 있기에 글자에 의미를 강조하며 읽어주면 훨씬 잘 이해했다. 개념 이해 뒤에는 딸려 있는 문제들 혼자 풀어보게 했다. 문제 풀이 들어가면 엄마는 아이 곁에 있지 않았다. 스스로 풀어가야 하는 시간이었다. 틀린 문제를 오답노트 만들거나 그런 것은 하지 않았다. 체크해놓았다가 한 단원 다 마무리한 뒤 모아서 다시 풀어보는 것으로 정리했다. 교과서와 익힘책은 손대지 않았다. 그것은 학교에서 담임선생님 재량으로 각자의 방법으로 진행되어야 할 것이고 그것을 따르는 것이 맞다 생각해서다. 방학을 이용해서 다가올 학기의 전체 내용을 참고서 한 권을 이용해 가볍게 차근차근 풀어보는 것이 선행학습의 전부였다. 학기 중 그것을 반복하는 것은 학교 수업이 전부였다. 추가적으로 수학 학습을 위한 별도 사교육도 없었고 집에서 따로 시간을 할애하지도 않았다.

5학년 말쯤 사고력 수학이라 해서 아이들이 엄청나게 어려운 문제들을 풀어내기 위해 사교육을 받거나 집에서 도전하는 난이도 높은 책을 보는 것이 인기가 있었다. 귀 얇은 나도 한번 시도해보고 싶은 욕심에 겨울방학을 맞아 도전했었는데 한두 단원 몇 문제 풀어보다가 깔끔하게 덮어버리고 다시 열어보지 않았다. 순전히 개인적인 생각으로 상위 학년의 간단한 개념으로 두세 줄이면 풀어버릴 문제들을 가지고 아직 개념이 없는 하위 학년들을 '노가다'시키는 느낌이랄까? 아이도 너무 싫어했다. 한 문제 풀어내기가 지나치게 고단했기 때문이다.

이렇게 6학년까지 학기 시작 전에 참고서를 이용해서 전체 내용을 한번 선행한 것 말고는 추가할 내용이 없다. 그러다 중학교 이후 교육을 홈스쿨로 결정하고 6학년 늦은 하반기 중학 수학을 제대로 처음 접했다. 초등과정에서 심화나 창의력 등은 접해보지 않았지만 스스로 다져나간 개념만큼은 탄탄했던 덕분에 중등과정을 혼자 인터넷 강의 들으며 소화하기 그리 어려워하지 않았다. 멈춤이나 반복 없이 꾸준히 작은 보폭이지만 앞으로 이어나가니 고등과정까지 무리 없이 빠른 시간에 끝날 수 있었다.

모든 과목이 마찬가지겠지만 특히 수학은 단시간에 해결되는 공부가 아니다. 무서운 것이 하위 개념 없이 상위 개념의 문제 해결이 불가능하다는 것이다. 개념만큼은 차근차근 꾹꾹 눌러 단단한 기본을 만들어줘야 하는 이유이다. 수학 학습 접근에 있어 사고력, 창의력, 심화, 경시 등 그 어떤 것도 아이가 원하고 흥미 있어 한다면 마다할 이유는 없다. 그런데 시작에 이어 꾸준하기가 또 지나침 없이 '딱! 그 정도'를 조율하는 것이 쉽지는 않은 것 같다. 가다 보면 맞춰 나가야 할 진도는 저 앞에 놓여 있고 그걸 쫓아야 하는 아이들은 항상 오버 페이스가 되고 만다. 빨리 몰아가다 너무 일찍 지쳐버리면 끝까지 완주하기 힘들다. 그 어떤 교과 과목보다 장거리 경주로 대비하고 속도 조절이 필요한 것이 수학 학습이다.

한국의 제도교육 안에서 초·중·고를 다녀야 하는 친구들은 수학을 정말 잘하고 싶어 한다. 장기적으로 특별한 고등학교나 대학 서열의 최고 상위권을 목표로 한다면 시류를 벗어나면 힘들다는 걸 부정할 수 없다. 정말로 앞뒤 안 보고 수학에 매달려야 하는 시기는 분명 오기 때문이다. 그리고 그것으로 자신의 12년 평가가 달려 있다 해도 과언이 아니다. 하지만 그럼에도 불구하고 어쩌면 그렇기 때문에 적어도 초등 6년은 그 시류를 벗어나도 좋을 시기라는 것이다. 벗어나보면 서둘러 많은 시간을 투자하지만 겉돌 수밖에 없는 잘못된 시작을 피할 수 있다. 찬찬히 자신만의 학습법을 찾아갈 수 있는 유일한 시기, 탄탄한 수학적 사고의 기본을 다져놓을 수 있는 시간으로 만들 수 있다. 그런 시간이 진짜 전력질주를 해야 하는 시기에 큰 뒷심이 되어줄 것이다.

초등 한자교육
활성화?

——————— • • •

말도 많고 탈도 많은 2015년 개정 교육과정 관련 뜨거운 감자로 찬반 양론이 나뉘었던 것이 '초등 한자교육 활성화'였다. 2018년부터 초등학교 3학년 이상 교과서에 한자를 병기하겠다는 것이었는데 공청회까지 열려 찬반양론이 격렬하게 부딪혔다. 2015년 8월 우리 모자가 호주에 있을 때 이야기다. 결과적으로 2018년 1월 초등 교과서 한자 병기는 정책 자체를 폐기하는 것으로 없던 일이 되었다.

당시 논의되었던 교과서에 한자를 표기하는 방법으로는 교과서 본문의 한자어 옆에 괄호를 치는 방식, 교과서 날개나 각주에 한자어의 한자를 제시하고 그 의미를 드러내는 방식, 단원 말미에 주요 학습 개념을 제시하면서 그 개념이 어떤 한자에 바탕을 두고 있는지 설명하는 방식, 그림과 한자를 제시하는 방식 등 총 4가지 방안이 제안되었다. 표기 방식의 문제를 떠나 활성화에 반대하는 목소리에 충분히 납득이 갔다. 교사나 학생 모두에게 학습 부담으로 작용할 수밖에 없고 잘못하면 이 또한 '사교육 활성화 정책'으로 변질될 수 있다는 염려였다. 당시 쏟아지는 기사 아래 댓글에는 한자 사교육 업체나 교재들의 홍보가 다수 눈에 들어왔다. 그러면서도 우리말 단어의 70%가 한자에서 유래된 상황에서 한글만으로 의미를 전달하기 쉽지 않고 한글 전용이 학생들의 어휘력과 사고력의 빈곤으

로 이어질 수 있다니 이 또한 염려가 되기도 했다.

현재 학교 교육에서 실시하는 한자 교육은 중·고교에서 1800자를 배우는 것이라 한다. 그렇다 보니 중학교부터 홈스쿨을 했던 반디는 한자 교육을 정규 교과로 배워볼 기회가 없었다. 하지만 자의 반 타의 반으로 초등학교 2~3학년 때 한자(한자어)를 공부했던 경험이 있다. 정식 자격증을 딴 것은 아니었지만 당시 한국어문회 기준 5급까지의 한자를 익혔었다. 반디에게 관련 기사를 보여주고 생각이 궁금해 이런 저런 이야기를 나눴었다. 결론부터 말하자면, 쓸 수 있는 한자를 꼽는 데 열 손가락도 남는다 했다. 읽을 수 있는 한자도 그리 많지는 않을 거라 한다. 호주에 살면서 자주 눈에 띄는 중국, 일본 식당의 표기에서 가끔 한자를 만나는데 아주 기본적인 글자만 읽을 수 있다는 것이다. 결국 다 잊을 공부를 그리 열심히 했단 말인가?

그런데 우리말 기사나 책, 참고 문서들을 볼 때 수 없이 만나는 생소한 한자어를 보고 그 뜻을 유추할 수 있는 힘은 그때 공부했던 한자의 도움이 크다 했다. 생소한 한자어에 대해 한자로 써놓으면 읽을 수 없지만 한글로 된 문장이니 문장 안에서 유추되는 의미가 막연하게 감이 잡힌다는 것이다. 그 의미가 분명하지 않을 때 대충 한자의 훈을 때려 맞추며 의미를 이해할 수 있다는데 뭔 소리인지 나도 감은 잡을 수 있었다.

때마침 저녁을 먹는 중이었는데 틀어져 있던 한국 프로그램이 〈비정상회담〉이었다. 출연자 중 한 사람이었던 미국인 타일러가 다

문화 가정의 '동화 정책'에 대해 이야기하고 있었다. 반디가 꼭 집어 자신이 어떻게 한자어의 의미를 유추하는지 설명했다.

"저기에서 말하는 '동화'에서 '동'은 '같을 동'일 것이고, 화는 어떤 상태로 익숙해지는 것을 의미하는 한자일 거예요."

실제로 한자의 훈과 음을 찾아보니 '한 가지 동', '될 화'였다. 연관 기사 본문 문장 중 한 단어를 더 확인해보았다. '자긍심과 정체성의 고양에 장애를 초래하는 측면이 있다면…' 에서 '고양'을 어떻게 이해하는지 물었다. 이 문장은 초등학교 교과서 한자 병기에 반대하는 기고문의 결론 부분에 나오는 문장인데 한 문장이 끝나지도 않았는데 조사 빼고 다 한자어인 것이 놀라웠다. 반디의 대답은 '고는 높을 고이고, 양은 올라가다의 의미가 있을 것 같다'였다. 실제로 한자의 훈과 음을 찾아보니 '높을 고', '날릴 양'이었다. 또한 '날리다'의 의미로 대표되는 훈에는 '오르다', '올리다'도 들어 있었다. 이야기를 들을수록 이건 아는 것도 아니고 그렇다고 모르는 것도 아니라서 흥미로웠다.

반디가 혼자 홈스쿨로 중등 과정 교과 학습을 진행하며 한자어로 표현되는 용어들을 많이 만나게 되었다. 자신이 흥미 있어 하는 과학에서도 의미를 포함하는 함축적인 용어를 만들기 위해 불가피했을 거라 이해도 됐지만 한자어로 표현되어 있는 과학 용어들이 어렵게 느껴졌다고 했다. 그때도 용어의 의미를 이해하는 데 한자의 훈을 대입해보는 것이 도움이 되었다는 것이다. 그러고 보니 가끔 반디가 어떤 용어의 한자들을 물어봤던 기억이 난다. 난 그래도 한자에 조금은 익숙한 세대였다. 모르면 찾아서 알려주면 되었다.

어디 과학 용어뿐이었을까? 안 해봐서 그렇지 영어 문법을 공부하면서도 한자어를 수없이 만나야 했을 것이다. 어쨌든 반디는 초등학교 때 다녔던 학교의 특별한 정책으로 자의 반 타의 반이었기에 힘도 들었지만 한자(한자어)를 공부한 것이 도움이 된 것은 분명하다는 자신의 결론을 이야기했다. 아마도 그 경험조차 없었다면 지금 기사나 논문을 우리말로 접했을 때 훨씬 어려움이 있었을 거라는 것이다.

나는 아이를 키워온 경험상 한자가 아니고 '한자어'를 공부하는 것이 아이의 사고력이나 이해력에 도움이 된다고 생각하는 쪽이다. 그렇지만 한자 교육이 본격적으로 '활성화'라는 이름을 달고 초등 교육 안으로 들어갔을 때 변질되어 평가의 수단이 되고, 아이들을 줄 세우는 또 하나의 잣대가 되고, 그걸 부추길 사교육이 성행하는 등 만만치 않을 부작용도 걱정되는 것이 사실이다. 언제나 그렇듯 교육 제도가 개정될 때마다 그 개정을 있게 했던 본질은 가려지고 변질이 판을 치게 되며 길지 않은 시간에 또다시 손을 봐야 하는 개정의 반복을 너무 많이, 오래 지켜봤다. 그 경험으로 어떤 좋은 정책도 바로 보이지 않는 것이 안타깝다.

자의 반 타의 반으로 경험한 한자 공부

광역단위 도시에 살던 우리는 아이가 초등 2학년이 되면서 대규모 아파트 단지가 들어서던 동네로 이사를 하며 전학을 하게 되었다. 새롭게 신설된 초등학교였는데 초임 교장선생님의 열정과 젊은 선생님들의 열성으로 다양한 새로운 정책들이 실험적으로 실시되기도 했다. 그중 하나가 '교내 인증 제도'였다. 정확한 내용은 '학생의 특기 신장과 충실한 교육 과정 이수를 목적으로 ○○초등학교의 특색 사업으로 추진하는 ○○ 특기 인증제'였다. 도전 과제를 선택하고 8주간 스스로 계획을 수립하여 자기주도적으로 특기를 연마하는 것을 골자로 한 것이다. 도전 과제로는 독서 인증, 악기 연주, 한자 익히기, 칠교 놀이, 줄넘기, 한컴 타자, 교통표지판 골든벨 기타 등등. 집중화보다는 다양화를 목적으로 무학년제 인증 종목, 학년제 인증 종목 등 그 수를 다 헤아리기도 힘들었다. 아이들에게 약간의 의무와 강제성이 부여되었고 부모들은 부담이 되었다. 선생님들은 아이들의 진행 상황을 '도전 기록 양식'으로 관리해주어야 했다.

8주 후 인증제 평가를 위한 특별한 날은 일부 엄마들이 평가 도우미로 참여하는 대대적인 행사 날이 되었다. 아이들은 자신의 도전 과제들을 평가 교실을 돌며 평가받아 일정 기준을 통과하면 인증서를 받는 식이었다. 그 인증 내용이 생활기록부에 기록이 되었으니 아이들도 학부모들도 무시하기 힘든 행사였다. 솔직하게 고백하자면 개인적으로는 참으로 맘에 들지 않는 정책이었다. 실행 첫 해, 인증제 평가가 마무리되고 장문의 편지를 써서 교장선생님에게 보완을 건의했다. 무기명으로 했는데 결국 누구 엄마라는 것이 밝혀졌지만 그로 인해 불이익을 당했다는 생각이나 기억은 없다.

학교의 주력 활동이었으니 무시하거나 피할 수는 없었다. 아이와 도전과제를 정할 때는 초등학교 저학년임을 감안해 쉽고 간단한 것을 선택했는데 그것도 만만치 않았다. 그중에 작정하고 한번 도전해보자고 아이보다 엄마가 마음먹었던 것이 '한자 익히기'였다. 친구들 사이에 이미 7급을 마쳤네, 어문회 6급 한자 자격시험을 보았네, 동네에 한자 선생님은 어느 분이 잘 가르치네 등 유행처럼 한자 교육이 번지고 있었고 'ㅈㅇ 한자'라는 학습지가 꽤 성행했던 때였다. 사교육이야 내가 선택하지 않아도 좋으니 눈 감고 지나칠 수 있었지만 공교육 안에서 어쩔 수 없이 해야 한다니 '기왕이면' 하는 마음이었다. 그렇게 자의 반 타의 반이 되었던 것이다.

아이도 엄마 혼자만 원해서 한자 교육을 강요했다면 받아주기 힘들었을 텐데 학교 정책이니 힘들긴 하지만 해야 하는 걸로 알고 따라주었던 것 같다. 한자를 도전 과제로 선택한 친구들은 일주일에 한 번씩 한자연습 노트를 선생님에게 검사받아야 했다. 학교에서는 한자 익히기 도전 과제를 위해 급수별 한자 학습지를 제공해주었다. 교장선생님이 한자의 중요성에 무게를 두고 한자 교육에 일가견이 있는 선생님을 일부러 스카우트해서 그 선생님이 개인적으로 만든 교재를 제공하는 열의를 보였다.

아이들에게 필요한 한자 교육은 글자 교육이 아니고 '한자어' 교육이어야 한다. 급수에 해당하는 한 글자 한 글자를 기억하는 것이 아니라 하나의 단어로 만들어 한자어로 익히면 좋을 것 같았다. 학교에서 제공해주는 한자 학습지를 다운받아보니 대부분 낱자 연습지였다. 고민 끝에 조금 시간을 들여 우리집만의 교재를 다시 만들었다. 급수 안의 한자들을 조합해서 적절한 한자어를 만들었다. 일부 급수 안에서 해결이 안 되는 한자어는 사전을 통해 아이가 익숙한 단어로 급수 밖의 한자를 끌어오기도 했다.

반디가 다음 해 3학년까지 한국어문회 기준 5급을 공부했었는데 600자 정도 되었던 것으로 기억한다. 그 600자를 잘 조합하면 많은 한자어(단어)가 만들어진다. 그러면 한자 노트 윗줄에 그렇게 만든 단어들을 엄마가 한 번씩 써주고 따라 쓰게 했다. 결국 낱자 쓰기 학습지는 활용하지 않았다. 나는 학교 다니며 펜글씨로 한자 쓰기 급수에 도전했던 경력이 있는 엄마였다. 배워놓은 것을 이렇게 써먹을 줄은 몰랐지만 한번쯤 공들여 써주는 것이 가능했었다. 물론 워드로 한자 변환해서 만들어주는 방법이 더 편리했겠지만 그때는 다시 한자를 쓰게 된다는 것이 재미나서 열심히 써줬던 기억이 있다.

한 글자 한 글자 낱자로 한자를 익히는 것보다 의미가 있는 하나의 단어로 완성된 '한자어'로 익히면 아이가 한자를 좀 더 흥미롭게 대할 수 있고 기억하기도 수월할 것 같아서 시도했던 방법이다. 한자 세대가 아닌 이상 실생활에서 한자를 직접 쓰거나 읽을 기회는 그리 많지 않을 것이다. 그렇다 해도 우리말의 특성상 말이나 글에서 자주 만나게 되는 한자어가 어떤 조합으로 만들어지는지 알면 좋겠다는 것이 정성을 들인 이유였다. 학교 정책에 등 돌리지 않으면서 아이와 도전할 기회다 싶어 나 스스로 타협점을 찾았던 것이다.

5급까지는 그럭저럭 수월하게 따라오던 반디가 점점 획수가 복잡해지고 훈과 음조차도 이해하기 힘들어지면서 5급 한자를 익히는 것으로 마무리했었다. 덕분에 아이는 학교에서 시행하는 인증 시험 기준도 무리 없이 통과하면서 한자어에 대한 감을 익힐 수 있었던 꽤 괜찮은 경험이었다. 그때 인증 시험을 계기로 한자 교육에 관심 있는 학부모들은 외부의 도움을 더 받아 한국어문회의 정식 급수 자격증에 도전하는 붐이 일었고 친구들이 고학년쯤 4급 자격증을 무난히 획득하는 경우를 꽤 보았다. 목적이 달랐던 우리는 정식 자격 시험에 도전하는 경험은 못 해보고 2년 동안의 우리식 한자 교육은 그렇게 끝이 났다.

Part 5

대안교육의
학력 인정

....

홈스쿨은
위법일까?

우리나라는 법령에 따라 초등학교 6년, 중학교 3년이 '의무교육'으로 명시되어 있다. 적정 연령이 되면 취학 의무를 가지게 되는 것이다. 위반 시 100만 원 이하의 '과태료'가 부과된다. 이러한 현실에서 중학교 진학을 포기하고 홈스쿨을 선택하며 위법적 행위에 대한 부담이 없었을까? 현행법상 홈스쿨은 의무교육 법 조항을 어기는 위법이 분명하다. 하지만 과태료 처분은 행정처분이므로 민·형사상 법적 문제가 발생하는 것은 아니다. 아직까지 위반한 그 누군가가 과태료 처분을 받았다는 사례는 찾아볼 수 없었고 앞으로도 일어나지 않을 것이다.

의무교육은 인간다운 삶을 위해 국민들이 교육받을 권리를 최소한이지만 보장하고자 하는 것을 취지로 법제화했을 것이다. 우리나라 역사를 살펴보면 한때 그래야만 했던 시기도 있었다. 그런데 지금은 먹고 살기 힘들어 형이 동생을 위해, 여동생이 오빠를 위해 학

대안교육의 학력 인정 ● 189

교 교육을 포기해야 하는 시대는 아니다. 이 법의 목적이 교육받을 최소한의 권리를 보장하기 위한 것이지 다양한 형태의 교육 기회를 부인하고 의무적인 학교 교육을 통해서만 '교육'이 실현될 수 있다고 우기기 위한 것은 아닐 것이다. 의무교육 규정은 부모가 자녀의 교육을 방치하는 것을 막기 위한 것이지 내 아이에게 맞는 방법으로 '교육'하는 것을 막기 위함이 아니라는 말이다. 또한 아이를 위한 일반적인 '교육'의 의무를 말하는 것이지 반드시 '학교 교육'을 받을 의무를 말하는 것이 아니라고 생각했다.

우리나라 교육법상 재외공관 주재원 자녀나 부모의 해외취업 등 특별한 경우를 제외하면 초중등 아이들의 해외 조기유학은 불법이다. 가까운 주변을, 아이가 다니고 있는 초등학교, 중학교를 들여다보자. 조기유학은 이미 붐 현상을 넘어 기회만 있으면, 마음만 먹으면 언제든지 가방을 꾸릴 수 있는 지경에 이르렀다. 그렇게 한두 해 비어 있는 친구들의 자리가 아이들은 낯설지 않다. 이렇게 명백한 위법조차도 묵인되고 있는 현실에서 내 땅에서 내 아이를 내가 옳다고 생각하는 방법으로 제대로 교육하고자 대안교육을 선택한 가정에 위법을 따질 수 있을까?

십 수 년 전에 이 길을 가야 했던 앞선 걸음 중에는 스스로 선택한 길에 대해서 학교의 이해를 구하고 관계를 풀어 매듭짓기까지 우여곡절이 많았다는 사례를 심심찮게 발견할 수 있다. 위법이니 고발을 하겠다는 협박 아닌 협박을 하는 학교장도 있었고 학부모를 사이비종교에 빠져 있는 사람으로 오해하는 경우도 있었다. 빠르게 변하는 사회 속에서 가장 더딘 속도로 그 변화에 어정쩡한 학교이지만 그런 학교도 변화는 찾아왔다. 아니 변화에 대처해야 했다고 보는 것이 맞을 것이다. 제도 교육인 공교육의 틀 안에 있는 관계자들 중에서 대안교육에 관심을 가지고 있거나 실제로 대안교육으로 아이들을 교육시키고 있는 경우를 종종 볼 수 있다. 그래서인지 요즘은 대안 교육을 위한 학적 처리에 있어 학교의 협조를 받는데 애를 먹는 경우는 많이 줄어들었다. 학교마다 이미 선례가 있으며, 그 수가 늘어나면서 업무 처리를 위한 정형화된 틀을 마련해놓고 있었다. 담당자가 그 방법을 숙지함에 있어서도, 학교장 재량으로 처리할 내용들에 대해서도 업무 처리에 유연함을 보여주고 있다. 전부라 말할 수는 없지만 적어도 우리는 그 부분에 대해 너무 편안했다.

홈스쿨 관련 소통을 하며 많이 들어본 말이 "나도 생각했던 일인데 방법도 몰랐고 용기가 없었다"였다. 처음 관련 자료들을 모으기 시작했던 십 수 년 전에 비하면 학교 교육 이외의 대안교육에 대한 시각이 많이 유연해졌다는 것을 알 수 있다. 다양한 형태의 대안학교가 생겼고 드러나지 않지만 적지 않은 가정에서 아이들을 홈스쿨로 교육하고 있다. 관련 정보와 자료 접근도 용이해졌고 방법은 다르지만 같은 길을 가고 있는 가정과의 소통 또한 어렵지 않다. 그 중에 가장 먼저 알아봐야 할 것은 홈스쿨이나 비인가학교에 아이를 보내고 싶은 부모가 풀어나가야 할 법적인 문제일 것이다. 참고가 될 만한 법령들은 법률지식정보시스템(likms.assembly.go.kr)을 참고하면 된다.

대안교육의 제도화 논의가 아쉽다

2016년 6월, 취학 예정자였지만 예비소집에 가지 못한 채 계모의 학대로 숨을 거둔 '평택 원영이 사건'을 시작으로 있어서는 안 될 사건들이 연이어 터지면서 의도치 않았겠지만 일부 홈스쿨 가정이 힘든 상황을 겪었었다. 그동안 인력부족을 핑계대면서 장기 결석생들에 대한 관리감독조차 허술했던 잘못을 인정하고 대안교육을 제도화하려는 노력보다는 홈스쿨 가정을 가정폭력의 위험군으로 분류하는 어이없는 분위기가 생긴 것이다.

악의적인 의도로 누군가 신고를 한 경우 '의무교육 불이행', '아동 방임'으로 체포영장을 들고 경찰이 들이닥치는 경우도 있었다. 학교에 다니지 않는 것을 범법행위로 몰아붙이고 아이의 교육이 '교육과정'에 맞춰 진행되지 않는 것은 '교육 방임'이라 비난했다. 학교를 벗어나면 범법자가 되는 것이고 잘못된 시스템이라 생각해서 그 '교육과정'을 거부했는데 홈스쿨을 하면서도 그 교육과정을 따라야 한다는 것인지 도무지 이해할 수가 없었다. 아이 스스로 자신의 선택에 대해서 타인을 설득하기 힘든 초등 과정 홈스쿨러를 둔 가정은 일단 문제를 삼자고 들면 일이 쉽게 마무리되지 않는 경우도 생겼다. 그동안 법으로 정해져 있는 과태료 부과에도 단 한 번의 사례를 남기기 않았던 이들의 급작스런 관심이 불편하게 느껴졌다.

우리나라에서 아이들의 '교육'을 관장하는 부처 관계자들은 홈스쿨링은 법적으로 명기돼 있지 않아 불법이라 한다. 초·중등교육은 의무교육인데, 이 외의 교육에 대해서는 법적으로 명시해놓은 게 없어 이를 이행하지 않으면 불법이라는 것이다. 법에 대해 문외한이지만 '불법'의 의미가 법으로 정해진 사항을 지키지 않았다는 것을 뜻하는 것일 테고, 그렇게 규제나 규정에서 정해놓은 '하지 말아야 할 것'들을 어겼을 때를 불법이라 하는 것 아닐까? 할 수 있는 것만 규정해놓은 법 덕분에 그 어떤 제도적 울타리 없이 허허 발판에 서 있었던 홈스쿨러였다. 홈스쿨러가 증가하는 지난 십 수 년 동안 홈스쿨을 제도화해서 법령 안에서 그들을 포용하고 관리하려는 노력에는 그 누구도 관심조차 주지 않았으면서 법적으로 명기되어 있지 않다는 이유만으로 홈스쿨을 불법이라 단정하는 것에 동의할 수 없다.

홈스쿨링에 대한 실태 파악이 이뤄지지 않고 있어 실제로 몇 명의 아이들이 홈스쿨로 교육을 받는지조차 파악할 수 없는 것이 현실이다. 일부 극단적인 사례들에 놀란 마음은 이해가 되지만 아이들이 홈스쿨러이기에 벌어진 일이라 몰아갈 것이 아니다. 정말 중요한 것은 학교에 적을 둔 아이들의 무단결석을 제대로 관리하지 않은 부분에 대한 심각성을 깨달아야 한다. 어찌 보면 그 아이들은 제도 교육 안에서 보호받지 못했던 아이들일 수도 있다.

법적으로 인정받을 수 없는 교육방식으로, 불법이기 때문에 추후 관리 감독도 논의된 바 없다 한다. 당분간 어쩌면 꽤 오래 홈스쿨은 불법으로 남아 있을 것 같다. 하지만 홈스쿨을 불법이라 단정한다 해서 홈스쿨러가 줄어들 것 같지는 않다. 오히려 점점 늘어나고 있다. 잠재적으로 대안교육을 고민하는 가정이 얼마나 많은지를 교육당국은 알고 있을까? 현실과 동떨어진 태도를 돌아보고 제도권 바깥의 교육을 인정하는 제도화를 본격적으로 논의할 시기가 늦어도 너무 늦어지고 있다는 것이 안타까울 뿐이다.

홈스쿨을 위한 학적 처리　　———　···

중학교에 배정되고 정식 입학 절차를 거친 뒤 등교하지 않으면 3개월 무단결석처리 후 초중등교육법시행령 [제29조 - 유예자 학적 처리]에 의거해 학교장 재량으로 '정원외관리' 처리된다.

초등학교 6학년 겨울방학에 즈음하여 반디는 홈스쿨로 마음의 결정을 내렸다. 하지만 배정받은 중학교에서 정원외관리로 학적 처리를 마무리하기 위해서는 정상적인 입학 절차를 진행해야 했다. 2

월에 반배치고사를 보러 가서 교과서도 받아왔다. 친구들에게 우리의 결정을 말하지 않았기에 함께 교복을 맞추러 가자는 엄마들의 연락에 이런 저런 핑계를 대고 거절해야만 했다.

입학식을 며칠 앞두고 배정받은 중학교 행정실에 찾아갔다. 아이가 학교에 입학할 의사가 없음을 전달했다. 대안학교에 갈 생각인지 물었다. 그동안 이 학교에서도 대안학교 관련 처리는 꽤 있었다 한다. 홈스쿨을 할 예정이라 했다. 처음 있는 일이란다. 대안학교 처리와는 달라 교무 과장을 찾아 자세한 이야기를 들어보아야 한다고 했다. 행정실에서 기다렸다. 얼마 지나지 않아 교무실로 안내받았고 담당 선생님의 친절한 안내로 처리할 사항들과 마주했다. 한자 또는 일본어 중 선택과목별로 반 배정도 해야 하니 그 선택지에 사인해야 했다. 또 3개월은 등교하지 않아도 그곳 중학교 학생이니 나중에 반납이 되더라도 자동화 결제에도 사인을 해야 했다. 미리 받아간 교과서도 반납해야 했다. 이후에 처리될 내용에 대해서도 내가 알고 있는 것 이상으로 자세하게 전달받았다. 등교를 권유하는 전화가 몇 차례 있을 수도 있지만 행정상의 절차이니 개의치 않아도 된다고 했다. 실제로 전화를 받은 적은 없었다. 3개월 후에 정원외관리 처리를 위해서 한 번 더 학교에 방문해야 하며 그때 준비할 간단한 서류도 안내받았다.

조금은 긴장하고 찾았던 학교였는데 학부모 의사를 충분히 배려하며 미진한 부분 없이 자세한 안내와 함께 깔끔하게 처리해주어서 돌아 나오는 발걸음이 가벼웠다. 한편으로는 학생이 학교를 거부하는 것이 학교로서는 그다지 큰 문제가 아닌 것, 학교가 적극적으로 만류하고 아이를 학교에 맡기도록 설득하지 못하는 것이 내가 발 딛고 서 있는 현재의 학교 교육이구나 하는 생각에 씁쓸하기도 했다.

홈스쿨이나 비인가 대안학교를 다니게 되면 학력 인정을 받을 수가 없다. 중등교육을 대안교육으로 마친 뒤에 대학을 진학하기 위하여 중등교육과정의 학력 인정을 받으려면 어떻게 해야 할까? 학교에서 아이의 학적 처리가 정원외관리가 된 후 검정고시를 치르는 것이 지금으로서는 유일한 길이다. 검정고시에 대한 자세한 내용과 일정은 각 시도 교육청 홈페이지에 자세히 나와 있다.

긴 방학 같은 ——— · · ·
홈스쿨

친구들이 단정하게 교복을 차려 입고 입학식을 치를 무렵 무덤덤한 아이와는 달리 엄마 마음이 조금은 어수선했다. 오랜 시간 준비하고 마음먹었던 일이었지만, 막상 현실이 되고 보니 가지 않은 길에 대한 몇 가지 아쉬움이 있었던 것 같다. 입학 시즌, 기분전환을 위해 큰맘 먹고 반디와 여행에 나섰다. 그렇게 우리 모자는 그때는 상상할 수 없었지만 그 후 일상이 된 시드니를 처음 만났다. 일주일 정도의 길지 않은 여행을 마치고 돌아와 본격적인 홈스쿨을 시작했다. 하지만 그리 새로울 것이 없었다. 우리에게는 조금 긴 방학 같았다. 초등학교 방학 때 지내던 일상과 크게 다르지 않았기 때문이다.

3개월의 시간은 그리 길지 않았다. 일주일에 두세 번은 도서관에서, 나머지는 집에서 보냈다. 반디는 하루가 온전히 자기 것이 된 것에 커다란 동요 없이 평온했다. 새로운 공부를 시작한 것도 아니고 늘 하고 있던 것을 이어서 했으며 친구들과는 좀 다른 방법으로 가고 있을 뿐이었다. 5월 말경 학교에서 연락이 왔다. 무단결석으로 처리되고 있는 아이의 학적이 6월 초에 정원외관리로 처리될 예정이라 했다. 아직도 학교에 돌아오지 않겠다는 생각에 변함이 없는지 최종 확인을 위한 연락이었다. 가족이 모여 지난 3개월을 되돌아보며 학교에 대하여 다시 이야기를 나눴다. 최종적으로 정원외관리 처리가 되면 학교로 돌아가고 싶어도 쉽지 않고, 갈 수 있다 해도 제학년으로 들어가지 못한다는 것을 상기시키고 아이의 의향을 물었다. 아이는 현재에 만족했다.

고입 검정고시를
계획하다

학교 연락을 받은 것을 계기로 지난 3개월을 돌아보며 스스로 평가해보니 학습 면에서 예상했던 것보다 훨씬 빠른 진행이 보였다. 주로 집중해서 많은 시간을 투자한 수학, 과학은 뒤에 학습방법에서 자세히 언급하겠지만 학교에서의 방법과 다르게 진행한 것이 효율을 높여주었다. 정원외관리 처리에 대한 학교 연락을 받고 아이의 학습 진행을 되돌아보니 고입 검정고시 도전에 가능성이 보였다.

먼저 검정고시 일정부터 살펴보았다. 고입 검정고시 응시자격은 당시 고등학교 입학자격 검정고시 규칙 [제5조의2]에 의거해 '검정고시 공고일 전에 정원외관리 처리가 되어 있어야 한다'는 조건이 있었다. 고입, 고졸 검정고시는 한 해에 두 번 4월과 8월에 치러졌다. 4월 검정고시 공고일은 2월 초에, 8월 검정고시 공고일은 6월 초였다. 간혹 검정고시 공고일과 학교에서 정원외관리로 처리되는 날짜가 하루 이틀 어긋나서 6개월을 기다려야 하는 상황이 있다는 것을 알고 있었다. 본래의 고입 검정고시 계획은 다음 해 어느 때였기에 그 해 정원외관리 일정에 그다지 관심을 갖지 않았는데 계획을 수정해도 좋을 것 같았다.

우선 반디 의사를 물어봤다. 반디는 뜻밖이었는지 정말 가능한지 다시 물어왔다. 원서를 접수하면 두 달의 시간이 남는다. 그동안은 일반적인 공부를 했다면 두 달 동안은 검정고시 공부를 하면 될 것 같다고 말해주었다. 그렇게 고입 검정고시를 무난히 해결하면 많은 시간을 확보할 수 있어 새로운 계획들을 세울 수 있을 것 같다는 말도 함께 해주었다. 아이와 고입 검정고시 과목을 자세히 살펴보왔다. 국어, 수학, 영어, 사회, 과학, 도덕(선택과목은 도덕, 기술·가정, 체육, 음악, 미술 중 한 과목 선택) 여섯 과목이었다. 평소 꾸준히 학습했던 수학, 과학은 안정적이었다. 영어는 엄마표 영어 7년차의 탄탄한 내공이니 학습에서조차 늘 예외였고 그 어떤 시험도 걱정하지 않아도 좋을 때였다. 국어, 사회, 도덕을 2개월 동안 집중적으로 학습하면 가능할 것 같았다. 날짜만 어긋나지 않으면 검정고시를 보기로 아이와 계획을 세웠다.

정원외관리 처리와 ———— · · · 고입 검정고시 원서접수

학교에서 다시 연락이 왔다. 6월 1일자로 정원외관리 처리가 되니 등본을 지참하고 학교에 방문해서 간단히 사유서를 제출해달라는 연락이었다. 교육청 홈페이지에는 아직 검정고시 고시가 올라오지 않았다. 교육청 담당자와 통화를 했다. 정확한 날짜를 이야기할 순 없지만 6월 1일 이후가 될 것이라는 답변을 들었다. 이것은 우리에게 검정고시를 보라는 뜻이 아니겠냐고 반디와 웃으며 이야기했다.

6월 1일, 반디를 도서관에 넣어놓고 등본을 들고 학교에 방문했다. 사유서는 한 장으로 된 학교의 맞춤 서식이 있었다. 간단히 사유를 기재하고 학부모 사인을 하면 됐다. 친절한 담당 선생님이 사후 처리에 관하여 여러 해당 조항을 설명해주었다. 재입학을 원할 때 제 학년이 아닌 한 학년 아래로 들어올 수밖에 없다는 내용이 주요 골자였다. 예상했던 것보다 처리 날짜가 하루 이틀 빨랐던 것에는 나름 이유가 있었다. 반디 외에 올해 정원외관리 날짜에 맞춰 검정고시를 준비하는 학생이 더 있었는데 그 친구가 고시 일자가 어떻게 될지 불안한 마음에 학교에 여러 차례 처리 일자를 문의했다고 한다. 정원외관리 처리에 관한 모든 절차는 학교장의 재량에 의해 결정된다. 담당 선생님은 학교장 결정권이 있는 사항에 대해서는 최대한 아이들에게 피해가 가지 않도록 조처하고 있다고 말했다. 제도권 밖의 아이들에 대한 시선이 많이 바뀐 것을 실감할 수 있었다. 확실하고 깔끔한 마무리에 감사드렸다.

이처럼 처음 홈스쿨을 결정하고 학교에 알리러 갈 때부터 조금은 걱정스러웠던 학교와의 관계는 생각했던 것보다 쉽고 매끄럽게 잘 마무리되었다. 이제 아이는 어디에도 소속되지 않아 사회적 울타리가 없는 말 그대로 무소속이 되었다. 망망대해 돛단배 탄 기분일 것 같았는데 의외로 아이도 우리 부부도 담담했다.

6월 3일 드디어 고시 공고가 나왔다. 원서를 접수하기 위해 반명함판 사진 2장과 학교에서 발급해준 '정원외관리 증명서'와 신분증인 여권을 가지고 교육청에 갔다. 첫날 오전임에도 접수창구에는 생각보다 사람들이 꽤 모여 있었다. 군인 아저씨, 나이 많은 아주머니 등. 그랬다. 다양한 연령층의 검정고시 응시자 대부분이 저마다의 사연을 가지고 있는 것이다. 고입 검정고시 접수자로는 여덟 번째 였다. 반디 바로 앞에 접수한 사람이 1997년생이니 한 살이 많았다. 중학교 2학년 나이였으니 이 친구도 반디와 비슷한 길을 걷고 있는 거라 생각되었다. 아이의 학적 정리와 검정고시 원서접수가 거의 동시에 이루어진 셈이다. 예상했던 본래의 계획보다 빨라졌지만 나쁘지 않은 선택이란 확신이 있었다. 평온했던 아이의 일상에 약간의 긴장감이 돌았다. 단기 목표가 생겼기 때문이다. 시험일은 8월 3일, 정확히 두 달 뒤였다.

고입 검정고시, ——— • • • 두 달의 준비

원서접수 후 8월 3일까지 두 달 동안 반디는 시험 과목 중 국어, 사회, 도덕에 집중했다. 나머지 수학, 과학, 영어는 뒤에 공부 방법에서 자세히 밝히겠지만 꾸준히 해온 덕분에 검정고시를 위해 따로 시간을 들여 공부하지는 않았다. 막바지에 '기출 문제'를 풀어보는 것으로 정리만 했다. EBS에서 발행하는 검정고시 준비를 위한 책을 구입해서 활용했다.

시험을 앞둔 반디 사정을 모르는 친구들이 여름방학을 맞으면서 시도 때도 없이 전화기가 울려댔다. 신경이 쓰이지 않은 것은 아니었지만 앞의 활동에 크게 영향을 받지 않고 바로 집중하는, 전환이 빠른 것이 반디의 꽤 괜찮은 장점이라고 믿기에 마음 놓고 뛰어놀게 했다. 종일 전과 달리 흥미롭지 않은 검정고시 공부를 하려니 아무래도 집중도 흐트러지고 더위에 지쳐갔다. 그런 아이에게 방학이 되어 모처럼 조금 여유 있어진 친구들과 함께하는 시간을 포기하라 할 수는 없었다. 검정고시는 이번에 실패하더라도 얼마든지 기회는 있었다.

학원, 과외에 치여 틈틈이 쪼개진 시간이지만 시간 맞는 친구 몇 명만 모이면 얼굴이 새까맣게 그을릴지언정 땡볕에서도, 밤에 어두컴컴한 학교 운동장에서도 축구를 했다. 그 또래 아이들의 포기하기 힘든 축구 사랑이다. 때로는 친구들의 하교시간부터, 대부분은 저녁을 먹고 나면 어김없이 축구화 신고 뛰어나가 밤늦게야 땀에 흠뻑 젖어 들어온다. 친구들 학원 과외 시간에 맞추느라 만날 때 친구하고 헤어질 때 친구가 늘 달랐지만 친구에 친구까지, 오히려 더 많은 친구와 어울릴 수 있었다.

그렇게 반디는 친구들과 축구를 하며 에너지 발산과 충전을 동시에 하면서 엄마, 아빠가 염려했던 것과는 달리 꼼꼼하게 시험 준비를 해주었다. 여섯 과목 중 사회를 제외한 나머지 과목은 아무런 도움 없이 스스로 준비했다. 사회는 초등학교에서 역사공부를 꾸준히 한 덕분에 역사는 별 무리가 없었는데 처음 접하는 지리나 세계사는 힘들어했다. 이 부분은 EBS의 유료 동영상 강의의 도움을 받아 전체적인 숲을 보는 것으로 맥락을 잡았지만, 결국 다섯 과목에서는 만점을 받고 사회에서만 세 문제를 놓치는 결과가 나왔다. 하지만 충분히 만족스럽고 감사한 결과였다.

시험 당일 그리고 이유 있는 난이도

2011년 8월 3일, 아침 일찍 우리 부부는 아이와 함께 시험장에 갔다. 교실을 찾아 반디를 들여보내며 온종일 말 나눌 이 없는 낯선 공간에서 외롭게 혼자 힘으로 싸워야 한다는 사실에 마음이 아팠다. 너무 어린 나이에 큰 짐을 지운 것은 아닌지 안타깝고 미안했다. 고사장에서 출근길에 오르는 남편을 배웅하고 조이는 마음으로 더위와 싸우며 운동장 스탠드에 앉아 시험이 끝나기를 기다렸다. 같은 마음으로 아이들을 기다리는 엄마들을 만났다. 반디처럼 처음부터 홈스쿨을 진행하다 검정고시를 보는 경우도 있지만, 학교에 다니다 중간에 포기하고 나온 친구들도 많다는 것을 알았다. 사연도 가지가지였다. 특목고에서 맘 고생하다 자퇴를 했다는 아이 엄마, 친구들과의 사소한 문제가 확대되어 학교에 적응하지 못해 중간에 포기하고 나왔다는 아이 엄마들을 만났다. 또 다른 어떤 사연이 있는지 알 수 없지만 10대 후반에서부터 연세가 지긋하신 어르신들까지 반디가 시험 보는 장소에 모인 800명이 넘는 사람들은 나이도 제각각이었다.(고입 검정고시는 300명 남짓, 나머지는 고졸 검정고시 응시자였다.) 아마도 저마다 구구절절한 사연을 품고 있을 거란 생각에 울컥했다.

기다림은 초조하기만 했다. 2교시가 끝나고 쉬는 시간에 잠깐 만난 아이의 밝은 얼굴을 보고서야 조금 안심이 되었다. 점심시간에 운동장 한편에 돗자리를 펴고 앉아 집에서 싸온 도시락을 펼쳤다. 마치 소풍 나온 아이처럼 아무 걱정 없이 맛나게 밥을 먹어주는 반디가 그렇게 고마울 수가 없었다. 스스로 최선을 다했다고 생각했고 나름 자신감과 만족감도 엿볼 수 있었다. 실수하지 않기 위해 꼼꼼하게 확인까지 했다고 확신하면서 오후 시험을 치르러 들어가는 아이 발걸음이 가벼웠다. 덩달아 기다리는 엄마 마음도 깃털이었다. 고입 검정고시 시험은 2시 50분에 끝이 났다. 한줄기 시원한 여름 소나기가 지나가 촉촉해진 운동장을 걸어 나오며 한 고비 넘긴 후련함으로 아이와 힘차게 하이파이브를 했다.

검정고시의 시험 난이도는 그리 높지 않다. 시험 내용은 중학교 교과과정 중 반드시 알아야 하는 개념적인 부분이 출제된다. 어렵지 않았다. 시험당일 고사장에서 만난 응시자들을 보면서 그래야만 하는 이유를 짐작할 수 있었다. 어떤 사연이 있었는지 확인할 수 없었지만 제 때에 학교를 다닐 기회를 놓친 연세가 있는 어른들을 비롯해서 학업에 뜻이 없었다가 뒤늦게 다시 시작한 젊은 친구들이 많았다. 검정고시는 어찌 보면 그들을 위한 제도일 테니 난이도가 높지 않은 것은 다행한 일이다.

그런 면에서 반디처럼 지속적으로 학습이 진행 중이면서 어느 정도 자기주도적 학습이 자리 잡은 경우라면 혼자서 공부하거나 필요한 부분만 EBS 검정고시 관련 인터넷 강의 등의 도움을 받는 것으로도 좋은 점수를 기대할 수 있다. 혼자서 공부하기 힘들거나 부담이 된다면 검정고시 전문 학원의 도움을 받는 것도 좋다. 하지만 그 기간을 그리 길게 잡지 않기를 바란다. 검정고시를 위해 오랜 시간 공부를 한다는 것은 본래 홈스쿨을 목적으로 한 취지에도 맞지 않을 것이다. 계획한 학습이나 체험활동 등을 진행하다가 원서접수를 하고 시험을 보기까지 두 달 정도로 잡고 검정고시 학원을 다니며 공부를 해도 충분할 것이다.

8월 24일 합격자 발표가 났다. 이변 없이 가채점 결과와 같은 점수가 나왔다. 기대했던 것보다 높은 평균 점수로 친구들보다 2년 6개월 빨리, 반디는 중학교 졸업 자격을 얻게 되었다.

대입(고졸) 검정고시 계획 수정

대입(고졸) 검정고시는 당시의 고등학교 졸업학력 검정고시 규칙 [제10조 3항]에 따라 고등학교 입학자격 검정고시에 합격한 사람은 누구나 응시자격이 있었다.

그래서 나이에 상관없이 1년 안에(8월에 고입 후 이듬해 4월에 대입 또는 4월에 고입 후 그 해 8월에 대입 식으로) 고입, 고졸 검정고시를 거쳐 중등교육을 마무리 하는 경우도 간혹 있다. 반디는 2011년 8월 고입 검정고시로 중학교 졸업 자격을 얻은 후 꼭 1년 만인 2012년 8월 고졸 검정고시를 통해 고등학교 졸업 자격을 얻었다. 초등학교 졸업 후 1년 6개월 만에 중·고등학교 과정을 마무리하게 된 것이다.

예상했던 것보다 빨라진 고입 검정고시를 마치고 학습계획을 대폭 수정해야 했다. 친구들이 중학교에 입학하고 한 학기를 보낸 상태였다. 아직 고등학교 과정의 교과 학습이 무리가 아닐지 조심스러웠지만 그것 또한 엄마 혼자 생각이었다. 이미 학원을 다니며 고등학교 선행을 꽤 진행한 친구들이 많다는 것을 알게 되었다. 이해력이 부족해 따라갈 수 없을 만큼 어려운 과정은 아니라는 생각이 들었다. 또한 온전히 하루가 내 것인 시간을 헛되이 보낼 수는 없었다. 그 친구들과 방법은 다르지만 학습적으로 꾸준하게 이어가야 하는 수학, 과학에 집중하면서 영어원서 읽기와 독서에 시간을 할애하는 것으로 계획을 세웠다. 중간 중간 오랜 꿈이었던 유럽여행도 여유 있게 즐길 수 있었다. 7년 차 피아노 내공으로 기타 독학에도 들어갔다.

고등과정 과학은 영역별로 세분화되어 있어 아이가 관심 있는 분야에 집중하기가 좋았다. 기본적으로는 EBS 강의를 이용해서 영역별 학습을 진행했다. 내용이 깊어지면서 반디는 화학에 특히 관심을 보였다. 화학이 재미있다는 말을 도무지 이해할 수 없는 엄마였지만 깊이 있게 공부하고 싶어 하기에 고등 과학 전문 선생님을 찾아 주 1회 도움을 받을 수 있게 했다. 선생님께 반디의 상황을 말씀드렸고 필요치 않은 내신시험이나 수능에 맞추는 학습이 아닌 화학 그 자체에 대한 호기심을 이론적으로 접근하여 깊이 있게 이해하도록 지도를 부탁드렸다. 시험과 같은 평가에서 자유로울 수 있다는 것은 홈스쿨러 학습의 장점이라 할 수 있다. 본래는 화학을 마무리하고 물리까지 선생님과 함께하려고 계획했었는데 화학을 마치고 물리를 시작하고 오래지않아 안타깝게도 선생님의 사정으로 수업은 중단되었다. 하지만 이 경험을 통해 반디는 화학에 더 재미를 느꼈고 잘할 수 있다는 자신감과 더 깊이 공부하고 싶다는 생각을 갖게 되었다. 그것이 전공으로까지 이어졌다. 화학을 제외한 생물, 지구과학 등은 EBS 강의를 이용하는 선에서 마무리했다. 흥미 있어 했던 물리는 유명 인터넷 강의 사이트를 추가로 이용했다.

수학은 EBS를 통해 우연히 알게 된 전문 인터넷 강의 선생님에 매료되어 한 선생님 인터넷 강의를 꾸준히 들었다. 이과 고등 수학 전 과정을 그 선생님의 인터넷 강의로 1년 6개월에 걸쳐 마무리했다. 뒤에 홈스쿨 학습법을 통해 반디의 고등 수학 학습법에 대해 자세히 언급할 것이다. 반디가 수학을 아직도 재미있는 과목으로 그리 힘들이지 않고 전공과 접목시킬 수 있었던 것은 당시 스스로 다져나간 학습 덕분이라 생각한다. 급할 것 없었지만 학교 시험을 위한 불필요한 반복 학습도 필요 없었다. 다른 사람에게 전달 가능할 정

도의 확실한 개념을 다지는 쪽으로 진행되었다. 여기서 '다른 사람'
이란 바로 나, 엄마였다.

중학교 과정을 공부할 때만 해도 때때로 교재도 함께 읽어주고,
EBS 인터넷 강의도 옆에서 들어주고 물어오는 질문에 곧잘 답이 나
왔는데 고등 과정에 들어가면서 학습적으로 전혀 도움을 줄 수 없
었다. 아이에게 솔직하게 말했다. 아이는 수긍했고 결국 혼자서 외
롭고 긴 싸움을 해야 했지만 그래도 늘 눈 돌리면 엄마가 곁에 있다
는 것이 힘이 되었다고 말해준다. 그래서 방법을 달리한 것이 엄마
에게 설명하기였다. 반디는 새로운 개념을 알게 되면 그것을 자기
나름대로 정리해서 나에게 설명을 했다. 솔직히 잘 알아들을 수 없
는 부분이 많았지만, 아이에게는 도움이 되는 시간이었기에 인내하
며 들어야 했다. 해줄 수 있는 일이 그것뿐이었다.

전에도 그랬듯이 느린 걸음이라 생각했는데 목표 지점이 빨리
눈앞에 보였다. 고입 검정고시를 마친 다음해 5월쯤 되니 문과 수학
이 거의 끝나 있었다. 과학도 영역별로 어느 정도 완성되어 있었다.
계획했던 것보다 훨씬 효율적으로 빠르게 진행되는 학습 속도에 따
라 본격적으로 다음 진로에 대해 우리 가족은 고민하기 시작했다.
대입(고졸) 검정고시 수학 시험범위는 문과 수학 기준이었다. 본래
계획은 아니었지만 제자리걸음 학습을 하는 것보다는 준비가 가능
한 대입(고졸) 검정고시로 중등교육을 마무리하고 선택의 폭을 넓혀
보는 것도 한 가지 방법이라는 결론에 세 식구 모두 동의했다.

다시 제도 교육 안에서 고등학교를 다닐 것인가에 대해서도 생각해보길 바랐지만 아이는 이미 익숙해진 홈스쿨 생활에 만족하고 있었다. 학교로 돌아갈 마음이 전혀 없었다. 아마도 2학년에 올라가며 본격적인 성장통, 사춘기에 접어들어 마음 다스리기 힘들어하는 친구들을 가까이에서 지켜보며 겁을 먹었는지 모르겠다. 깨어 있는 시간 대부분을 학교와 학원을 오가며 아이들은 점점 지쳐가고 있었다. 세 식구 논의 끝에 이른 감이 있지만 고졸 검정고시를 보기로 계획을 잡았다.

비효율적인 제자리걸음
학교 교육

고졸 검정고시는 8과목을 공부해야 했다. 국어, 수학, 영어, 사회, 과학, 국사, 선택1(도덕), 선택2(가정과학)이다. 수학, 과학은 집중적으로 학습을 이어왔다. 영어는 엄마표로 시작하여 별다른 공부는 없었지만 원서 읽기로 8년차 내공을 쌓은 덕분에 시험에 대한 부담은 없었다. 사회나 국사는 1년 전에 고입 검정고시를 준비하며 꼼꼼하게 정리했던 부분이 크게 도움이 되었다. 이번에도 역시 6월 초 원서접수를 마치고 두 달여 본격적인 검정고시 공부에 들어갔다. 고입 검정고시 공부와 마찬가지로 EBS에서 발행한 검정고시를 위한 수험서를 기본으로 이용했다. 마무리 하며 기출문제나 모의고사를 풀어 보면 합격선에서 충분히 여유 있는 점수가 나왔다. 안심이 되면서도 어떤 길이 될지 모르지만 다음 진로를 위해 좀 더 유리한 점수를 받아주었으면 하고 내심 기대하게 되었다.

과목이 늘었기 때문에 고입 검정고시와는 달리 오후 4시 30분에 시험이 종료되었다. 시험 장소도 지난해와 동일했다. 이미 경험해 본 일이어서 식구 모두 마음이 편안했다. 한여름 땡볕 아래서 가슴 졸이며 기다렸던 지난해와 달리 학교에서 조금 떨어진 카페에서 느긋하게 더위를 피하는 여유도 생겼다. 종일 지쳤을 만도 한데 시험을 마치고 나온 반디 얼굴은 밝고 가벼웠다. 늘 실전에 강한 면을 보여주었던 아이는 고입 검정고시를 마치고 꼭 1년 만에 치른 대입(고졸) 검정고시에서도 만족스러운 결과를 얻었다.

이런 과정만 놓고 보면 여유 있는 학습과 생활을 위해 홈스쿨을 선택해놓고 너무 아이를 학습으로만 몰아가지 않았나 오해를 할 수도 있다. 그런데 공교육 안에서 수업이 이루어지고 있는 교과 과목에 대해 조금 관심을 가져보면 얼마나 비효율적으로 학습을 하고 있는지 금방 알아차릴 수 있다. 아이들은 1년 내내 학교에서 학원에서 제자리걸음을 하고 있다. 물론 제자리걸음만 하는 것은 아니다. 다음 학년을 위한 멀리뛰기도 병행한다. 그 멀리뛰기는 다음 해 또다시 제자리걸음을 만든다. 학교에서도 학원에서도 자신의 실력에 맞추어 진행되는 수업은 극히 드물다. 뒤쫓아야 하거나 기다려야 한다.

그렇게 아이들은 제대로 앞으로 나아가지도 못하고 줄기차게 제자리걸음을 반복하며 학습에 흥미를 잃고 시간을 죽이고 있는 것이다.

학교에서 선생님이 아주 오랜 시간 수고를 하며 가르치는 교과서 내용이라는 것이 잘 설명된 참고서 하나만 가지고도 두 달이면 끝낼 수 있는 내용이다. 실제로 홈스쿨을 해보면 하루 두 시간 정도의 집중으로 두세 달 정도면 한 과목의 1년 과정을 완성할 수 있었다. 그렇게 집중해서 공부해야 할 과목은 제도권 교육을 하는 친구들과 마찬가지로 수학, 과학 정도다. 나머지는 다른 방법으로도 얼마든지 학교수업 이상의 지식과 배움을 찾을 수 있다. 영어는 방법만 조금 달리하면 훨씬 적은 시간으로 누구나 꿈꾸는 '영어로부터의 자유'를 얻을 수도 있다.

반디가 하루 중 교과 과목 공부를 위해 집중하는 시간은 오전에 서너 시간, 오후와 저녁시간을 합쳐 두세 시간으로 하루 다섯 시간 정도였다. 학교에서, 그리고 학원에서 보내는 친구들의 학습 시간에 비하면 너무 적은 시간이었기에 느린 걸음이라 생각했던 것이다. 그런데 불필요한 반복을 하지 않고 꾸준히 이어지는 학습은 자동 복습의 효과까지 얻으며 늘 예상보다 빠르게 목표를 달성하곤 했다. 아이는 몸과 마음의 여유를 얻었고 평가에 대한 부담이 없으니 새로운 지식 습득에 더 흥미를 느꼈다. 이렇게 1년 6개월의 홈스쿨로 반디는 검정고시를 통해 중등교육(중고등학교) 과정의 학력을 인정받게 되었다. 친구들이 중학교 2학년 여름방학을 보낼 무렵이었다.

Part 6

홈스쿨과
사회성

....

사회성에 문제가
생기지 않을까?

홈스쿨러를 바라보는 여러 시선이 있지만 그중에서도 피할 수 없는 것이 '사회성'에 대한 것이다. 충분히 예상할 수 있는 질문이고 염려다. 우리 또한 결코 가볍게 볼 수 없어 시작 전에 깊이 고민했던 부분이다. 그랬지만 지나 보니 예상 밖의 결론에 도달하게 되었다. 그 경험을 바탕으로 사회성에 대한 지극히 개인적인 생각을 정리해본다.

홈스쿨을 하는 2년 동안 반디는 기존 친구들을 통해서 관계를 넓혀나가며 함께 땀 흘렸다. 관심 있는 분야에 깊이를 더하기 위해 함께했던 친구들은 좀 더딘 시작이었던 반디에게 학습적으로도 큰 도움을 주었다. 홈스쿨을 고민하며 아이들의 우정에 대하여, 주변 사람들의 시선과 반응에 대하여 지레짐작으로 편협한 생각을 가진 것이 많이 부끄러웠다. 그리고 우리가 원하는 '사회성'이 과연 무얼 말하는 것인지 고민했다.

아이들이 길러야 한다는 '사회성', 그 사회 적응력은 어떤 것일까? 예전에 비해 개인주의가 팽배해진 사회가 되었지만 아직까지도 우리나라는 학연·지연, 거기에 덧붙여 이해관계로 얽힌 라인을 무시하지 못한다. 좋게 표현해서 그렇지 달리 보면 '패거리 문화'일 뿐이다. 나이로 대접받기를 원하고 선배로 대우받기를 바란다. 동향이라는 반가움에 스스럼없이 형님 아우가 되기도 한다. 정글과 다름없는 이 사회에서 좀 더 나은 생존권을 확보하기 위해 그리고 남들보다 오래 살아남기 위한 방편으로 필요한 것이 '사회성'일 것이다.

다양한 사회적 관계 맺음에 있어서 사람들은 대부분 상대가 착하기를 바란다. '착하다'는 것이 뭘까? 자신에게 위협이 되지 않아야 하고 잘 길들어져 있어야 한다. 즉 기존 질서를 어지럽히지 않아야 하는 것이다. 아이들은 학교에서 적자생존의 법칙에 순응하며 세상에 자기를 억지로 끼워 맞추기 위해 '사회성'이라 이름 붙인 길들여짐을 배우고 있다. 이미 그런 세상에 익숙해진 어른들은 그래야 살아남을 수 있다고 한다. 개중에 세상을 자기에게 맞추고 싶어 하는 아이들이 있다. 학교는 그런 아이들을 용납하지 않는다. 기존 질서를 어지럽히기 때문이다. 간단하고 단순하게 부적응자라고 낙인찍어 학교 밖으로 자꾸만 몰아낸다. 그런데 신기하게도 길들여지기를 거부한 그들 중 결국 세상을 자기에게 맞추고 있는 다수가 점점 눈에 띄고 있다. 세상이 변했고 그 변화를 빨리 받아들인 아이들이다. 학교 안에서 아이들이 어떤 관계 맺음을 배우고 따르고 있는지 앞서 이야기했다. 그럼에도 불구하고 학교를 다녀야만 올바른 사회성을 기를 수 있다는 확신이 드는지 묻고 싶다.

반디는 호주 대학에 다니면서 전공을 함께 공부한 한국인이 없었다. 이것이 다행으로 느껴졌던 것이 타지에서도 벗어나기 힘든 한국적 상하 관계에 대한 익숙함 때문이었다. 처음 공부를 시작하며 전공 수업에 들어가기 전 파운데이션 과정에서 반 년 정도 함께 공부하는 한국인 형, 누나가 있었다. 다양한 인종, 헤아리자면 열 손가락이 모자란 국가들에서 온, 많게는 네다섯 살 차이 나는 학우들과 함께였다. 그런 관계에서 전혀 망설임 없이 오히려 적극적이기까지 한 반디가 유독 한국인 형이나 누나 앞에서는 자신도 모르게 주눅이 든다고 했다. 특히 한국어로 말을 걸어오거나 대화가 이어지면 그 불편함은 더 커지는 것 같아 되도록이면 영어로 말을 하고 싶지만 그것도 상대에게 어떻게 비칠지 몰라 조심스럽다는 것이다. 형은 이곳 문화에 맞게 끝까지 존중하며 말을 완전히 놓지 않았는데 그것도 편하지 않더라는 것이다.

학교생활을 통해 아이들이 사람을 사귀는 범위는 제한되어 있다. 경쟁 관계에 놓인 친구, 권위적인 교사, 더 권위적인 선배와의 관계 맺음에서 아이들은 친근감보다는 거부감 내지는 부담감을 먼저 가지게 된다. 자유롭고 자율적인 인간관계를 맺기를 바라는 마음으로 제도 교육을 피하기까지 했는데 반디는 이미 부모의 삶에서, 다양한 매체를 통해 한국식 사회성에 길들어져 있었던 것이다. 피했다고 생각했던 반디도 이럴 진데 제도 교육 12년, 더해서 대학교육까지 이어진다면 16년이다.

홈스쿨을 하게 되면 가장 염려가 되는, 그래서 학교 안에 있어야 기를 수 있다고 믿어지는 그 '사회성'은 어떤 모습일까? 자신의 생각이나 주장을 눈치 보지 않고 자신 있게 드러낼 수 있을까? 부정과 부패, 비리가 얽혀 있는 '패거리 문화'에서 당당히 자신을 지켜낼 수 있을까? 올바른 사회성이 무엇인지 생각해보지 않을 수 없다.

친구들과 달라진 길, ——— ···
이사를 해야 하나?

홈스쿨을 결정하기까지 가장 마음에 걸렸던 것이 친구관계 유지였다. 본래의 계획은 홈스쿨을 결정하게 되면 살던 동네를 떠나 이사를 할 예정이었다. 얼마 전까지만 해도 함께 학교에서 웃고 떠들고 공부했던 친구들과 너무도 다른 길을 가면서 수시로 마주치는 것이 맘에 걸렸기 때문이다. 친구들이 반디에게 줄 수 있는 상처도 걱정되었지만 반디가 그 친구들에게 의도하지 않게 상처를 줄 수도 있다는 생각이 들었다. 친구를 많이 좋아하고 친구들과 한여름 땡볕은 물론이고 겨울바람에 맞서 하얀 눈밭 운동장도 마다 않고 땀 흘리며 축구하는 시간이 많이 행복했던 반디였기에 망설일 수밖에 없었다.

반디 친구의 엄마로 만났지만 삶에서 추구하는 가치관이나 아이를 교육시키는 방향에서 깊이 마음을 나누는 동갑 친구가 있었다. 중등 교사로 재직하다 아이가 초등학교 4학년 무렵 교사직을 사직하고 남편 따라 낯선 대전으로 이사한 친구였다. 그 친구의 말은 많은 위로가 되고 마음을 바꾸는 계기가 되었다.

"요즘 우리 아이들 또래 친구들은 자신이 아닌 누군가의 선택에 대하여 우리가 걱정하는 것만큼 크게 관심을 두지 않는다. 반디 친구들은 아마도 대수롭지 않게 받아들일 것이다. 그리고 '너니까 그럴 수도 있다'라는 말로 아주 쉽게 상황이 정리될 것이다. 홈스쿨은 외로운 싸움이다. 아이가 그렇지 않아도 혼자여야 한다는 두려움이 있을 텐데 친구들조차 멀리 있으면 더 힘들 것이다. 그냥 있어라! 자연스럽게 두고 봐라. 반디 상황을 이해 못 하고 멀리하는 친구들도 있겠지만 그렇지 않은 많은 친구들은 반디에게 힘이 될 것이다. 그리고 그런 친구들이 훨씬 많을 것이다."

사실이었다. 배정받은 중학교의 입학식이 끝나고 반디가 등교를 하지 않아 얼마 동안은 아이들 사이에서 회자되며 좀 어수선했었다고 한다. 초등학교 때의 화려한 스펙으로 같은 또래에서 인지도가 꽤 높았던 때문도 있고, 절차상 피할 수 없어 치렀던 반배치 고사 성적이 너무 좋아 선생님들도 등교하지 않는 반디가 어떤 놈인지 궁금해했다는 소식을 나중에 전해 들었다. 급기야 배치받은 반 담임 선생님이 반 친구들에게 반디의 선택에 대해서 가감 없이 말해주었고 아이들의 관심은 더 이상 확대되지 않았으며 그렇게 반디는 학교에서 잊혔다.

학교에서 반디는 잊혔지만 이사를 하지 않은 것은 옳은 선택이었다. 친구들은 반디의 선택에 대해서 달리 특별하게 여기지 않았다. 홈스쿨에 대해 잘 몰랐지만 있는 그대로, 보이는 그대로 반디의 생활을 인정했으며, 시간이 많아 함께 놀기에 좋은 친구라고 생각했다.

공통의 관심사에 소속은 중요하지 않았다

반디와 같은 또래 아이들의 축구 사랑은 유별났다. 학원을 마치고 늦은 시간인데도 아이들은 학교 운동장에 모여 밤늦게까지 공을 찼다. 운동 삼아 늦은 밤 반디와 친구들이 함께하는 운동장을 돌며 걷는 경우가 종종 있었다. 스탠드 여기저기에는 학원 가방들이 널브러져 있고 불빛도 없이 어두컴컴한 운동장에서 주변 아파트에서 새어나오는 희미한 불빛과 축구공 하나만으로도 왁자지껄 행복한 아이들의 웃음소리를 들을 수 있었다.

모두들 학원 시간이 들쑥날쑥이니 시간을 맞추기가 쉽지 않았다. 그런데 반디는 학원 수업도 없고, 비교적 시간이 여유 있다 보니 제일 먼저 친구들에게 전화를 받게 되고 거의 매일 그 자리에 함께 할 수 있었다. 늘 처음부터 끝까지 자리를 지키는 것은 반디였다. 적을 때는 두세 명, 많을 때는 여러 명이 우르르 시작했다. 시작할 때 친구들과 끝날 때 친구들이 다른 경우가 대부분이었다고 한다. 한두 달이 지나고서는 당연히 운동장에는 반디를 포함한 두세 명이 있을 것이란 생각에 아이들은 학원을 오가다 학교 운동장에 들러 잠깐이라도 어울리는 경우가 많았다. 그날그날 학원 스케줄에 따라 모이는 친구들이 달랐다. 중학교는 인근 초등학교 몇 개가 모여 인원 구성이 되니 기존 친구들의 친구들까지 오히려 친구의 범위가 넓어졌다. 새로운 친구를 만나는 것에도 반디가 홈스쿨러임이 크게 문제가 되지 않았다. '아, 그럴 수도 있구나'가 전부였다. 생각했던 것보다 아이들의 생각이 훨씬 열려 있다는 것을 알게 되었다. 어쩌면 친구의 말대로 자신이 아닌 누군가의 선택에 별 관심이 없었을 수도 있다. 덕분에 반디는 혼자 외로울 수도 있었던 2년 동안 많은 친구들과 부대끼며 땀 흘리는 소중한 시간들을 가질 수 있었다.

함께 학교에 다닐 수 없는 것을 많이 안타까워했던 반디의 베스트 프렌드는 홈스쿨 하는 첫해에 엄마와 상의해서 일주일에 한 번씩 학원 없는 날을 일부러 만들어 방과 후에 우리 집으로 공부할 거리를 가지고 찾아왔다. 함께 저녁을 먹고 수다를 떨고 늦은 시간까지 나란히 공부하는 시간을 학원 시간표가 꼬이기 전까지 반년 가까이 함께해주었다. 둘이 마음이 맞아 주말이면 몇몇 더 불러내 영화관 나들이도 곧잘 했다. 친구들이 전해주는 학교 이야기들로 반디는 가보지 않은 길에 대해 때로는 아쉬움으로 때로는 안도감으로 밖에서 친구들이 생활하는 학교를 들여다 볼 수 있었다. 솔직히 고백하자면 안도감이 훨씬 컸다.

예전같이 학교가 끝나면 자유롭게 아이들만의 다양한 방법으로 교류를 쌓을 수도 없는 시대다. 이전 세대들이 비록 주입식 수업에 수동적인 학습일 수밖에 없는 학교 교육을 받았지만, 나름 자기주도적이고 창의성이 발휘될 수 있었던 것은 방과 후 만큼은 자유로울 수 있었기 때문 아니었을까? 지금 아이들에게 공부는 의무를 넘어 강제노동에 가까워졌다. 방과 후 끼리끼리 학원으로 향해야 하고 한밤이 되어서야 하루의 고단한 일과가 끝이 난다. 학원을 가지 않으면 친구를 만날 수도 없다고 하소연한다. 아이들이 자신들만의 세상을 만들어 유일한 소통 수단이 된 휴대폰은 늘 부모의 감시 대상이다. 아이에게 어떤 벌을 내려야 할 때 엄마들의 가장 손쉬우면서 강력한 벌이 휴대폰 압수가 아니던가. 그런데 반디에게는 스마트폰 속 아이들만의 세상이 친구들과 지속적으로 관계를 유지하는 데 나름 도움이 되었다. 가보지 않았지만 학교생활을 엿볼 수도 있었고 친구들과 공통 관심사에 대해서 공유할 수 있었다.

아이들이 공유 가능한 공통의 관심사에 소속은 그다지 중요하지 않았다. 친구들에게는 반디가 홈스쿨러라는 것이 다른 학원을 다니고 다른 과외를 하는 것과 별반 다르지 않은 듯했다. 어울려 땀 흘리며 그 또래만이 공유할 수 있는 자신들만의 세상 안에서 함께하는데 그냥 친구이지 홈스쿨 하는 특별한 친구가 아닌 것이다. 어쩌면 단순한 그 또래 사내 녀석들의 특징일 수도 있겠다. 결코 외롭지 않은 시간이었고 친구의 부재로 인해 결여될지도 모른다고 염려했던 사회성에 대해서 고민하지 않아도 좋았다. 감사한 일이었다.

홈스쿨은 사교육을 ——— •••
하지 않아야 한다?

학습적으로도 좋은 관계를 만들 수도 있었다. 홈스쿨을 한다고 해서 사교육을 배제하고 모든 것을 혼자 스스로 해야 하는 것은 아니다. 관심 있는 분야에 대하여 학교 진도나 시험과 상관없이 필요한 부분은 사교육의 도움을 받을 수 있다. 반디에게는 과학이 그랬다. 반디는 초등학교 때부터 과학적 호기심이 많은 편이었다. 홈스쿨을 하면서도 과학만큼은 직접적인 실험 관찰을 통해 좀 더 심도 있는 공부에 욕심을 냈다. 그런데 대부분의 과학 사교육 또한 학교 교과 선행에 초점이 맞춰져 있어 반디가 원하는 방식의 수업을 하는 곳이 많지 않았다.

주변 수소문 끝에 실험 프로젝트 수업을 통해 과학영재교육 프로그램을 지도하는 사교육 업체를 알게 되었다. 그곳에서 과학영재고나 과학고를 준비하는 친구들과 1년 정도 함께 공부할 수 있었다. 선행이 되어 있지 않은 상황에서 그 친구들과 함께 하기에 무리가 있다는 선생님에게 우리 모자가 원하는 목적을 분명하게 말하고 양해를 구했다. 선생님은 최소한의 준비과정을 마쳐줄 것을 요구했고 그것을 준비하는 과정에서 반디는 중학교 과학을 학교 교과와는 다르게 영역별로 집중해 진행했다. 그렇게 화학과 물리 부분을 단기간에 집중해서 3년 교과 과정 전부를 마치고 다른 친구들보다 조금 늦게 덜 다듬어진 실력이지만 수업에 참여할 수 있는 기회를 얻었다.

과학조차도 주입식으로 할 수밖에 없는 학교 교육과는 다른, 실험과 토론을 바탕으로 하는 프로젝트 수업에 반디는 적극적이었고 깊이 탐구하기 시작했다. 과학 관련 상급학교 진학을 목표로 오래전부터 준비과정을 차근히 진행해오던 실력 있는 친구들과 함께하며 큰 도움을 받은 것은 행운이었다. 그 친구들 역시 얼마 지나지 않아 반디가 홈스쿨러라는 것을 알게 되었지만, 함께 공부하는 것에 전혀 개의치 않았다. 왜 그런 결정을 했는지 굳이 궁금해하지도 않았다. 그저 함께 지내는 시간 동안 같은 곳을 바라보는 하나의 마음인 것에 족했다. 소속이나 위치를 따지지 않았다. 6개월쯤 지나 업체 자체 학술제를 위해 팀을 꾸려 프레젠테이션을 준비하면서도 반디를 파트너로 영입하는 데 적극적이었다. 아이들의 배타적이지 않은 순수함에 부끄러워진 것은 편협한 생각을 가졌던 나였다.

누군가는 그랬다. 그 아이들에게 반디는 싸워서 이겨야 하는 경쟁자가 아니었을 거라고. 경쟁하지 않아도 좋을 아이니 편안하지 않았을까? 결과적으로 반디는 그 수업에 참여하기 위해 영역별로 집중해서 진행한 중학 과학에 더해 실력 탄탄한 친구들과 원하던 실험 프로젝트 사교육을 받으면서 관심 분야가 분명해졌다. 재미있게 잘 할 수 있을 것 같고, 깊이 있게 하고 싶은 공부를 찾을 수 있었다. 공연히 부모 맘으로 지레짐작하여 다른 길을 가고 있는 내 아이가 받을 시선에 상처받지 않으려고 우리만의 울타리를 만들고 있었던 마음이 무색해졌다.

편견에 의한
일반화의 오류에서 벗어나자

만일 처음 계획대로 홈스쿨을 결정하고 아이와 함께 낯선 어느 곳에서 새롭게 시작했다면 어떻게 되었을까? 이 또한 가보지 않은 길이기에 단언할 수는 없다. 한 가지 분명한 것은 우리 스스로 지레짐작으로 편협하게 갖고 있던 생각을 깨지는 못했을 것이다. 나 혼자서 피해의식에 사로잡혀 아이를 외롭게 했을 수도 있었을 것이다. 학교 교육을 거부하고 나면 탈학교 모임이나 같은 선택을 한 가정끼리만 교류해야 하는 것은 아닐까? 그런 선입견으로 먼저 울타리를 만들지만 않는다면 아이의 생활에 크게 변화를 주지 않아도 다양한 친구관계를 유지할 수 있다. 또 그것이 아이가 다른 길을 가면서 덜 외로운 방법이 될 것이다.

아이는 유학 중에도 한국에 있는 또래 친구들과 카카오톡과 카카오스토리를 통해서 지속적으로 연락을 주고받았다. 많게는 네다섯 살 많은 학우들과 동등한 입장에서 대학생활을 하고 있지만 한창 사춘기와 진로 고민에 빠져 있는 한국 친구들과는 딱 중3 마인드로 소통하는 두 얼굴을 하고서. 어떻게 보면 친구들이 반디의 선택에 대해서 무덤덤할 수 있었던 것이 반디가 다른 길을 가고 있어서 그들에게는 경쟁 상대가 아니라는 안도감을 주었던 것은 아니었을까? 비록 의식하지 않았다 하더라도 경쟁에 지쳐 있는 아이들이 경쟁하지 않아도 좋은, 익숙하지 않은 상황으로 함께할 수 있는 반디가 편했을지 모를 일이다.

반디 친구들은 중학생이었었기에 그나마 나았을 수도 있다. 밤 10시가 넘어 야간자율학습이 끝나야 귀가할 수 있는 고등학생이었다면 상황이 달랐을 수도 있다. 당시 서울을 비롯한 수도권과 다르게 살았던 지방은 야간자율학습이 '강제'되고 있었다. 하루 24시간 중 깨어 있는 모든 시간이 학교와 학원에 묶여 있어 학교 밖에서 또래들과 함께하기 힘들었을 것이다. 훨씬 외로운 홈스쿨러였을 수도 있다. 허나 조금만 관심을 가지면 또래에 국한되지 않은 다양한 연령층의 사람들과 함께 배우고 익히는 진정한 학습이 이뤄질 수 있다. 십 수 년 전과는 달리 지금은 인터넷에 '탈학교 모임'이나 '대안교육', '홈스쿨링'으로 검색을 해보면 다양한 캠프나 강좌, 특색 있는 프로그램이나 모임 등이 활발하게 이뤄지고 있다는 것을 알 수 있다.

친구를 이겨야만 성공할 수 있는 무한경쟁을 통한 줄 세우기식 학교 교육 시스템은 잘못된 사회성을 길러주고 있다는 염려를 앞서했다. 내가 먼저 나의 선택이 특별하다고 울타리를 만들어 스스로를 가두지 않는다면 얻을 수 있는 홈스쿨러의 장점도 있다. 경쟁에서 벗어나 기존의 친구들뿐만 아니라 다양한 분야, 다양한 연령층의 사람들과도 시간과 장소에 구애 받지 않고 마음을 열고 함께할 수 있다는 것이다. 홈스쿨로 공부한 친구들이 사회성에 문제가 있을 것이란 것도 편견에 의한 일반화의 오류라 생각한다. 학교를 다녀야만 올바른 사회성을 기를 수 있다고 확신할 수 없듯이 홈스쿨을 하면 사회성이 떨어질 수 있다는 염려는 기우에 불과하다고 말하고 싶다.

홈스쿨 1년 차, 어느 토요일 ———— • • •

홈스쿨을 시작한 첫 해, 반디의 친구들은 중학교 1학년 여름방학이 막 시작되었을 즈음이다. 8월 3일 고입 검정고시 시험을 앞두고 있었으니 꽤 긴장해야 했을 시기인데 모처럼 여름방학을 맞아 시도 때도 없이 불러대는 친구들의 전화에 "검정고시 시험은 내년에도 있는데. 뭐~" 하며 학기 중보다 더 열심히 몸 놀리던 어느 토요일의 기록이다.

아침 식사를 마치기도 전에 아이 휴대폰에 불이 난다. 평일 오전에는 친구들 대부분 학원에서 하는 방학 특강에 나가야 하고, 오후에는 기존에 다니고 있던 학원 스케줄도 이어가야 하고, 너무 더운 한 낮을 제외하다 보니 방학은 했지만 시간 맞춰 맘껏 공 찰 시간이 없으니 벼르고 별렀던 토요일인 게다. 아침 밥숟가락 던지고 뛰어나가 온 몸을 흠뻑 적시고 11시가 넘어 들어왔다.

겨우 씻고 점심 먹고 피아노 좀 치는가 싶더니 오후에 함께 영화를 보기로 한 다른 멤버들과 나가기 전에 한 판 뛰자고 전화를 했다. 샤워도 했겠다, 나 같으면 귀찮기도 하련만 다시 오른쪽에 축구화, 왼쪽에 운동화를 신고 뛰어 나간다. 시간 빠듯하게 들어와 다시 샤워하고 옷만 갈아입고 영화관으로. 며칠 전 친구가 아빠와 함께 좀 먼 거리에 있는 아이맥스 영화관으로 영화 보러 가면서 친구들 한 차 채워가는 데 반도도 함께 가자고 전화가 왔었다. 이미 봤던 영화고 해서 말리니 아이 엄마가 전화해서 꼭 같이 가고 싶어 하니 보내달란다. 엄마와 함께 본 〈해리포터〉를 기어이 친구들과 또 가게 되었다. 얼떨결에 두 번 보게 해준다는 약속을 지키게 되었다. 영화 마치고 저녁까지 얻어먹고 들어와서는 그것도 모자라 다시 신발만 바꿔 신고 잽싸게 뛰어 나가서는 10시가 넘어 다리에 힘이 풀렸는지

휘청거리며 들어온다. 샤워를 하자마자 지쳐 쓰러지더니 이불 베개 높이 쌓아 놓고 지친 다리 척 걸치고는 아주 만족한 미소를 지어 보인다.

나 어릴 적, 집 바로 옆에 중학교가 있었다. 정문부터 운동장까지 경사가 매우 높고 긴 초입이었다. 1년 내내 우리들 놀이터이기도 했던 운동장과 경사로에서 종일을 뛰어놀았다. 어둑어둑 해져서야 집에 들어가 여름이면 줄때 낀 목, 겨울이면 갈라져 피가 맺힌 손등도 제대로 씻지 못하고 지쳐 쓰러져 잠들곤 했다. 금세 잠든 아이의 편안한 얼굴에서 살짝 그때 기억을 떠올리게 된다. 아이들이 돈 주고 하는 실내 운동, 내신 수행평가 대비를 위해 해야 하는 체육 말고 자기들끼리 지쳐 쓰러질 때까지 놀 수 있는 그런 날을 돌려주고 싶다.

홈스쿨 하면서 목표에 실컷 놀기도 들어 있었다. 혼자 실컷 노는 것은 아쉽지 않았지만 함께 실컷 놀기는 쉽지 않을 것이라 생각했는데 의외였다. 학원 스케줄이 제각각이니 서넛이 시간 맞추기도 어려운 것이 지금 아이들 일상이다. 그래서였는지 학기 중이나 좀 더 여유 있는 방학이나 가리지 않고 우선 시간 맞추기 제일 편한 반디의 전화기는 시도 때도 없이 울려댔다. 하루에 꼭 해야 하는 학습량만 소화되면 그다지 잔소리 안 하는 엄마인 거 아니까. 수시로 들락거리느라 목 뒤와 팔, 다리는 볼 수 없이 까매지고 하루 샤워가 기본 두세 번이었다. 그래도 혈기왕성 질풍노도의 시기에 다른 생각할 틈 없이 몸 놀리는 게 제일인지라 그냥 두고 지켜보았다. 그런데 그리 시간 보내면서도 마음이 조급하거나 부대끼지 않아 편한 것은 아이보다 엄마였다. 가끔 반디가 운이 좋은 놈이란 생각을 한다. 홈스쿨을 선택했지만 친구들 아쉽지 않았고, 홈스쿨을 선택했기에 홈스쿨이 아니었다면 놓치고 말았을 것들을 붙잡을 수 있었구나 하는 생각이 든다.

Part 7

홈스쿨
학습

. . . .

누가 무엇을 어떻게
가르쳐야 하나? —————— ···

홈스쿨을 하면 부모가 전부 가르쳐야 한다? 24시간 부모 중 누군가는 아이 옆에 있어야 한다? 전혀 아니라고는 말할 수 없지만 모두 그런 것은 아니다. 가정 형편에 따라 아이 성향에 따라 같은 길이라도 다양한 각자만의 최선이 있다. 최근에는 장기적으로 그룹 홈스쿨링을 진행하는 곳도 있다. 어쨌든 이 부분에 대한 질문에는 "가르칠 수는 없다. 하지만 옆에 있어주라!"고 말하고 싶다.

우리나라 학교 교육은 기간 학제인 6-3-3-4년제다. 그중 중학교 3년, 고등학교 3년을 중등교육이라 말한다. 반디는 이 중등교육을 홈스쿨로 진행하고 마무리했다. 이 기간 동안 아이들은 최소 열 개 이상의 과목을 학교에서 '교과중심'으로 교육받는다. 누군가에 의해 배워야 한다고 규정된 획일적인 것을 교과서에 담아놓았다. 학교 교육은 그 교과서 내용을 가지고 같은 학년은 모두 똑같은 문제로 학년별 평가를 해서 1등부터 꼴찌까지 줄 세우는 것을 최우선 목표로 하고 있다. 학년별 평가는 한 학년에 같은 과목 담당 교사가 여럿이라 해도 시험문제는 동일한 문제를 적용해서 평가해야 한다. 가르치고 배워야 하는 것이 획일화될 수밖에 없다. 지금처럼 상급학교 진학에 '내신'이 차지하는 비중이 높을수록 평가는 공정해야 하고 객관적이어야 한다. 선생님마다 다른 평가를 할 수도, 사고를 키워주는 색다른 수업을 시도할 수도 없다. 서술형 문제에도 채점 기준이 명확하게 제시되어 있다. 그저 교과서 내용이 어떻게 문제로 나오는지 그리고 그 정답이 무엇인지 똑같이 가르치는 수밖에 도리가 없다.

이러한 교육과정은 교사가 개인적인 노력과 연구를 바탕으로 새로운 교육방법이나 시대에 맞는 접근을 시도할 수 없게 손발을 묶어놓았다. 현장에 있는 교사들을 원망할 수 없는 부분이다. 어쩔 수 없이 일방적으로 교과서에 담긴 단편적인 지식을 전달하는 전달자로 전락했고 학생들은 수동적으로 받아들일 수밖에 없다. 학생들이 흥미를 가지고 자발적으로 참여할 기회도 없을 뿐 아니라 사고 자체도 편협해질 수 있다.

홈스쿨로 이런 교과목 전체를 공부해야 하는 것은 아니라 생각했다. 또 반드시 교과서를 통해서만 지식을 습득해야 한다는 고정관념에 매일 필요도 없었다. 배워야 할 내용을 교과목으로 조각조각 나누어놓지 않아도 좋았다. 한 시간 수업을 45분에서 50분으로 토막 내서 종소리에 시작하고 종소리에 끝내지 않아도 좋았다. 알고 싶다는 지적 호기심만 있다면 교과서 안에 있는 내용보다 더 정확한 최근의 지식과 정보들을 아주 손쉽게 찾을 수 있는 지금의 환경에 감사했다.

예체능 지필고사 유감

지식교육에 해당하는 수학, 과학 등은 그나마 교과 중심 교육이 효과가 있다고 말할 수 있다. 그런데 인성교육을 위한 도덕도 활동 중심의 예체능조차도 평가를 위한 교과 중심 교육이어야 할까? 아이가 초등 3학년 때 일이다. 1, 2학년 때는 바른 생활(도덕), 슬기로운 생활(사회. 과학), 즐거운 생활(음악, 미술, 체육) 등의 통합 교과 교육을 하다 처음으로 3학년이 되면서 과목별 교과서를 받아왔다. 교과서를 한 장 한 장 넘겨보면서 흐뭇했다. 음악도 미술도 체육마저도 활동 중심보다는 이론 중심의 암기과목으로 기억하는 학창시절을 보낸 엄마로서 참으로 반가웠다. 드디어 아이들이 미술을 재미있게, 음악을 즐겁게, 체육을 신나게 배울 수 있구나 안심이 되었다.

그런데 그 기대는 오래지 않아 무너졌다. 학기 초 학부모 총회에 참석하여 아이가 다니는 초등학교에서는 3학년부터 기말고사를 예체능까지 전 과목 지필고사를 볼 계획이라는 이야기를 들었다. 집으로 돌아오는 발걸음이 무거웠다. 가까운 상급 학년 엄마와 통화를 했다. 그 엄마 말이 더 충격적이었다.

"걱정하지 마요. 학교 근처에 있는 음악학원이나 미술학원에 보내면 기말고사 요점 정리나 예상문제를 나눠주는데 그거면 돼요. 서점에 가면 예체능만 따로 문제집도 나와 있으니 불안하면 그것 사다 풀게 하면 되고요."

지인은 아이가 예체능 시험을 잘 못 볼 것에 대한 엄마의 걱정으로 오해했던 것 같다. 서점에 들렀다. 즐비하게 늘어서 있는 각종 문제집들 한편에 예체능만 다룬 책들이 정말 있었다. 출판사별로 학년별로 다양하기도 했다. 너무 놀랐다. 미술 교과서에는 그림에 제목만 기재되어 있었는데 그 부분에 대한 설명과 기억해야 할 내용들이 빼곡했다. 음악책에 나와 있는 노래 한 곡에 대한 부연설명은 깨알 같은 글씨로 책 한 페이지를 차지하고 있었다. 체육도 별다르지 않았다. 음표나 가사를 외워야 하고 한 번도 그림이나 사진으로도 얼굴 본 적 없는 외국 유명 작곡가 이름을 기억해야 하고 잘 해야 한두 번 들어본 적 있을 고전음악의 느낌을 자신의 것이 아니라 요점 정리된 것으로 외워야 했다. 또 찰흙 작품을 만들기 위해 필요한 용구를 사용법에 따라 숙지해야 했고 작품이 화조인지 부조인지를 알아야 했다. 찰흙을 다듬을 때는 자름 주걱이 아닌 다듬 주걱만 반드시 사용해야만 하는 이유는 시험을 위해 정답이 있는 문제를 만들기 위해서인 것 같았다.

어차피 머지않아 중등교육에 들어가서는 예체능 시간이 중요 과목 문제풀이나 학원 숙제를 하는 시간이 된다는 것을 모르지 않았다. 음악이 즐겁지 않고 미술이 아름답지 않을 시간은 이미 준비되어 있는 것이다. 교과서나 문제집을 만드는 출판사의 상술인지 아니면 사교육의 힘을 빌라는 무언의 압박인지 화가 났다. 예체능 과목 지필 평가는 교장선생님 재량이라는 것을 알게 되었다. 정확한 의사전달을 위해 장문의 편지를 들고 개인적으로 교장선생님 면담을 신청했다. 교장선생님은 열린 마음을 가지고 충분히 공감을 해주었지만 예체능도 이론이 바탕이 되어야 한다는 기본 입장에는 변함이 없었다.

하지만 교장선생님은 문제집을 풀거나 사교육을 받지 않아도 아이들의 연령에 맞는 필요한 내용을 학교에서 충분히 지도하고 전달할 수 있는 방법을 찾아주겠다는 약속을 해주었다. 그리고 교과서에는 없지만 학년별로 아이들에게 꼭 필요한 이론적인 내용도 별도로 프린트 자료를 받아볼 수 있게 해주었다. 첫해 예체능 각 과목별로 20문항씩 개별 평가하던 방식은 이듬해부터 과목별 10문항으로 줄여 부담을 덜어주었다. 그런데 여전히 그것이 바른 방법이란 생각은 들지 않았다.

교과목이 아니어도
좋을 예체능

아이들은 가르치는 것만 배우는 존재가 아니다. 빈약한 교과서로 딱딱한 교실 책상에서 배워야 할 것에 예체능은 빼도 좋지 않을까? 예체능은 교과목으로 말고 생활에서 충분히 교육할 수 있다. 그래야만 하고 그러기에 참 좋은 세상이다. 세상이 너무 좋아졌다. 앉아서 구글 지도의 로드 뷰를 보면서 세계 여행도 가능한 시대이다. 영국의 대영박물관이나 프랑스의 루브르 박물관, 로마의 바티칸 박물관도 맘만 먹으면 그 안에 전시된 유명 그림이나 조각들을 얼마든지 보고 배우고 감상할 수 있다. 교과서에 기록된 단편적인 지식에서 벗어나 작품에 대한 설명은 말할 것도 없고, 시대적 배경이나 작가의 인생 등 궁금한 것은 알고자 하는 지적 호기심만 있으면 너무 쉽게 스스로 찾을 수 있다. 또 조금만 발품을 팔아보자. 지역마다, 도시마다 수없이 많은 미술관, 전시관, 박물관 등이 산재해 있다.

　음악은 어떤가? 우리나라는 말 그대로 공연 천국이다. 연극, 뮤지컬, 연주회, 오페라, 콘서트 등 보고 느끼며 음악적 감성을 키울 수 있는 것들이 선택을 고민해야 할 정도로 널려 있다. 돈이 많이 들어 못한다는 말은 말자. 무료 공연도 얼마든지 있고 인터넷에는 누구나 접근 가능한 공연 풀 영상도 많다. 길을 지나다 우연히 들리는 맘에 드는 음악도 손에 쥐고 있는 스마트폰 몇 번만 두드리면 금방 내 것으로 만들어 감상할 수 있다. 제목을 몰라도 스마트폰 마이크에 대고 흥얼거리면 무슨 곡인지 찾아주는 세상이다. 앱 몇 개 다운받으면 작곡을 통해 창작도 가능하다. 악기 연주법이나 작곡 방법 등 배움을 나누는 영상이나 공간도 쉽게 찾을 수 있다.

아이들의 타고난 재능인, 알고자 하는 호기심이나 배우고자 하는 욕구를 밟아 뭉개는 잘못을 부모와 학교가 저지르지만 않으면 된다. 그렇게 되면 딱딱한 교실 책상에 앉아서 교과서로 배워야 하는 예체능이 아닌 아이의 감성과 정서를 풍부하고 충만하게 채울 수 있는 진짜 예체능 교육이 얼마든지 가능하다. 그냥 지켜보며 기다리기만 해도 아이들은 신기하게 자신이 관심 있는 것을 너무 잘 찾아낸다. 아쉽다면 가끔 아이 손잡고 나들이 삼아 전시관이나 공연장을 찾아가 함께 느끼고 즐기면 그만이다. 살면서 음악을 통해 위로받고 즐거울 수 있기를 바란다. 미술을 통해 신선한 충격과 아름다움을 느낄 수 있기를 바란다. 여러 사람과 함께 몸을 쓰고 땀을 흘리는 쾌감을 알았으면 한다. 그런데 학교는 그것을 가능하게 하는 예체능 교육을 해주지 않는다. 단지 시험문제를 출제하기 위해 평가를 목적으로 만들어진 교과서를 가지고 아이들에게 음악, 미술, 체육을 '교육'하고 있다.

초등교육 이후로 예체능 교과서를 만나본 적 없는 반다. 하지만 유학을 하면서 공부에 치일 때, 돌아와 지금까지도 일상이 지치고 힘들면 제대로 올라가지도 않는 목소리로 피아노에 앉아 한두 시간, 기타를 치면서 음악으로 스스로를 위로한다. 한동안 특별한 장르의 음악에 꽂혀 틈만 나면 이어폰을 끼고 살더니 작곡 프로그램을 구입해 비슷한 장르의 음악을 시작으로 작곡에도 많은 시간과 정성을 들인다. 초등 1학년부터 시작해서 8년간 지속했던 피아노를 제외하면 기타도 작곡도 정식으로 배운 적이 없다. 그저 관심을 가지고 있어 스스로 찾아보고 서툴지만 시도해보고 그러면서 어설프지만 자기 것으로 만들었다.

그림을 그리는 수준은 '졸라맨'을 벗어나지 못했지만 미술관 나들이를 좋아한다. 가격이 부담되어 자주는 못지만 무대 공연도 즐기기를 포기하지 않는다. 게임 배경음악, 영화 OST 등 꼬리에 꼬리를 무는 검색으로 퀸, 아바, 비틀즈, 뮤즈 등 예전 뮤지션들의 공연도 유튜브에서 쉽게 찾아 즐긴다. 간혹 수십 년 전 엄마, 아빠 세대에 즐겨 들었던 팝들을 가사까지 완벽하게 이해하고 따라 부르고 있어 놀라기도 한다. 그렇게 기분 전환이 되고 위로가 되고 활력이 될 수 있는 예체능을 학교에서 '교과서'를 통해 배워야 하는 것은 아니라고 말하고 싶다. 어차피 중등교육을 위한 학교에서의 예체능 과목은 이미 찬밥 신세가 되어 있다. 교과목으로 말고 다른 방법으로 아이들에게 음악을 즐겁게, 미술을 아름답게, 체육을 신나게 즐기고 느낄 수 있는 방법으로 지도해주었으면 좋겠다. 바뀌지 않을 것을 알면서도 바라는 바다.

귀국 이후 줄곧 참 오래도 고민하더니 결국은 엄마가 서울 강연 다니러 간 일요일, 아빠와 둘이 나가 디지털 피아노를 구입했단다. 기타를 붙고 한두 시간 보내는 것으로는 성이 안 찼나 보다. 필요하면 사라는 소리를 얼마나 했는지 모른다. 주말만 다니러 오는 집에 들여놓기는 가격이 너무 부담스럽다고 머뭇거리기를 수개월이었다. 왜? 부모에게서 경제적 독립도 선언했으니 제 돈으로 사야 했으니까. 당일 설치를 못해 아쉬워했는데 드디어 도착했다. 반디가 다니러 오는 주말이 기대된다. 모처럼 건반 앞에 앉아 있을 그 모습이.

유학으로 시드니에 머물 때도 들어가 처음으로 큰아빠들에게 격려금 받은 것 중 뚝 떼어 구입한 것이 기타였다. 그때도 기타만으로 아쉬웠는지 9개월 만에 처음 들어온 아빠와 슬그머니 둘이 나가더니 키보드를 둘러매고 들어왔다. 시드니에서 돌아올 때도 처음 갈 때와 마찬가지로 입고 있던 옷가지가 전부인 가방 두 개에 맞추느라 3년 넘게 정들었던 악기들을 처분했다. 기타는 반디 학교 1년 선배인 지인의 딸에게 선물하고, 키보드는 젊은 한국인 신혼부부에게 싼값에 팔았다.

낯선 땅, 낯선 문화에서 학우들과의 적지 않은 나이 차이도 극복하면서 입학은 쉬워도 졸업은 쉽지 않아 중도 포기가 많은 분위기의 대학 시스템을 견뎌내는 일상은 녹록치 않았다. 4년 내내 책상에 앉아 있는 아이 뒤통수만 보다 온 기분이랄까. 그 녹록치 않은 일상에서 무차별적으로 몰려드는 생각이 제멋대로 엉켜버릴 때 모든 생각을 멈춰버리게 하는 것이 반디에게는 '음악'이 었다.

가끔 반디가 듣는 음악을 들으며 깜짝깜짝 놀랄 때가 있다. 내가 수십 년 전에 들었던 해외 팝 가수들의 노래를 듣고 있었기 때문이다. 물론 영어가 편한 아이라 듣는 것을 넘어 가사까지 완벽하게 따라 부른다. 나는 한글 발음으로 옮겨 적어 흥얼거렸던 가사인데. 아바, 비틀즈, 퀸, 이글스, 뮤즈 등 나도 까맣게 잊고 있던 가수들의 노래였다. 도대체 어떻게 이런 음악과 닿았을까 물어보니 게임 배경으로 듣고 좋아서 찾아본 것들도 있고, 유튜브를 이용해서 듣다 보면 자동 추천되는 노래들을 따라가다 좋아졌다고 한다. 라이브 공연 영상들 찾아보다 빠진 경우도 있고, 접근 경로는 다양했지만 틈날 때마다 많은 시간을 음악과 함께했다.

털이 북실북실한 카페트 바닥에 덩치 또한 만만치 않은 아이가 앉아 키보드를 힘껏 연주하면 받침대 위의 키보드가 사정없이 흔들거렸다. 두세 시간 연주하며 음악으로 위로받고 생각을 정리하는 모습을 지켜보며 그냥 할 줄 아는 것을 넘어 제대로 즐길 줄 아는 취미가 음악인 것이 많이 고마웠다.

피아노는 초등학교 1학년 가을부터 시작했다. 입학하며 시작하려다가 영어 소리 노출 시간 확보를 위해 가을로 미뤘었다. 이 또한 당시 취학 전에 많이들 시작하는 트렌드와는 거리가 있는 늦은 시작이었다. 돌이켜보면 뭐든 가르치는 것에 있어 시작이 느렸던 것 같다. 왜 그랬는지는 이미 출간된 책에 밝혀놓았다. 유학길에 오르면서 그만두었으니 정성들인 시간이 '영어'와 거의 같은 8년이다. 7년 동안 한 선생님에게 개인 레슨 형식으로 주 1~2회 지도를 받았다. 그런데 선생님이 결혼하면서 타 지방으로 가게 되었다. 그 후 1년간은 원래 선생님이 소개해준 다른 선생님에게 지도를 받았다.

7년간 지도해준 선생님이 4년쯤 지난 뒤에 해준 말이 아직도 선명하게 기억난다. "반디는 피아노에 재능 있는 아이는 아니에요." 아무리 뒤져봐도 유전적 영향으로 음악적 재능을 받았을 배경이 조금도 없으니 이미 엄마도 알고 있던 터였다. 올 것이 왔구나 인정하고 방향을 바꿔 클래식과 반주법을 병행하기 시작했다. 다행인 것은 선생님이 성가 반주 전문가였다. 그 뒤로 4년은 종교도 없는 우리 집에 성가가 꾸준히 연주되는 기현상이 벌어졌다. 그 긴 시간을 함께한 선생님, "반디의 노력이 재능을 이겼네요"라는 말은 들어본 칭찬 중 최고였다.

반디는 반주법으로 익힌 다양한 코드 덕분인지 홈스쿨 하면서 기타를 혼자서 독학으로 익혀버렸다. 반디는 연주할 때 악보를 놓고 하지 않는다. 악보대에 놓인 것은 가사를 보기 위해 인터넷 웹페이지를 열어놓는 휴대폰이나 태블릿이다. 기타로도, 피아노로도 아는 곡과 부를 줄 아는 노래는 어렵지 않게 금방 연주할 수 있으니 필요한 것은 악보가 아니라 가사였던 것이다. 본인이 좋아하는 쪽은 해외 팝이지만 가끔은 엄마를 위해 김광석, 이문세, 민경훈 등의 노래들을 연주해준다. 그래! 수시로 틀려 듣기 괴로웠던 8년간의 피아노 연습시간 내내 곁을 지켜준 보상을 이렇게 받는구나. 곁에서 아이의 연주를 감상하며 드는 생각이다.

대부분의 엄마가 어떤 목표로 아이들에게 악기 연주법 지도를 시작하는지 잘 알고 있다. 나 또한 다르지 않았다. 나중에 커서 자유로운 악기 연주로 힘든 일상을 위로받을 수 있기를 바랐기에 때때로 슬럼프를 타고 내렸지만 "들어가서 피아노 연습해!" 하며 아이 혼자 두지는 않았다. 악기 또한 영어 못지않게 꾸준함이 중요하다는 것을 알고 있었다. 피아노는 매일 40분 연습이 반디의 일상이었다. 그 시간 내내 이 또한 옆에서 졸기도 하고 잠깐씩 다른 볼일을 보면서 처음부터 끝날 때까지 오버에 가까운 칭찬을 늘어놓으며 곁을 지켜줬다. 언제나 그렇듯 아이와의 '밀당'을 위해 간, 쓸개 다 빼놓고. 자라면서 피아노 근처에도 못 가보고 복잡한 악보는 콩나물 대가리로 밖에는 보이지 않았던 엄마다. 그런 사람이 한때 아이가 연주하는 쇼팽이며 바흐, 슈베르트의 악보를 기막히게 볼 수 있었던 것도 같이 했던 시간이 만만치 않아서였다. 그런데 돌아와 다시 그때의 악보를 꺼내보니 다시 콩나물 대가리다.

악기 하나의 연주로는 풍성함을 기대할 수 없으니 그다음에는 컴퓨터 프로그래밍을 이용해서 '작곡'하는 데 관심을 가지기 시작했다. 다양한 악기를 믹스할 수 있으니 만들어놓은 음악이 풍성하게 들렸다. 음악에 문외한인 엄마가 듣기에는 신기하기만 했다. 작곡도 유학 시기에 본격적으로 재미를 붙였는데 늘상 '음악은 단지 취미일 뿐!'이라고 선 긋는 아이에게 가능성은 제로지만 제대로 즐기라고 해주는 한마디가 있다. "열심히 잘 만들어놔라. 나중에 SM, YG에 팔아보자. 저작권이 사후 70년이라더라." 그런 엄마의 말에 기막히다는 듯 쳐다보는 반디다.

요즘도 주말에 다니러 오면 가장 1순위가 컴퓨터 게임인데 배경은 저 좋아하는 음악이다. 그러고는 기타 연주를 한다. 노래는 솔직히 많이 못한다. 그래도 목청껏 한두 시간 그리 놀다 좀 더 여유 있는 시간이면 작곡 프로그램 열어놓고 집중한다. 그렇게 아이는 머리 비우기로 주말을 보낸다. 그런 아이가 기다렸던 피아노이니 이번 주말은 꽤 오래 피아노 앞에 있지 않을까? 기대가 된다.

무엇이든 자기 것으로 편안하게 만들기 위해서는 시간과 노력을 들여야 한다. 《엄마표 영어 이제 시작합니다》에도 담아놓았지만 나는 아무것도 가르치지 못했다. 하지만 무엇이든 함께하는 것만은 아주 잘했다. 엄마표 영어도 가르치지 않고 함께해도 좋은 방법이어서 욕심을 낼 수 있었고 끝에 닿을 수 있었다. 영어뿐 아니라 피아노 연습시간에도 늘 곁을 지켜주며 함께했다. 잘 못하니 재미도 없고 수시로 손가락이 제멋대로 움직여 틀리는 일이 부지기수다. 아이 혼자 견뎌내기 쉽지 않은 시간이라 생각했다. 피아노 연주가 제 것이 되기까지 반디의 노력은 분명했다. 매일 40분씩 피아노 앞에 앉아 연습했다. 그것을 지켜봐주는 엄마의 노력도 분명했다. 그 시간 동안 빠짐없이 아이 옆에서 속 터지는 연주를 들어주는 것이다. 돌이켜보니 영어든 피아노든 반디가 끝을 본 것은 그저 엄마가 곁에서 꾸준히 지켜봐준 것들이었구나.

독서 골든벨,
올바른 독서 권장 행사일까?

생활 속에서 관심과 호기심을 가지고 다양한 방법과 접근을 통해 감성과 정서를 충족시키는 예체능을 제외하면 지식 교육에 대한 홈스쿨 방법이 남는다. 이 또한 학교처럼 과목을 세분화해서 나누지 않았다. 통합적으로 인문학과 자연과학으로 크게 구분했고 영역에 맞는 학습법을 찾으면 되었다.

인문학은 의외로 그 방법이 간단했다. '폭넓은 독서'라는 확실하고 분명한 길이 있었다. 학교 교과목으로 보자면 국어, 영어, 사회, 국사 등이 여기에 속할 것이고 보다 세분화해서 깊숙이 들어가면 문학, 정치, 경제, 철학 등도 포함된다고 할 수 있다. 논리적이며 분석적이고 비판적인 사고를 배우고 키워야 하는 분야다. 아무리 찾아봐도 책 이외에는 이렇다 할 방법이 없었다.

우리는 아이의 한글 습득을 위해 학습지나 방문 지도에 관심을 두지 않았었다. 아이가 자연스럽게 책과 함께하며 한글을 익힐 때까지 기다렸다. 그 때문인지 또래에 비해 활자 습득이 다소 늦은 편이었던 반디는 초등학교 2학년까지 책을 스스로 읽기보다는 엄마가 읽어주는 것을 좋아했다. 한글 습득이 더뎠던 만큼 책을 읽고 독해하는 부분도 빠르지 않아서인지 혼자 보는 것을 즐기지 않았다. 그래도 늘 방 안 가득 어질러진 것은 책이었고 잠자기 전에는 수십 권을 쌓아놓고 엄마 목이 터져라 읽어주길 바랬다. 그래서 그렇게 해주었다. 읽다 지쳐 졸며 깨며 헤매는 엄마 목소리를 들으며 아이는 한참을 놀다 뒹굴다 잠이 들었다.

혼자 책을 읽게 되었을 때도 책이 좋아 책에 빠지는 아이는 아니었다. 그저 책이란 늘 습관처럼 가까이 해야 하는 것으로 알고 지냈다. 나는 우연한 기회에 학교 도서관 사서 봉사를 시작하게 되었고 아이가 고학년이 될 때까지 해마다 일정기간 꾸준히 지속했다. 반디는 하교를 하면 특별히 방과 후 활동이 없어 학교 도서관에 있는 엄마를 찾아왔고 도서관 문을 닫기 전까지 함께했다. 책에 익숙해지고 도서관 분위기가 편안해지고 엄마와 함께 도서 정리를 하며 책이 어떻게 분류되는지 자연스럽게 알게 되었다. 신설학교에 있는 도서관이라 책이 그리 많지 않았으니 책이 좋은 녀석이었으면 다 읽고도 남을 시간이었다. 하지만 엄마의 욕심일 뿐 아이는 관심 있는 책을 틈틈이 보는 것 이상은 아니었다.

반디에게 그렇게라도 남아 있던 책에 대한 관심조차도 완전히 없어질 뻔한 고비가 있었다. 책 읽는 것에 대한 아이들의 흥미조차 빼앗을 수 있는 전시행정, 교육청의 '독서 골든벨' 행사 때문이었다. 물론 독서를 장려하려는 목적으로 기획된 행사였음을 모르지 않았다. 하지만 학교와 뜻을 같이하기 힘들었다. 아이가 책에 대한 관심 영역이 구체화되기 시작하는 4학년에 들어서던 무렵이었다. 독서 골든벨 행사를 위해 학년별 필독 도서 목록이 정해졌다. 배워야 할 것들을 지정해 교과서에 담아놓듯이 읽어야 할 책조차도 '필독서 목록'으로 친절히 지정해준 것이다. 이 행사는 아이들에게 학년별 추천도서 목록을 나눠주고 일정시간이 지난 뒤 1차로 도서 내용에 대한 지필 평가를 실시한다. 기준 점수를 넘으면 독서 인증서를 나눠주었고 독서 인증서를 받은 아이들이 별도로 강당에 모여 퀴즈 형식으로 최종 독서 퀴즈왕을 가리는 대회를 여는 것이었다.

중학년이 되어 책이 두꺼워지고 읽어야 할 권수가 많아지면서 반디는 필독 도서를 읽는 것에 대해서 투정을 하기 시작했다. 흥미도 관심도 가져지지 않는 책을 어쩔 수 없이 읽어야 하고 독서 골든벨 성격상 암기하고 기억해야 할 부분에 마음을 쓰며 읽어야 하는 것이 싫다며 책 읽기를 거부하기 시작했다. 원하지 않으면 참여를 안 하면 그만인 행사였으면 했다. 그런데 교육청 본선을 위해 학교 예선을 치르는 과정에서, 이 또한 독서 장려를 위한 목적이었겠지만 학교 자체에서 의무와 강제사항이 있었다. 책 내용에 대한 사지선다, 단답형 문제를 출제해서 기준 점수로 실패와 성공을 나누는 방법이었다.

우리 나름의 조치를 취할 수밖에 없었다. 필독 도서 목록 중 읽고 싶지 않은 책은 읽지 않아도 된다 했다. 그런데 아이 말로는 퀴즈왕은 관심 없는데 독서 인증서는 반 전체가 꼭 받아야 하는 것으로 담임 선생님과 약속을 해서 안 읽을 수가 없다는 것이다. 선생님이 꼭 받아야 한다고 강조하시는 학교 자체 독서 인증서를 못 받아 문제가 된다면 엄마가 선생님을 찾아뵙고 잘 말씀드리겠다는 약속을 하고 책 선택에 자유를 주었다. 후에 출제 문제를 확인하니 잘한 결정이었다는 생각이 들어 위로가 되었다. 문제 유형이 궁금하다면 학교에서 또는 교육청에서 실시하는 독서 골든벨을 위한 몇몇 사이트를 찾아 출제 예상문제들을 한번 만나보기를 권한다.

그동안 무심했던 엄마는 처음으로 학교 독서 인증 시험에 대해 자세히 알아봤다. 그리고 아이가 왜 책을 읽고 싶어 하지 않는지 알 수 있게 되었다. 시험 문항은 객관식 또는 단답형으로 25문항쯤으로 기억된다. 필독 도서 권수에 비해 문항 수는 적은 편이었다. 그러다 보니 책을 꼼꼼하게 읽지 않으면 기억나지 않는 부분이 꽤 있었다. 그 시험지를 위해서 아이에게 기억해야 하고 암기해야 하는 부담을 가지면서 책을 읽게 할 수는 없었다. 독서 인증서를 받지 못해 담임 선생님께 꾸중을 듣게 되는 것을 염려하는 아이에게 뒷감당은 엄마가 하겠다는 약속을 하고 아이에게 필독 도서에 대한 부담 없이 읽고 싶은 책을 재미있게 읽으라고 말해주었다. 이후 아이는 독서 인증은 간신히 턱걸이로 통과하며 필독 도서의 절반가량만 소화했다.

책을 그다지 좋아하지 않았던 아이들이 이런 독서 권장 전시행정으로 책이 좋아질 확률이 얼마나 될까? 본래 책을 좋아하는 친구들에게는 크게 영향이 없을 것이다. 하지만 반디처럼 간신히 책에 대한 흥미를 유지하는 아이에게는 역효과를 불러올 수도 있다. 교육 관료가 책상 앞에 앉아 고민하는 것이 이런 전시 행정은 아니어야 한다. 학교에 양질의 도서를 충분히 확보할 수 있는 예산을 어떻게 지원할 수 있는가를 고민해주면 안 되는 것일까? 눈에 보이는 효과는 더디지만 독서 장려에 긍정적인 효과를 볼 수 있는 방법은 얼마든지 있을 것이다. 이렇듯 반디가 학교의 필독 도서 목록과는 무관하게 학년을 넘나들며, 어찌어찌 무사히 고비를 넘기며 엄마 욕심만큼은 아니지만 꾸준히 책을 가까이하면서 커준 것에 감사한다.

인문학, 폭넓은 독서가 답이다

반디가 홈스쿨을 하는 2년 동안 주 2~3회는 주로 집 근처 도서관을 이용했다. 반갑게도 우리가 홈스쿨을 시작하기 몇 개월 전에 집에서 10분 거리에 도서관이 개관을 했다. 새로 지은 깨끗한 건물에 현대식 시설이 맘에 쏙 들었다. 9시쯤 도서관에 도착한다. 주로 인터넷 강의를 이용하는 반디였기에 '디지털자료실'이 우리가 주로 머무는 장소였다. 오전에 노트북에 이어폰으로 수·과학 인터넷 강의를 듣고 집에서 싸간 도시락으로 점심식사를 한 뒤에는 열람실에 들러 책을 골라 읽었다. 이렇게 국어, 국사, 사회 등은 별도로 학과 공부를 하지 않고 관심 있는 책을 두루 읽는 것으로 대체했다. 초등학교 때부터 도서분류법에 맞춘 정리에 익숙한 반디는 일주일에 한 번쯤은 오후에 서너 시간씩 반납 도서 정리 봉사도 했다. 도서관 사서 선생님이 정식으로 봉사 사이트에 홈스쿨러 자격으로 등록도 해 주었다. 그러면서 어떤 책들이 많이 대여가 되고 사람들의 관심을 사고 있는지 자연스럽게 알 수 있었고, 책을 선택하는 안목도 넓힐 수 있었다.

학교 내에서 이뤄지는 평가에 자유로울 수 있음에 감사했다. 그 어떤 글도 시험을 위해 마음 쓰는 것 없이 편안하게, 책을 책답게 읽을 수 있었다. 학생 열람실과 일반 열람실을 구분하지 않았고 만화나 잡지에 제한을 두지도 않았다. 우연히 눈에 들어온 강풀 작가의 웹툰 만화《그대를 사랑합니다》를 책으로 접하고 도서관 열람실에서 한참을 훌쩍거리기도 하면서 맘에 끌리는 대로 손에 잡히는 대로 책을 골랐다. 엄마는 이곳저곳 책 관련 사이트들을 뒤져 아이가 읽어봤으면 하는 책 목록을 만들어주어 참고하게 했다. 고입, 고졸 두 번의 검정고시를 준비하며 인문학 계열 과목을 공부하면서 교과 과목으로 따로 다루지 않아 힘들어하지 않을까 걱정을 했었다. 그런데 암기를 해야 하는 부분에서 익숙하지 않아 잠깐 힘들어했을 뿐 요구하는 문제에 대한 이해력이나 분석력에는 어려움이 없었다.

홈스쿨을 선택했다면 시험을 보고 나서 잊으면 그만인 '교과교육'을 목표로 해서는 안 된다. 그럴 필요도 없다. 교과서에는 담겨 있지 않고 담을 수 없는 수많은 지식과 지혜가 매일같이 쏟아져 나오는 책들에 담겨 있다. 홈스쿨을 하면 교과목 전체를 집에서 가르쳐야 한다거나, 그게 힘들어 학원이나 개인 지도로 과목별 학습을 해야 한다는 부담을 가지지 않아도 된다. 생활에서 체험을 통해, 또 폭넓은 독서를 통해, 추가로 손 안의 백과사전인 스마트폰을 통해 아이들은 스스로 깨닫고 배워나갈 것이다. 지식을 습득하는 방법이 부모 세대와 비교해 너무 다른 세상에 아이들이 살고 있다. 부모 기준으로 내가 알고 있는 방법이 아니라고 해서 불안해하며 아이들의 능력을 과소평가해선 안 된다.

책, 읽을 시간이 없다는 것은 ——— ... 문제가 아니다

아이들이 책을 가까이 했으면 하는 바람은 제도 교육에 있던 대안교육에 대한 공통된 기대다. 그러나 책은 학원 숙제 마치고 남는 시간에, 공부하는 틈틈이 읽는 것이 되어서는 안 된다. 지금 책 읽을 시간 없음을 탓하고 있지만 너무 쉬운 해결방법을 우리 모두 이미 알고 있다. 독서에 대한 돌이킬 수 없는 복합적 문제들이 찾아오기 전에 아이들의 시간표를 조정해야 한다.

어려서부터 아이 키우며 마음 나누었던 엄마들이 중학교 2학년 새 학기를 맞아 모처럼 다 함께 모였다. 대부분이 10년 지기쯤 되고 제각기 다른 동네 다른 학교에 아이들이 다니고 있어 하소연도 편하고 솔직한 의견을 말해도 오해를 사지 않는 사이다.

"책이 중요한데, 책을 많이 봐야 하는데, 우리 아이는 책을 잘 보지 않아."

"이것저것 많이 하는 것도 아닌데, 도무지 책 읽을 틈이 나지 않아 걱정이야."

"월수금 수학, 화목 영어, 학원 다녀와 숙제 하다 보면 하루가 다가버려. 가끔 컨디션이 나쁘거나 집안 행사라도 겹치면 숙제를 소화하기도 버거워. 요즘은 학원마다 보강 바람이 불어서 아이들을 수시로 토요일 일요일도 없이 불러대. 책은 꿈도 못 꾼다."

엄마들은 이미 해결책을 알고 있는 고민을 끌어안고 힘들어한다. 모두 깜짝 놀랄 말이었지만 난 스트레스 받지 말고, 아이에게 부담 주지 말고 과감히 책을 포기하라고 했다. 지금 아이에게 중요한 것이 영어, 수학이라고 생각하면 책을 읽어야 한다는 억압에서 벗어나야 한다. 그냥 수학, 영어에 '올인'하게 해주어야 한다는 것이다. 엄마들의 기분에 따라 책이 중요했다가, 영어, 수학이 중요했다가 오락가락하지 않았으면 한다.

그렇지 않고 지금 아이에게 독서가 꼭 필요하다고 생각한다면 우선순위를 독서에 두고 책 읽을 시간을 확보하면 문제는 간단히 해결된다. 일주일 시간표에 수학, 영어 학원 시간만 넣을 것이 아니라 책을 읽는 시간도 미리 확보해두어야 한다는 것이다. 학원 공부하고 나서 남는 시간에 읽어야 하는 것이 책이라고 생각하면서 학원 숙제도 소화하기 벅찬 아이들이 책을 읽지 않는다고 불안해하는 것은 앞뒤가 맞지 않는다. 이쯤 이야기를 하면 방향을 잘못 잡은 일부 엄마들은 '독서논술'을 보내야 할 것 같다고 한다. 책 읽을 시간을 확보하라 하니 또 하나의 학원 스케줄을 먼저 떠올린다.

취학 전부터 초등 저학년까지는 곧잘 엄마가 책도 읽어주고 아이 스스로 집에서 책 읽는 모습도 자주 볼 수 있었는데 고학년 되고 중학교에 올라가면서 대부분 책 읽을 시간이 없다는 것이 엄마들에게 아주 큰 문제처럼 다가온다. 해야 하는데 못하니 스트레스가 되고, 그것으로 끝나지 않고 아이들에게 그 스트레스를 전염시킨다. 책 읽으라는 잔소리가 뒤따르고 그것도 여의치 않으면 아이들에게 의무적으로라도 책을 읽게 하기 위해 독서논술 사교육을 추가한다. 아이들에게 책은 더 이상 흥미도 관심도 유발하지 못하는 또 다른 숙제 거리가 되어버린다. 책을 읽을 시간이 없다는 것은 독서에 아무런 문제가 되지 않는 사소함이다. 진짜 독서에 대한 문제점은 그 문제점이 무엇인지 알아도 쉽게 해결할 수 없는 복합적이고 무거운 것들이다.

독서의 문제점
바로보기 ——————— • • •

유아기에 '책육아'를 통해 엄청난 양의 책을 만나는 즐거움에 빠졌던 아이가 초등 저학년 때까지는 곧잘 책과 함께하더니 고학년이 되면서 자꾸만 책과 멀어지고 있어 안타깝다고 하소연하는 엄마들이 있다. 그렇다면 생각해볼 일이다. 아이가 책의 필요성을 충분히 느낄 수 있는 학습 습관이나 환경이 유지되고 있는가? 또 고학년이 되어도 가끔은 책에 푹 빠질 수 있는 여유로운 시간을 가질 수 있는 일상인가?

학교 숙제로 리서치를 받아오면 엄마들은 책을 권하지 않는다. 실제로 리서치 과제가 활발하지 않은 것도 안타깝다. 우리 어릴 적, 집 안에 한 질씩은 있던 페이퍼 백과사전을 요즘은 거의 찾아보기 힘들다. 혹시 있다 하더라도 책을 펼쳐 색인을 찾고 뒤적여 내용을 읽어보고 옮겨 쓰기보다는 손쉬운 방법으로 컴퓨터 앞에 앉게 한다. 키워드 입력하고 찾고 복사하고 붙여 넣기로 숙제는 아이들이 내용을 읽어볼 기회조차 없이 끝난다. 그리고 서둘러 수학학원으로, 영어학원으로 발걸음을 재촉해야 한다.

간혹 책이 정말 좋아 중학교에 들어가도 쫓기는 시간 속에서 책이 고픈 아이들이 있다. 신기하게도 그 친구들은 시험공부 틈틈이 책으로 휴식을 취하기도 한다. 그런데 책이란 것이 십 분만 읽어야

지 마음먹어 십 분에 끝날 수 있는 것이 아니기에 책을 잡고 있는 시간이 길어진다. 보고 있는 엄마는 조바심이 난다. 내일이 시험인데 풀어야 할 문제집도 끝내지 못했는데 책 펴고 엎드려 있는 아이를 지켜봐주기 힘들다. 분명 해서는 안 될 말인 줄 알면서 하고 만다. "지금이 책 읽을 때니?"

책은 짬짬이 읽을 수 있어야 한다고 아이를 다그치지만 쉽지 않다. 책 읽는 것 말고도 짬짬이 해야 할 것이 너무 많은 게 요즘 아이들이다. 수학, 영어 학원 시간처럼 일주일 스케줄에 빈손으로 집 가까운 도서관이나 서점에 가는 시간을 넣을 수 있기를 바란다. 그 시간이 온전히 책을 읽는 시간이 되기란 쉽지 않을 것이다. 어쩌면 처음에 낯설고 어설프고 불안할지도 모른다. 하지만 학원처럼 당연시되고 습관화될 때까지 해볼 수 있지 않은가? 한참 한국에서 외국어 고등학교가 주가를 높일 때 유행하던 말이 있다. '고등학교는 영어로 가고, 대학은 수학으로 가고, 최상위권은 언어영역에서 판가름 난다' 아이가 클수록 이 말은 진리로 다가왔다.

책 읽을 시간이 없다는 것은 전혀 문제가 아니다. 진짜 독서에 관한 문제점이라 하면, 책을 읽을 시간이 많은데도 책에 관심을 보이지 않는 것, 책을 읽어도 행간을 유추하지 못해 단편적인 줄거리만 이해하고 작가가 전하고자 하는 주제 파악을 제대로 못 하고 마는 것, 지나치게 관심 분야에만 집중하는 책 편식이 심한 경우 등이다. 이렇게 쉽게 해결되지 않는 중요한 문제들을 안타까워해야 한다. 아이들이 지금처럼 책을 멀리할 수밖에 없는 상황이 지속된다면 이런 해결하지 못할 문제들이 머지않아 복합적으로 찾아오게 될 것이다. 그것을 겁내야 한다.

영어 습득, 책보다 나은 대안은 없다

대부분의 인문학 공부를 폭넓은 독서로 대체할 수 있듯이 영어도 마찬가지다. 내가 《엄마표 영어 이제 시작합니다》에서 구체적으로 이야기한 반디의 영어 습득 과정은 일반적인 것이 아니었다.

아이가 취학 전, 우후죽순으로 생겨나는 영어 유치원의 규모는, 그렇지 않아도 영어공부 10년에 귀머거리에다 반벙어리인 부모들의 불안감을 먹고 나날이 커져만 갔다. 조기 영어교육이 붐을 일으켰고 24개월부터 시작해야 한다는 어느 유명 출판사의 영어 프로그램은 책 몇 권이 포함된 교구 구성으로 10년 전 그때 백만 원을 웃도는 가격으로 날개 돋친 듯 팔려나갔다. 어떻게 하면 영어를 단기간에 완성할 수 있는지 수많은 방법을 다룬 책들이 서점에 쏟아져 나왔다. 아직 우리말도 서툰 아이들은 영어 유치원에서 또는 방문지도 선생님과 함께 '파닉스'를 공부하기 시작했다.

반디 주변 친구들 절반은 영어 유치원을 다녔고 나머지 절반은 일반 유치원에서 특별 프로그램으로 추가 비용을 지불하며 영어를 배우고 있었다. 아이들이 사물을 영어로 이야기하고 간단한 회화 문장을 암기하게 되면서 엄마들은 그 정도에 따라 시내 유명 영어 유치원들을 비교하기 시작했다. 머잖아 전체 영어 유치원들에도 서열이 매겨졌다. 어느 영어 유치원에 다니고 있다는 것이 그 아이의 실력을 대변해주는 놀라운 일이 벌어지고 있었다. 5세까지 유치원도 다니지 않았던 반디를 데리고 도무지 중심 잡기 힘들 정도로 그 폭풍은 거셌다.

조기 영어교육의 광풍 속에 부모들은 한쪽으로 유행을 따라 쏠리기 시작했다. 고가의 영어 유치원, 유명 어학원, 원어민 과외 등 대세를 좇다 보니 영어 자체의 본질은 가려지고 너무 일찍부터 넘기 힘든 벽을 쌓으며 그 높이마저도 점점 높게 만들고 있었다. 본래 유행에 민감하게 반응하는 성격은 아니었다. 대다수 사람들이 선택했다고 반드시 옳다고 생각하지도 않았다. 시대적 트렌드나 대세들을 그다지 선호하는 것도 아니었기에 지켜보면서 흘려보내는 쪽이었다. 조기 영어교육도 아마도 그런 시선으로 긍정도 부정도 하지 않고 지켜보았던 것 같다.

그러다 우연히 아이와 함께했던 서점 나들이에서 눈에 띄는 책들을 발견했다. 난세에 영웅이 나는 법이라 했던가? 조기 영어교육 광풍 속에서 나름의 방법을 가지고 아이와 집에서 영어를 습득할 수 있다는 '엄마표 영어'에 대해서 처음 알게 되었다. 이미 성공한 사례를 담은 책도 있었고 뜻을 같이 하는 엄마들이 모여 정보를 주고받는 사이트도 알게 되었다. 책들을 구입해서 두세 번 정독을 했고 사이트에 가입해서 다양한 사람들의 진행 과정을 읽어보고 도움되는 정보를 모으기 시작했다.

아날로그 세대인 나는 도무지 컴퓨터로 글을 읽는 것에 익숙해지지 않았다. 관심이 가는 내용들이나 자료들은 전부 프린트하기 시작했다. 수북이 쌓여가는 종이만큼 할 수 있을 것 같다는 자신감도 점점 높아졌다. 적어도 아이가 우리말이 완벽할 때까지는 서두르지 않아도 된다는 확신이 섰다. 5세 무렵 알게 된 '엄마표 영어' 덕분에 반디는 초등학교 입학 전까지 영어에 별다른 관심을 두지 않고 우리말 책을 읽으며 풍부한 어휘력을 확장하는 데 마음을 썼다. 엄마는 아이가 엄마표 영어를 시작할 그날을 위해 2년 반 동안 자료를 모으고 방법을 익히고 그것을 반디 성향에 맞게 변형시켜 연령대별로 적용 가능한 플랜을 준비했다. 이렇게 말해놓고 나니 거창한 준비가 있었던 것 같지만 그냥 큰 그림만 그려놓았다. 계속 '할 수 있다. 충분히 가능한 일이다' 주문을 걸면서.

아이의 영어 습득을 엄마표 영어로 가닥을 잡고 초등 입학 전까지 영어에 그다지 관심이나 스트레스 없이 지낼 수 있었다. 홈스쿨과 학교 교육 사이에서 고민 끝에 조금은 무거운 마음으로 아이를 초등학교에 입학시키고 한 달쯤 적응기간을 거친 뒤 본격적인 엄마표 영어에 들어갔다. 대단한 방법이 있는 것은 아니었다. 일단 많이 듣고 읽는 것이 목적이었고 수단이었다. 3년 가까운 시간 동안 수많은 사이트를 들락거리고 영어 학습법에 대한 책들을 정독하면서 깨달은 것은 영어 습득에 왕도란 없다는 것이다. 다만 우선순위가 있다는 것을 알게 되었다. 내가 확신하는 우선순위의 첫 번째는 많이 듣는 것이었다. 그냥 듣는 것이 아니고 글자와 소리를 맞춰 듣는 것이 중요했다.

영어에서 듣기, 읽기는 인풋에 해당되고 말하기, 쓰기는 아웃풋에 해당된다. 충분한 인풋이 되지 않으면 쏟아낼 아웃풋이 금세 바닥이 난다. 아이들을 사교육에 맡기면서 연령에 상관없이 인풋과 아웃풋이 동시에 이루어지길 바라는 것은 오류에 속한다. 아이들이 말을 배울 때를 생각해보면 쉽게 이해할 수 있다. 가족의 대화에서부터 TV나 비디오, 엄마가 읽어주는 책 등을 통해 많은 말들을 그저 듣기만 하는 시간을 몇 년 한 뒤에야 아이들은 말을 쏟아내기 시작한다. 가르쳐준 말만, 배운 말만 하는 것이 아니다. 어려운 말을 상황에 미루어 짐작할 줄도 안다. 그렇다면 그와 맞먹는 시간은 불가능할지라도 적어도 일정시간 충분한 듣기가 필요한 것은 분명하다는 생각이었다.

원서를 꾸준히 듣고, 읽기를 7~8년 지속했다. 어느 정도 인풋을 채웠다 생각한 5학년부터는 적당한 자극을 통해 말하기와 쓰기를 병행했다. 아이와 함께 영어 습득을 하면서 얻은 답은 '듣고, 읽기가 차고 넘치면 적당한 자극만으로도 말하고, 쓰기는 어렵지 않다'

는 것이다. 영어 습득의 최종 목적은 제대로 된 아웃풋에 있다. 그렇기 때문에 아웃풋이 다르기를 바란다면 당연히 인풋이 달라야 한다. 그런데 대부분의 부모들이 기다리기 불안하다거나 특별한 누군가에게만 적용되는 말일 것이라 생각하고 믿지 않는다. 그래서 아이들이 들인 많은 시간과 노력, 부모들이 투자한 비용에 비해 효율이 가장 적은 학습이 영어가 되었다. 생각을 바꾸기 쉽지 않다. 보이지 않는 성장을 기다려야 하는 불안과 내 아이의 타고난 능력을 믿지 못하는 안타까움 때문이다.

아이가 두 번의 검정고시를 준비하면서 영어 학습은 늘 열외로 할 수 있었던 것은 이런 이유에서다. 반디는 영어에 어느 정도 익숙해진 상태였기에 검정고시를 위해 따로 공부를 해야 하는 부담을 느끼지 않았다. 기출문제를 가볍게 풀며 출제 경향을 익히는 것으로 마무리했다. 많이들 궁금해할 영어 습득에 관해서 이미 출판된 책에 모두 풀어놓았다. 부모가 영어를 잘하는 것도, 아이가 언어적 재능이 뛰어난 것도 아니었다. 누구나 할 수 있는 어렵지 않은 방법이고 많은 사람이 지금도 하고 있는 방법이다. 방법과 함께 자세히 경험을 나누는 것까지가 내 몫이다. 그것을 바탕으로 각자의 아이에게 맞는 방법으로 실천을 구체화해야 한다. 그리고 뒤따라야 하는 꾸준한 실천은 목표가 분명한 아이와 짧지 않은 기간 옆에서 응원해주는 부모 몫이 될 것이다. 아이들이 영어가 자유로워지면 우리말의 한계에 갇히지 않고 세상에 널려 있는 지식을 가감 없이 쓰인 그대로 원문으로 습득하며 자신의 한계를 넓힐 수 있다. 반디가 영어 습득을 위해 실천한 방법의 핵심은 꾸준한 원서 읽기였다. 제대로 엄마표 영어로 영어 끝을 보기 위해서 책보다 나은 대안은 없었기 때문이다.

수포자(수학포기자)를 만드는 수학 교육

풍부한 독서를 통해 영어까지 포함한 인문학 분야의 학습이 어떻게 자리 잡을 수 있는지 풀어놓았다. 지금부터는 교과 중심의 교육이 필요한 자연과학 분야에 대한 홈스쿨 방법을 이야기해보려 한다. 이 역시 아이 성향이나 환경에 따라 다양한 방법이 있을 수 있겠지만 여기서는 반디가 했던 방법에 국한해서 이야기할 것이다.

아이들이 수학을 배워야 하는 진짜 이유는 '수학문제를 풀기' 위해서가 아니라 '논리적 사고를 기를 수 있기' 때문이라 한다. 그래서 단 한 문제라도 수학답게 풀어야 한다고 강조하고 있지만 실제로 학교 교육 안에 있는 아이들이 수학문제를 수학답게 풀 여유는 없어 보인다. 아이들이 본격적으로 수학에 시간을 투자하는 시기가 초등학교 고학년부터라 할 수 있다. 중학교에 들어가면 그 정도는 점점 심해져 공부 좀 한다는 친구들은 중학교 3학년쯤이면 고등학교

이과 수학의 전 과정을 마쳤다는 경우도 종종 볼 수 있다. 엄마들의 표현을 빌어 '마쳤다' 했지만 얼마나 어떤 식으로 완성이 되었는지 모를 일이다. 드러내 놓고는 아니지만 실제로 일부 특별한 고등학교에서 요구하는 '수학 선행의 양'이기도 하다.

초등학교 엄마들이 하는 이야기 중에 이미 진리처럼 되어 부정할 수 없는 이야기가 '영어는 초등학교 때 어느 정도까지 끌어올려야 한다. 중학교부터는 무조건 수학이다. 중학교에 가서 영어, 수학 두 마리 토끼를 잡을 수는 없다'이다. 실제로 아이들은 선행, 내신, 심화, 경시, 창의력 등으로 다양하게 이름 붙은 수학을 위해 어제도, 오늘도, 내일도 무거운 발걸음으로 수학학원으로 또는 과외선생님을 찾아다닌다. 밤이면 개념을 다시 복습할 수도 자신만의 방법을 찾을 수도 없이 주저앉는 눈꺼풀과 씨름하며 숙제로 받아온 많은 양의 문제를 풀어내야 한다.

학기 전에 선행으로 한 번, 학기 중에 학교에서 학원에서 다시 반복, 시험을 위해 또 한 번 같은 내용의 문제들을 적어도 네 번 정도는 마주하니 눈치 빠른 아이들은 문제 유형만 봐도 척척 풀어낸다. 하지만 아는 문제의 반복일 뿐 실제로 모르는 문제는 해결되지 않는 경우가 허다하다. 그렇게 진심으로 필요를 느끼지 못하는 반복되는 문제풀이는 그나마 쥐꼬리만큼 남아 있는 수학적 호기심마저도 깡그리 없앤다. 이리 꼬고 저리 꼬아놓은, 문제를 위한 문제를 만드는 심화나 창의력 문제들은 높은 학년의 상위 개념으로 간단하게 정리할 수 있는데도 풀이과정을 돌고 돌려 일명 '노가다'를 하게 만든다. 이런 상황에 익숙해진 아이들은 개념은 놓치고 아는 문제만 계속 반복해서 풀고, 모르는 것은 모르고 넘어가 결국은 '수포자'의 길로 들어서게 되는 것이다.

신기한 일이다. 그렇게 많은 시간, 또 오랜 시간 반복에 반복을 거듭하며 수학에 집중했음에도 불구하고 고등학교에 들어가면서 많은 아이들이 수포자가 되고 만다. 고등학교에 입학하고 처음 치르는 모의고사 평균점수는 절반 이하이고 아이들의 수학 실력은 극과 극으로 갈려 대입은 수학으로 판가름 난다는 말이 있을 정도다. 수학이 그렇게 어려운 학문인지 아니면 잘못된 방법으로 접근하고 있는지 모를 일이다. 하지만 분명한 것은 학원이나 과외를 통해 개념 이해보다는 문제풀이에 집중하며 한두 달에 한 학기 분량을 끝내는 수박 겉핥기식 선행학습을 한다. 이런 식의 접근은 아는 것도 아니고 모르는 것도 아니어서 수학적 호기심하고는 거리가 멀게 만들어 버린다. 고등 수학에 꼭 필요한 수학적 사고, 논리적 사고를 길러주는 데 아무런 도움이 되지 않는다.

이런 선행 뒤에는 내신을 중요시하는 상급학교 진학이 버티고 있다. 학교에서 학원에서 반복에 반복되는 제자리걸음이 불가피하다. 수학에 대한 호기심이나 나만의 풀이 방법을 찾기 위한 노력은 사치에 불과하다. 아는 문제라도 빨리 정확하게 더해서 절대 실수 없이 풀어내는 것이 중요해졌다. 모르는 문제를 해결하기 위해 시간과 정성을 들이기 쉽지 않은 진행이고 분위기이다. 이런 과정에서 수학은 너무 중요하지만 어렵고 지겹고 포기도 빠른 과목이 되어버렸다.

중학 수학 홈스쿨, EBS 인터넷 강의를 이용하다

수학 학습을 위해 아이들이 어떤 시간을 보내고 있는지 모르지 않았으니 홈스쿨 학습 중 수학에 대한 부담이 적지 않았다. 장기적으로 수학 학습이 아이의 진로에 미치는 영향을 무시할 수 없으므로 소홀히 다룰 수 없는 과목이었다. 그렇다고 선행, 내신, 심화 등 복잡한 학원 진도에 맞춰 공부할 수는 없었다. 초등학교 수학은 학기 시작 전에 받아온 교과서와 익힘책을 통해 무엇을 배우는지 훑어보고 학교 수업에 충실하며 일부 엄마의 도움을 받으면 해결할 수 있었지만, 중학교 수학부터는 그조차 쉽지 않다는 것을 알았다.

선택한 것은 인터넷 강의였다. 활용방법에 따라 장·단점은 분명했다. 선생님으로부터 개념 설명을 들을 수 있고 이해되지 않는 부분은 언제든 반복도 가능했다. 상호 커뮤니케이션이 되지 않아 아이가 쉽게 집중이 흐트러질 수 있는 단점은 분명히 있었다. 질문에 대한 즉답을 얻을 수 없다는 것도 단점이었다. 일부 엄마들은 아이가 인터넷을 열어놓고 인터넷 강의를 듣는 것을 고양이에게 생선을 맡기는 것에 비유하기도 한다. 하지만 부모가 아이가 하는 학습에 관심을 가지고 습관으로 안정될 때까지 지켜봐준다면 이 모든 단점도 별 문제가 되지 않는다. 아이를 믿지 못하는 것은 그만한 노력을 같이 해보지 않아서다.

중학교 과정은 EBS를 이용했다. 전부 무료 강의이고 한 학년 프로그램도 선생님 별로 특징이 다양했다. 아이와 함께 맛보기 강좌를 들어보며 아이 성향에 맞는 선생님을 찾는 것이 우선이었다. 아직도 이름도 얼굴도 기억에 선명한 EBS의 배수경, 천태선 선생님은 아이의 중학 수학 개념 학습에 도움을 주었다. 개념 위주 강의가 있는가 하면 문제풀이 중점 강의도 있다. 각자에게 필요하고 맞는 것을 선택하면 된다. 반디는 개념 위주의 강의를 들었다. 그해의 학습분은 그때그때 진도에 맞춰 강의가 올라오지만, 지난해 강의는 이미 완강이 되어 서비스가 되고 있었다. 반디는 주로 한 해 전에 완강된 강의를 이용했다. 자신만의 속도로 시작부터 완성까지 이어갈 수 있기 때문이었다.

시중에 나와 있는 수학 참고서들은 목적에 따라 개념서, 드릴서, 심화, 응용 등 매우 다양한 이름으로 분류된다. 우리가 선택한 강의는 개념편이다. 강의에 맞춰 교재도 함께 출판되지만 해당 교재를 구입하지는 않았다. 동영상 강의를 진행하면서 선생님의 개념 설명을 듣고, 이어지는 문제풀이는 동영상을 멈추고 하나도 빠짐없이 아이 스스로 풀었다. 개념 설명 듣고 문제 나오면 멈추고 스스로 풀고 선생님 풀이과정 확인하고, 이런 패턴을 거치면 본래 강의시간보다 훨씬 긴 시간이 소요된다. 하지만 수학은 직접 스스로 풀지 않고 풀이과정을 이해하는 것으로 끝나면 절대로 안 되는 과목이기에 시간을 충분히 할애하는 것으로 처음부터 방향을 분명히 했다.

한 단원의 개념 학습을 끝내면 구입해놓은, 문제 양이 많은 드릴서를 가지고 그 단원의 문제들을 풀면서 개념을 다지는 식이었다. 채점은 엄마가 맡아줬고 틀린 문제를 체크해놓아 별도의 노트에 풀이과정을 자세히 쓰면서 다시 한 번 풀게 했다. 두 번을 풀어도 일부 오류에 의해 정답을 바르게 찾지 못한 문제는 써놓은 풀이과정을 확인하며 틀린 부분이나 막히는 부분의 팁을 주어 바로잡게 했다. 많은 오류가 있는 문제는 정답 풀이과정을 따라 이해하게 하고 대단원을 정리할 때 모아서 다시 풀어보는 방법으로 진행했다. 이렇게 학기마다 EBS 개념 강의 1편과 드릴서 1권을 제대로 마무리하는 것이 홈스쿨 중학 수학을 위한 전부였다.

홈스쿨 하는 2년 동안 오전 시간은 수학이나 과학 등 교과 중심 인터넷 강의를 듣는 것이 대부분이었다. 아침 9시에 시작해서 점심을 먹기 전까지 아이는 인터넷 강의와 함께했다. 그중 수학이 훨씬 더 많은 비중을 차지했다. 집중이 잘 되어 꼬박 앉아서 듣는 날도 있었고 덜 되는 날은 쉬엄쉬엄이었다. 중학교 수학 과정을 진행하는 동안, 가능하면 인터넷 강의를 함께 들어주려고 노력했다. 수십 년이 지났지만 중학교 과정은 비록 돌아서면 잊을지언정 듣는 동안은 이해도 되었고 아이가 문제 풀이를 하다 막히는 부분, 정답을 미리 확인한 후 생각을 유도하는 힌트 정도는 줄 수 있었다.

처음 풀 때 제대로 알고 풀었던 쉬운 문제는 반복하지 않았다. 틀린 문제를 급한 마음에 확실한 이해 없이 미루고 넘어가지도 않았다. 강의 중간 중간 중요 내용은 선생님이 반복하고 강조해주니 자동 복습도 가능했다. 학교 시험에 자유로울 수 있었고 지루한 반복이 없어서인지 수학은 거의 매일 만났지만 그리 지겨워하지도 어려워하지도 힘들어하지도 않았다. 중학 수학은 그렇게 마무리했다. 실제로 반디가 수학적 호기심과 흥미를 맘껏 느끼며 푹 빠져 시간과 정성을 들여 제대로 수학답게 공부했던 것은 이어질 고등 수학이었다.

고등 수학 이과 전 과정을 한 선생님과 인터넷 강의로

고입 검정고시를 마치며 수학 학습을 고등 과정으로 변경해야 했다. 중학 과정까지는 어찌어찌 인터넷 강의도 함께 들어주고 풀이과정이 막히는 부분은 정답지를 보며 생각을 유도하는 힌트 정도를 줄 수 있었다지만 고등 과정에 들어서며 더 이상 엄마가 옆에 앉아 있는 것이 무의미해졌다. 아무리 귀를 열고 집중해서 들어도 강의 내용을 이해하기도 점점 힘들어졌다. 이럴 때 늘 사용하는 방법은 솔직함이다. 아이에게 솔직하게 말했다. 아이는 이미 중학교 3년 과정을 8개월에 걸친 인터넷 강의로 마무리한 뒤 고입 검정고시를 마친 상태였다. 엄마가 곁을 지켜주지 않아도 혼자서 인터넷 강의를 듣는 것에 크게 어려움이 없을 정도로 습관이 되어 있었던 것이다. 반디는 고등 수학을 시작하면서부터 더 이상 가까이에서 그 누구의 어떤 도움도 받을 수 없는 외롭고 긴 싸움에 들어섰다.

고등 수학을 위해서도 처음에는 EBSi에 올라온 인터넷 강의를 선택했다. 고등학교 1학년 수학 과정을 선택하기 위해 몇몇 선생님의 맛보기 강좌를 들어보고 아이가 직접 선생님을 선택했다. 그렇게 선택한 선생님은 유머러스해서 혼자 봐도 지루하지 않은 퍽 인상 깊은 선생님이었다. 가끔 집 근처 도서관에서 이어폰을 끼고 인터넷 강의를 듣던 아이는 수업 중간에 웃음이 터져 웃음을 참기 위해 안간힘을 쓰면서 수업을 듣곤 했다. 아이와 너무 잘 맞았던 그 선생님은 나중에 알았지만 수학 인터넷 강의 선생님으로 유명세를 타고 있었다.

본래 고등 과정 유명 인터넷 강의 사이트의 수학 선생님이었는데 당시 수능 출제 범위는 아니었지만 고등학교 1학년 과정 수학의 중요성을 강조하고 싶어 EBSi를 통해 고등학교 1학년 수학만 무료로 제공했던 것으로 기억한다. 지금은 교과개정으로 고등학교 1학년 수학 과정의 이름이 바뀐 걸로 아는데, 반디가 공부할 당시에는

'고등 수학 상, 하'로 불렀었다. 아이는 비록 직접적 커뮤니케이션이 아쉬운 인터넷 강의였지만 그 선생님과의 수업으로 흥미를 넘어 수학에 푹 빠지게 되었다. 거의 매일 오전 시간 대부분을 수학 인터넷 강의에 매달리며 1년 6개월에 걸쳐 고등학교 수학 이과 과정을 완강할 수 있었다.

강의를 듣는 방법은 중학교 학습 과정과 같았다. 선생님의 개념 설명을 주의 깊게 듣고 문제풀이가 나오면 일단 동영상을 멈추어놓는다. 그리고 스스로 그 문제를 풀어본다. 문제풀이가 끝나면 다시 동영상을 틀어 선생님이 푼 방법과 자신의 방법을 비교해본다. 정답을 바로 찾았다면 선생님의 방법보다는 자신의 방법으로 기억한다. 엄마는 이 부분이 마음에 걸렸다. 선생님 방법이 훨씬 간단하고 기억하기도 쉬울 것 같은데 아이는 조금 돌아가고 지저분해도 자신의 방법이 더 기억에 남는다고 했다.

중학 과정을 학습할 때는 개념 강의와 연계된 책을 구입하지 않고 드릴서를 이용했지만 고등 과정은 그 강의만을 위해 선생님이 직접 출판한 책을 구입해서 함께 보았다. 교재 중 선생님과 인터넷 강의에서 함께하는 문제는 일부에 불과했고 나머지 문제는 인터넷 강의를 마친 후 혼자서 해결하는 방법이었다. 틀린 문제에 대한 복습 방법도 중학교 과정 공부와 같았다. 고등 수학 전 과정 중 고등학교 1학년 과정(고등 수학 상, 하)에 한해서 강의 교재 이외의 심화 참고서를 추가로 보았다. 비록 수능 출제 범위에서 벗어난 과정이지만

이 과정에서 무너지면 결국 수포자가 되는 것이라고 너무 강조를 했기 때문이다.

홈스쿨이어서 가능했을까? 수학을 수학답게

아이가 고등 수학을 공부하며 엄마와 의견이 맞지 않아 가끔 다투는 경우가 생겼다. 중학 수학과는 달리 고등 수학은 문제풀이를 위해 시간이 많이 지체되었다. 개념 설명을 듣고 문제가 나오면 동영상을 멈추고 풀기 시작한다. 간단한 문제는 금방 해결되었지만 조금 복잡한 문제는 시간이 걸리기 시작했다. 함수 그래프가 나오면서는 성격상 꼼꼼하게 그래프를 그리고 싶은 마음에 더욱더 시간은 지체되었다. 지켜보는 엄마는 조급함에 시간이 꽤 흘렀는데 해결을 못 한다 싶으면 아이에게 동영상을 다시 돌려 정답을 확인하길 바랐지만, 아이는 끝까지 자신이 문제를 풀어야 한다고 고집을 부렸다. 중학교 과정은 엄마가 정답을 확인하고 막히는 부분에 대해 약간의 힌트를 주면 마무리되곤 했는데 그조차도 도움을 줄 수 없으니 막막하기만 했다. 그러다 보니 한 시간짜리 동영상을 소화하는 시간이 길게는 두 시간이 넘는 경우가 비일비재했다. 나는 아이를 설득하기 시작했다.

"모든 문제를 네 스스로 완벽하게 소화하는 것은 무리야. 문제를 여러 방면으로 생각해보고 풀어보려고 도전하는 것을 나무랄 수는 없지만, 선생님이 제시하는 빠르고 정확한 방법을 배우는 것도 나쁘지 않아. 수학 시험이 결국 시간 싸움이 될 날이 올 것인데 이렇게 풀다가는 문제를 전부 소화할 수 없어."

아이와 이 이야기를 한 순간은 반디가 한 문제를 붙들고 한 시간 반 이상을 씨름할 때였다. 난 감정이 조금 격해 있었고, 아마도 말투가 단호했던 것 같다. 아이를 믿어줘야 하는데 그게 되지 않았다. 반디의 대답은 간단했다.

"시간이 아무리 많이 걸려도 그 문제를 스스로 해결하고 나면 너무 기분이 좋아. 어떻게 풀었는지 다시 한 번 확인해보면 문제를 풀면서 쓰인 개념도 확실해져. 선생님 풀이를 보면, 그 순간은 시원한데 기억에 잘 남지 않거든. 지금 당장 시험을 봐야 하는 것도 아니니까 그냥 푸는 데까지는 풀어보면서 하고 싶어."

안 그래도 문제가 풀리지 않아 잔뜩 속이 상해 있는 상태에서 엄마와 논쟁을 하다 보니 울컥했는지 눈 주위가 발개지며 고집을 꺾지 않았다. 그 순간 내가 물러서야 할 때임을 정확하게 알았다. 더이상 아이의 학습 방법에 엄마 의견이 개입되어서는 안 될 것 같았다. 아이 말을 전적으로 수긍하고 못 푼 문제를 다음 날로 미루기로 했다. 그런데 책을 덮고 시원한 아이스크림으로 기분 전환을 하고 있던 반디는 갑자기 책을 펼치더니 그 문제를 해결했다. 그리고 그거 보란 듯이 엄마를 환한 웃음으로 쳐다봤다. 그날 이후부터 아이의 수학문제 풀이 방법이나 과정에 일절 개입이나 간섭을 할 수 없게 되었다.

아이의 진도에는 반복이 없었다. 한 선생님과 이과 수학 전 과정을 진행하며 이렇게 모든 문제를 스스로 풀며 개념을 탄탄히 하는 것으로 만족했다. 새로운 개념을 스스로 완벽하게 이해하고 정리했다 싶으면 그것을 엄마에게 설명해주는 것으로 복습을 했다. 솔직히 잘 알아듣지도 못하지만 열심히 장단 맞춰 들어주었다. 그것밖에는 도울 수 있는 방법이 없었다. 누군가에게 설명을 할 정도로 개념이 잡혀 있다면 그건 분명하게 알고 있는 것이라 생각했다.

반디가 말하기를, 선생님께서 문제풀이를 하면서 그 문제 해결을 위해 필요한 하위 개념에 대해서 다시 한 번 짚어주는 경우가 많은데 그런 경우 자동 복습이 된다는 것이다. 그리고 그 선생님께 배웠던 개념이기에 정확하게 선생님이 강조했던 억양으로 반복하니 확실한 복습이 가능하다고 했다. 고등 수학에 들어가 오전 대부분을 인터넷 강의와 씨름하게 되었다. 그러면서 점점 수학에 흥미를 가지게 되었고 현장 수업을 직접 들어보았으면 했다. 지방에 살다 보니 지리적인 한계도 있고 정규 과정이 아니고서는 현장 수업 참여도 어렵다 해서 아쉽게 포기할 수밖에 없었지만 아이는 오랫동안 선생님이 수업시간에 했던 농담이나 암기를 위한 특별한 방법, 수업 이외의 잡담까지 기억하고 있었다.

그렇게 반디는 EBS와 인터넷 강의를 통해서 중·고등학교 수학 전 과정을 마무리했다. 고입과 고졸 검정고시 두 번 동안 수학을 단 한 문제도 놓치지 않았다. 그리고 수학 학습에 대해 그 어떤 부분도 영어로 경험한 바 없던 반디는 유학 첫 해 전공에 따라 최고 레벨의 수학 강의를 필수로 들어야 하는 부담을 안게 되었다. 하지만 심화나 문제풀이보다는 개념에 집중한 반디의 수학 학습은 현지에서 통했다.

해외 대학, 영어로 만난 수학

중·고등학교 수학 학습을 모두 인터넷 강의로 마무리하고 대입 검정고시를 마친 뒤 처음부터 계획한 일은 아니었는데 해외 대학 입학으로 다음 진로를 결정하게 되었다. 입학 지원을 위해서 반드시 갖추어야 할 기본 조건이 고등학교 내신 성적(반디는 검정고시 성적) 그리고 대학에서 요구하는 국제공인 영어인증시험 일정 기준 이상이었다. 대입 검정고시 시험을 8월 초에 마치고 20여 일 후인 8월 말

특별한 준비 없이 영어인증시험을 보았다. 엄마표로 시작해 반디 스스로 꾸준히 쌓아온 '원서 읽기' 내공 8년의 뒷심이 처음으로 공식적인 점수로 확인되는 순간이었다.

무난히 기준 점수 이상을 받아줘 대학에서 공부를 하게 되었지만 걱정되는 것이 있었다. 반디가 주로 영어 습득을 위해 가까이 했던 책들은 문학 쪽이었기에 교과 중심 과목인 수학, 과학을 영어로 접해본 경험이 너무 없다는 것이었다. 그중 과학은 초등 고학년에서 중학교 정도의 내용이 담긴 원서를 간단하게나마 접했지만 수학은 전혀 그렇지 못했다. 영어로는 낯선 수학 용어도 걱정이 되었고 많은 문제를 풀며 복습에 심화를 한 것도 아니었기 때문에 실력 면에서도 불안함이 있었다. 거기에 더해 첫 학기부터 아이는 자신의 전공에 맞춰 세 단계 레벨의 수학 강의 중 가장 높은 고급(Advanced) 레벨을 의무적으로 들어야 했다.

그런데 뜻밖에도 반디가 파운데이션 과정 첫 학기 성적에서 가장 높은 점수를 받은 것은 수학이었다. 확실한 개념을 가지고 있으니 강의 내용을 알아듣는 것은 어렵지 않았다 한다. 단지 한글로 알고 있는 용어를 영어로 매치하는 것에만 좀 더 주의를 기울이니 영어로 수학을 배운다는 것 자체가 신기하고 재미있었단다. 수학은 한국 친구들 말고도 세계적으로 어려움을 많이 느끼는 학문인가 보다. 한 학기가 지나고 나니, 같은 반에서 수업 받던 친구들이 과목을 통과하지 못해 중급반(Intermediate Class)으로 재수강을 하는 경우가 꽤 되었다. 일부만 두 번째 학기에 고급반(Advanced Class)에 남게 되고, 반디는 수학 잘하는 친구로 알려져 휴게실에서 종종 친구들의 과제를 도와주었다. 이후 본격적인 전공 과정에서도 수학은 피할 수 없는 과목이었지만 흥미도 잃지 않았고 성적도 전공보다 좋은 결과를 얻고는 했다.

대학 수학을 경험한 반디가 한 말 중 인상적이었던 것이 있다. 아마도 자기가 한국에서 중·고등학교를 학교 교육으로 받게 되었다면 절대 수학을 잘하는 친구, 아니 수학점수가 좋은 친구는 아니었을 거라는 것이다. 시간이 충분하면 못 풀 문제가 없는데 제한된 시간 안에서 문제를 푸는 것에 너무 약하다는 것이다. 아마도 많은 문제를 반복해서 풀면서 다져야 하는 부분이라 덜 익숙했던 것 같다. 과제로 받아온 문제들을 해결하는 데는 늘 여유로웠다. 결과를 도출하기까지 조금 다른 길로 돌다 보면 가장 빠른 길이 아니기에 풀이 과정도 길어지고 덜 정돈되어 어수선해도 그 논리적 사고에 오류가 없으면 꼼꼼하고 디테일한 코멘트와 함께 돌려받는 교수님 평가는 만족스러웠다. 다만 3시간 파이널 시험을 몇 차례 치르면서 고개 한 번을 들지 못하고 풀어나가야 간신히 시간 내에 문제를 다 풀 수 있어 자신이 풀었던 문제를 재검토할 여유조차 없었다는 것이 한계로 느껴졌다고 했다.

개념을 든든히 한 것만으로는 한국의 교육 제도 안에서 버틸 수 없었을 것이다. 경쟁에서 절대 우위를 차지할 수 없었을 테니까. 그런데 신기하게도 개념을 든든히 한 것만으로도 새로운 언어로 다시 시작해야 하는 수학에 전혀 어려움이 없었다. 수학 자체에 대한 흥미도 꾸준히 유지되었다. 뿐만 아니라 무리하지 않고 수학을 자신의 전공에 접목할 수 있었다.

수학은 논리다

한국에서 제도교육을 받았다면 절대로 갈 수 없는 길이었음을 잘 안다. 아이는 또래 친구들과 시간적으로 비슷하게 수학공부를 했다. 친구들이 학교와 학원에서, 또 집에 돌아와서 과제를 소화하는 모든 시간을 더한 시간보다 어쩌면 더 짧은 시간이었을 수도 있다. 어쩔 수 없는 선행과 내신의 반복, 거기에 각종 시험에 발목 잡혀 앞으로 나아가지도 못하고 제자리걸음을 하면서 보내야 하는, 죽이는 시간이 가장 많은 것이 우리나라 수학 학습법이다. 그 결과 흥미는 사라지고 수포자는 늘어나고 사교육 시장은 가장 커졌다.

반디는 비록 상호 커뮤니케이션이 되지 않는 인터넷 강의였고 요령도 스킬도 없이 우직한 방법으로 많은 시간을 들여야 했지만, 모르는 것은 계속 모르는 채 남게 된다는 무의미한 반복을 하지 않았다. 서술형조차도 정답이 있는 답안지의 풀이 방법에 맞추어야 하는 부담에서 벗어나 나만의 논리로 풀어가는 데 시간을 충분히 할애할 수 있어 수학에 대한 흥미를 유지할 수 있었다. 수없이 반복되는 이런저런 평가에 자유로우니 기계적인 풀이 방법에 익숙해지는 것을 피할 수 있었고 자신만의 방법으로 문제에 접근하는 것이 가능했다.

"수학은 논리다"라는 말이 있다. 수학문제를 풀기 위해서는 수학적 개념과 함께 논리적 사고력이 있어야 한다는 말이다. 처음 만나는 모르는 개념을 공부하기 위해서 선생님의 도움이 필요하다. 그런데 논리적 사고는 외부로부터의 도움이 절대적이지 않다. 문제를 완벽하게 이해하기 위해 고민하고 스스로 해결하는 과정에서 길러지는 것이다. 생각 없이 풀어내는 몇 십 개의 문제보다 단 한 문제라도 자신만의 방법을 찾으며 수학답게 풀어나가는 것이 논리적 사고를 기를 수 있는 방법일 것이다. 지나고 나니, 그렇게 배우지 않아 그것이 옳은 방법인 것을 모른 채 아이를 다그쳤던 내가 부끄러웠다. 엄마에게 지지 않고 자기만의 방법을 고집해준 아이가 고마웠다.

우리가 피할 수 있었던 선행, 반복, 평가 등이 꼭 필요해서, 그것들을 할 수밖에 없는 환경에서 수학을 접했다면 아이가 그렇게 고집을 부렸을지는 장담할 수 없다. 고집을 부렸다 해도 큰 문제였을 것이다. 아마도 거부할 수 없는 게 자명하기에 아이는 다른 친구들과 같은 방법을 쉽게 수용했을 것이다. 그것을 감당하기 버거워 수학적 흥미를 잃어버리고 수포자가 되었을 수도 있다. 홈스쿨이었기에 많은 것으로부터 자유로울 수 있어 혼자서 철저히 자기 자신과 싸우면서 수학을 통해 논리적 사고를 키웠음을 뒤늦게 확인하게 되었다. 제도교육 안에서나 대안교육 안에서나 수학을 어떻게 공부하는 것이 바른 방법인지 생각해보기 바라는 마음이다.

과학, 사교육이 필요할 때도 있다

홈스쿨을 하면서 전부 아이 스스로 학습해야 한다고 생각하지 않았다. 필요에 의해 사교육의 도움을 받을 생각도 했었는데 주로 과학이 그렇게 되었다. 반디가 학교 교과과정을 꾸준히 따라가며 학습을 진행한 것은 수학과 과학이었다. 중학 과학을 위해서는 역시 EBS 강의를 이용했다. 하지만 공부하는 방법을 제도 교육에 있는 친구들과는 좀 다르게 계획했다. 고등 과정 과학은 물리, 화학, 생물, 지구과학 등으로 교과서도 선생님도 영역별로 전문화되어 있지만 중등 과학은 영역이 골고루 섞인 통합 교과였다. 우리는 중학교 3년 전 과정의 단원별 색인을 살펴 그것을 영역별로 분류하여 한꺼번에 집중해서 EBS 교재와 함께 인터넷 강의를 들었다.

3년치 지구과학 관련 내용을 다 마친 뒤 화학을 그리고 물리, 생물 순으로 진행했다. 학년별로 산만하게 구성된 인터넷 강의 목록과 단원 목록을 맞춰주는 일에 신경을 써주었다. 수학과 마찬가지로 EBS 과학 인터넷 강의도 당해가 아닌 전년도에 완강된 것을 이용했다. 당시 일부 교과 내용이 바뀐 부분은 추가적으로 보충을 해주는 식이었다. 반디는 EBS 인터넷 강의로 공부하는 내용과 연관하여 우연히 중고로 구입하게 된 미국 과학 교과서도 함께 볼 수 있었다. 이미 영어가 편안해진 아이에게 원서는 훌륭한 보충 교재였다.

한창 일본 동북부 지진 방송이 연일 헤드라인을 장식하던 2011년 3월에 시작한 과학 공부는 관심 있는 분야부터 접근하기 위해 지구과학을 먼저 하게 되었다. 단원을 마무리하는 작업으로 해당 파트의 과학 원서를 읽고 그 내용을 자신만의 방법으로 노트하며 정리했다. 이때는 유학에 뜻이 전혀 없던 때였는데 아이가 원서에 관심을 가진 이유는 어려운 한자어가 많은 과학 용어를 오히려 영어로 보는 것이 더 쉽게 이해되기도 했기 때문이다. 이미 영어는 초등 6년의 전력 질주로 현지의 또래만큼 편안해졌을 때였다.

중학 화학을 EBS 강의로 진행하며 직접적인 실험 관찰을 통해 좀 더 심도 있는 공부를 하고 싶어 했다. 하지만 주변 과학 사교육은 학교 교과에 맞춘 선행 일색이었고 반디가 원하는 방식의 수업을 찾기가 쉽지 않았다. 그러다 한 사설 영재교육원에서 과학영재고나 과학고를 목표로 하는 친구들을 위해 실험 프로젝트 수업을 진행한다는 것을 알게 되었다. 이미 상당부분 선행이 완성된 친구들과 함께 이 수업을 하기 위해서는 중학교 화학 과정을 마쳐야 가능하다는 상담 선생님의 말이 놀라웠지만 반디가 너무 관심 있어 해서 시간을 몰아 화학 파트를 빨리 마무리할 필요가 있었다. 실험과 토론을 바탕으로 하는 프로젝트 수업에 반디는 적극적이었고 집에서도 관련 자료들을 찾아보며 깊이 탐구하기 시작했다. 아이는 일주일에 한 번 친구들과 실험하고 토론하는 일을 무척 즐거워했다. 그런데 화학을 마치고 물리를 진행하던 도중 그곳에서도 부모들의 건의로 고등 과학 선행 위주의 이론수업으로 무게가 옮겨졌다. 대부분 함께 공부했던 친구들이 필요에 의해 그 반으로 넘어가면서 프로젝트 수업의 진행이 어렵게 되었고, 반디는 아쉽지만 1년을 채우지 못하고 그만두게 되었다.

프로젝트 수업을 지도해주었던 선생님은 그 후에 개인 자격을 강조하며 전화를 주었다. 통합적인 사고로 프로젝트 수업에 참여하여 결과를 얻을 때까지 가장 바람직한 태도와 결과를 보여준 것이 반디였다며 친구들과 달리 고정된 틀에 맞춘 문제풀이에 매달리지 않고 충분한 시간을 가지고 생각하는 여유를 계속 유지해줬으면 좋겠다는 조언도 해주었다. 선생님이 전화했다는 사실을 학원 측은 몰랐으면 한다고 말했다. 학원 내부에서도 수업의 형태에 대해 갈등이 있었구나 싶었다.

사설 영재교육원을 그만두면서 반디 고등 과학 진행이 잠깐 길을 잃었다. 인터넷 강의를 할까 했는데 반디는 일부 과목은 전문 선생님과 직접 만나 공부하고 싶어 했다. 그래서 관심 있어 하는 화학,

물리 부분만 전문 과외선생님의 도움을 받아 깊이 있게 공부했다. 생물과 지구과학은 EBSi 인터넷 강의를 통해 개념적인 부분을 익히는 것으로 고등 과학을 마무리했다. 이렇듯 홈스쿨 과학 학습 중 중등 과학은 EBS로 하고 고등 과학은 필요에 따라 사교육을 적절히 함께 했다. 아이는 프로젝트 수업에 이어 이론적인 부분은 전문 과외 선생님과 깊이 있는 공부를 하며 화학을 재미있어했다. 자신이 화학을 잘할 수 있다고 생각했고 더 깊이 공부하고 싶어 했다. 그래서 유학을 결정하고 전공을 선택할 때 부모 입장에서는 순수 과학을 공부하겠다는 것이 반가울 수 없었지만 하고 싶은 공부, 잘할 수 있는 공부라는 아이의 설득에 넘어가줄 수밖에 없었다.

살아 있는 지식은 ——— …
관심 속에서 얻을 수 있다

누군가가 배워야 한다고 규정한 획일적이고 단편적인 내용을 담아 놓은 '교과서'는 단지 학교 안에서 '시험'을 위한 가치로만 존재한다. 교과서 안에 담긴, 이미 지식이라 부르기 애매한 것들을 꼭 배워야 한다는 욕심을 버렸다. 교과서 없이도, 누군가 교과목으로 분류해서 시시콜콜 가르쳐주지 않아도 스스로 관심을 가지고 있는 것에 훨씬 깊고 재미있는 방법으로 배우고 익힐 수 있는 세상이다. 모든 지식을 책을 통해서만 얻을 수 있는 것도 아니다. 책보다 훨씬 근사한 방법으로 배우고 익히기도 했다. 그것이 지금 아이들이 지식을 습득하는 보편적인 방식임을 인정해야 했다.

아이는 축구광이었다. 직접 뛰는 것을 좋아했지만 몸이 무거워 그리 날렵하지는 못했다. 뛰는 것보다 더 좋아하는 것이 보는 것이었다. 홈스쿨을 하며 틈만 나면 스포츠채널의 유럽축구리그 경기 속으로 빠져들었다. 본 리그가 시작되면 시차가 커서 새벽 3, 4시에 일어나야 생중계 방송을 볼 수 있었는데 중요 경기는 놓칠 수 없다고 혼자 스스로 일어나 경기를 관람했다. 엄마야 별 관심이 없어 이해하기 힘들었지만 아빠는 세 번에 두 번 정도는 함께해주었다. 경기가 끝나면 거의 아침 기상시간에 가까워져 잠을 설치고 출근을 하게 되었지만 축구는 함께 봐야 제 맛이라며 아이가 일어난 듯하면 부스스 자리 떨치고 거실로 나가는 고마운 아빠였다. 그러면서 아이는 유럽리그 경기일정이나 선수들을 줄줄이 꿰고 있었고 관련 홈페이지에 드나들며 원어로 주요 장면을 복습까지 했다.

검정고시 준비를 하며 처음으로 세계 지리나 세계사를 접하게 되었다. '지도를 못 읽는 사람'인 엄마는 어떻게 접근해야 하는지 막막하기만 했다. 그런데 의외로 아이는 세계 지리에 아주 익숙했다. 대륙 안에 어떤 나라들이 어디쯤 위치하고 있는지도 잘 알고 있었다. 세계사에 기록되지 않은 믿어도 될지 모를 소소한 사건들에 대해서도 꽤 알고 있었다. 축구 덕분이었다. 우리 집 식탁 유리 아래는 커다란 세계지도가 깔려 있었다. 유로파리그, 챔피언스리그, 월드컵 등 각종 축구 경기를 관람하는 것에 그치지 않고 스포츠 채널에서 방영하는 역사적인 경기, 전설적인 선수 관련 프로들도 빠지지 않고 찾아서 보고 또 보고 했다. 그러면서 자신이 응원하는 팀이 속한 나라, 그때그때 관심이 가는 나라를 세계지도의 어디쯤 위치해 있는지 찾아보기 시작했단다. 그 팀이 원정경기로 어디를 간다 하면 그곳이 어디인지 어떤 경로와 탈것을 이용하는지 그곳 경기장 사진까지 구글 지도를 이용해 위성사진으로 확인하고는 했다는 것이다. 아이는 유명 경기장 사진만 보고도 그 경기장이 어느 나라 어느 도시에 있는지 알아봤다.

세계 최고의 라이벌 간 더비 매치의 경기 중계 속에는 두 나라 간의 역사적인 사실도 언급이 되곤 했는데 그때마다 도대체 어떤 사건일까 궁금해서 검색으로 찾아보곤 했단다. 아! 이런 거구나. 아이가 어려서 뭔가를 알고자 노력하는 지적 호기심이 없다고 한탄하고는 했었다. 그런데 그것도 때가 있는 것이었다. 엄마 혼자 조급해 했구나 반성이 되었다. 호기심을 가질 만한 계기와 그것을 스스로 찾을 만큼의 시간만 있다면 충분했던 것이다. 세계의 지리나 역사를 교과서에서 또는 선생님의 설명으로 듣고 배운 것보다 생동감 있고 오래 기억에 남는 방법으로 아이는 스스로 익히고 있었던 것이다.

유학 중 아이는 낯선 나라, 낯선 문화를 가진 다양한 국적의 친구들을 만나게 되었다. 한번은 함께 어울려 이야기하는 친구들 중에 보스니아 친구가 있었다고 한다. 많은 친구가 보스니아의 위치나 정확한 국가명을 대부분 낯설어했는데 반디가 '보스니아헤르체고비나'라는 정확한 명칭과 위치를 이야기했을 때 가장 놀란 것은 보스니아에서 온 친구였다고 한다. 축구에 관심을 가지면서 월드컵 경기 출전 국가들 중 색다른 역사를 가진 나라들에 대해 나름대로 검색해본 기억이 있는데 영국이 역사적 특성상 스코틀랜드, 웨일즈, 잉글랜드, 아일랜드 등 각각의 팀으로 출전하게 된 배경을 찾아보다가 추가적으로 보스니아헤르체고비나의 단일팀 출전 배경까지 알게 되었다는 것이다. 오래전이었지만 알고 싶은 내용을 스스로 찾아 기억했기에 단기기억이 아닌 장기기억으로 저장되어 있었던 것이다.

예전처럼 교과서에 주어진 내용을 지식으로 전달하고 받아들이라 강요하기에 지식의 개념도 달라졌고 지식이 생성되고 소멸되는 흐름 또한 매우 빠르다. 다양한 책을 통해서, 또 이렇듯 관심 가는 일상을 통해서 실시간으로 아이들은 많은 것을 알아가고 자신의 것으로 만들 수 있다. 아이들은 그런 시대에 처음부터 태어나 살고 있어서인지 그 방법이 그 속도가 그리 낯설지도 않다. 새로운 것에 익숙해지는 시간이 얼마나 짧은지 놀랍기까지 하다. 뒤쫓아 겨우 따라 잡았다 싶으면 이미 아이들은 그것에서 멀어져 있다. 그 속도가 낯설지만 부모는 아이를 뒤쫓아서라도 맞추고자 노력한다. 그런데 학교는 그 속도에 맞추지 못할 뿐 아니라 여러 가지 법, 규제 등 노력조차도 포기하고 아이들 발목을 잡고 있다. 아이들이 제도교육을 하든 홈스쿨을 하든 학습적으로 도움을 받을 수 있는 방법은 너무 버라이어티하고 접근 또한 쉽다. 충분한 시간만 있다면 말이다. 부모가 아이들이 학교에서 배우고 있는 교과목 학습 전부를 책임져야 한다는 부담에 홈스쿨을 망설일 일은 아니라는 것이다.

자기주도학습, 왜 욕심 부리나?

먼저 글을 읽기 전에 자기주도학습이 어떤 의미인지 잠깐이라도 짚어보는 생각의 시간을 가져 보기를 권한다. 언제부터 이 말이 회자되기 시작했는지 모르지만 이제는 많이 익숙하고 욕심이 나는 말이다. 그런데 의외로 이 말을 본래 의미로 제대로 이해하는 사람이 생각보다 적다. 그로 인해 다소 왜곡되고 변질되어 아이들을 어정쩡하게 만들고 있는 것은 아닌지 오지랖을 떨어보자.

설마 혹시 아직도 자기주도학습의 의미가 학교에서 하고 있는 교과 중심, 강의 중심, 주입식 교육에서 배워야 할 것들을 미리 또는 제때, 사교육이나 그 누구의 도움 없이 혼자서 계획하고 실천하며 학업성적을 올리는 것이라고 믿고 있다면 이후의 글에 동의할 수 없어 불편할 수도 있다. 다음은 네이버 지식백과의 '교육학용어사전'에 있는 자기주도학습의 정의다.

학습자 스스로가 학습의 참여 여부에서부터 목표 설정 및 교육 프로그램의 선정과 교육평가에 이르기까지 교육의 전 과정을 자발적 의사에 따라 선택하고 결정하여 행하게 되는 학습 형태. 자기주도 학습은 특히 사회교육이나 성인학습의 특징적 방법으로 많이 활용된다. 그 이유는 학교 교육의 경우는 통상적으로 정형적 교육(formal education)의 성격상 표준화된 교육과정에 의해, 교사의 주도하에, 타율적인 교육이 실시되나 이와 달리 사회교육에서는 상대적으로 학습자에 의한 자율적 교육의 선택 폭이 넓은 비정형적이고 자율적이며 이질적이고 다양한 교육이 이루어지기 때문이다. 또한 사회교육의 주 대상이 되는 성인 학습자는 아동 및 청소년 학습자와는 달리 자아개념이 독립적이고 자율적으로 성숙하게 되므로 자기주도학습이 가능할 뿐 아니라 이러한 자율적 학습이 보다 효과적인 교육방식이 될 수 있기 때문이다. 따라서 자기주도학습에서 학습자는 단순히 수직적이고 위계적인 학습 풍토하에서 수동적으로 학습에 임하는 객체가 아니다.

_네이버 지식백과, '교육학용어사전'

읽으면서 맘에 걸리는 부분이 있을 것이다. 학교에 속한 아이들을 위한 학습 방법은 아니라는 것이다. 학교 교육의 성격은 통상적으로 정형적, 표준화된 교육과정에 의해 교사의 주도하에 타율적인 교육이 실시된다. 자기주도학습에서 '학습자'가 되어야 하는 아이들은 단순히 수직적이고 위계적인 학교의 학습 풍토하에서 수동적으로 학습에 임하는 객체일 수밖에 없기에 그건 아니라는 분명한 선 긋기를 보았으리라 믿는다. 이렇듯 아이들이 학교 교육을 통해서는 배울 수도 적용하기도 힘든 자기주도학습이다. 순수한 본래 의미로 스스로 바른 방향으로 배우고 익혀야 하는 것 또한 자기주도학습이라 할 수 있다. 하지만 그것이 학교 시험성적이나 수능성적을 위한 것은 아니어야 한다. 언젠가는 세상과 맞서 발휘될 자신만의 깊이 있는 내공을 위해서 욕심 부려야 하는 것이다.

자기주도학습, 왜 해야 하나? ———— …

수천 년이 걸렸던 시대적 변화는 수백 년, 수십 년으로 점점 혁명에 가깝게 빠르게 변화하고 있다. 아이들을 제도권에서 교육시키든 제도권 밖에서 교육시키든 급변하는 시대에 예측 불가능한 미래를 마주해 살아갈 수 있는 힘을 길러줘야 한다. 미래학자 앨빈 토플러는 2006년 발간한《부의 미래》에서 '제 4의 물결 시대'를 예견했다. '제 1의 물결'인 농업혁명이 수천 년 이어졌다면, '제 2의 물결'인 산업혁명은 수백 년이라는 짧은 시간에 산업화를 이루었다. 1950년대 중반부터 지금까지 수십 년 이어져오고 있는 '제 3의 물결'인 정보

혁명을 넘어 이제는 시간, 공간, 지식이라는 세 가지가 부를 창출하는 근본 요소가 될 '제 4의 물결'이 도래할 것이라고 한다.

첫 번째 요소인 '시간'을 이야기하며, 그는 사회 구성 요소의 변화속도가 제각각인 것을 고속도로를 달리는 자동차에 비유했다. 미래사회에서는 이들이 속도를 맞추는 '동시화'가 매우 중요하다는 것이다.

사회를 고속도로에서 달리는 자동차에 비교해보자. 시속 100마일로 달리는 차는 첨단기업이다. 가장 속도가 빠르다. 비정부기구(NGO)는 90마일의 속도로 달린다. 요즘 그 수가 급증했다. 하지만 같은 도로에서도 느린 차들이 있다. 규제당국은 25마일이다. 시대의 흐름을 이해하지 못한다. 공공교육 시스템은 10마일 정도가 될지 모르겠다. 시속 3마일로 달리는 차도 있다. 정부와 관료주의다.

_《부의 미래》, 앨빈 토플러, 청림출판, 2006년

인터넷과 교통의 발달은 한 개인이 선택할 수 있는 '공간'의 범위에 대해 지구를 하나의 마을로 이름 지어 글로벌이라 하는 것에도 모자라 지구 밖으로까지 넓어지고 있다. 앨빈 토플러는 부를 창출하는 장소에 대해 공간을 넓게 쓰는 개방적 조직이 미래의 부를 창출한다고 말한다. 그럼 마지막 세 번째 요소인 '지식'은 어떠한가? 아이를 키우는 부모로서 이 부분이 특히 마음 쓰였다. 많이 아는 것이 힘인 시대를 넘어 넘쳐나는 정보들 중에 쓸모 있는 것을 선별하고 통합하는 능력이 힘이 되는 시대로 접어든다는 것이다. 기계처럼 일하던 우리 세대에서는 학교 교육이 나름의 가치를 가질 수 있었다. 직업을 선택하는 '공간'도 어느 정도 한정되어 있었고 '지식'의 차별도 크지 않았다. 대학을 졸업하고, 일부는 고등학교를 졸업하고도 성실한 직장생활을 통해 평생직장도 보장되던 시대였다.

하지만 학교라는 공간에 가두어 강의 중심의 주입식 교실학습으로 얻어질 수 있는 지식이 힘을 가지는 시대는 이미 지났다. 많은 이들이 '자기주도학습'을 마치 학교에서 하고 있는 교과 중심, 강의 중심, 주입식 교육을 사교육이나 그 누구의 도움 없이 혼자서 계획하고 실천하며 학업성적을 올리는 것을 의미한다고 오해하는 것은 아닌지 안타깝다. 자기주도학습의 '학습' 목적은 학교 평가나 대입 수능시험 만점에 있지 않다. 자기주도학습을 통해 얻어야 하는 것은 학력 평가의 높은 점수가 아니라 '창의성'이 되어야 하는 것이다.

스스로 필요한 지식과 정보를 찾아내고 선별해서 자기에게 필요한 정보로 재가공하는 힘을 길러줄 수 있는 교육이 필요하다. 학교는 아이들이 능동적으로 지식을 찾아갈 수 있도록 제대로 된 교육과 피드백을 주어야 한다. 이런 교육이야말로 진정한 '자기주도학습' 능력을 길러주는 것이다. 내 아이가 학교에 속해 있는 지금, 이것을 학교로부터 기대할 수 없다면 가정에서라도 지도해주어야 한다. 허울뿐인 '자기주도학습'에 속지 말고 진정한 의미의 자기주도학습을 위해 너무 바쁜 하루를 보내야 하는 아이들에게 능동적 지식을 찾을 시간을 돌려주는 것을 우선으로 하면 어떨까.

우리 세대가 너무 빠르게 변화하는 '제 3의 물결' 속에서 허우적거렸다면 우리 아이들이 사는 세계는 '제 4의 물결'의 시대가 될 것이다. 어쩌면 이미 접어들고 있는지도 모른다. 그런데도 도무지 변화의 속도를 쫓아갈 능력도 의지도 없는 곳이 '학교'다. 교재 연구도 지도 방법도 19세기에 머물러 있는 '교실'에서 그나마 변화를 위해 애쓰지만 보이지 않는 벽에 부닥치며 현실과 타협할 수밖에 없는 20세기 '교사'들이 원래 빠르게 변화하는 세상 속에서 태어나 그 속도가 낯설지 않은 21세기 '학생들'을 상대하는 곳이 학교다. 세상의 속도에도 아이들의 속도에도 맞추지 못하니 제자리걸음도 나아가지도 못하고 엉거주춤한 곳이 학교다. 그 학교를 통제하고 관리하는 정부와 관료주의까지 더하면 그 안에서는 답이 보이지 않는다.

이제는 더 이상 지식이라고 부를 수 없는 것들이지만 시험이라는 틀에 맞추기 위해, 누군가 정답이라고 알려준 것을 수동적으로 암기해야 한다. 보충수업, 자율학습, 학원, 과외 등으로 방과 후 시간조차도 자유롭지 못한 아이들을 강제노동 수준의 학습에 시달리게 만들어 자기주도학습 역량을 통해 창의성을 기를 기회조차도 철저하게 사장시키고 있다. 우리 아이들이 살아가야 할 시대를 이끄는 사회의 주역은 바로 창의성을 가진 사람들이라는 것을 모르지 않는다. 본래 빠른 시대에 태어나 시대의 흐름이 낯설지 않은 아이들을 그냥 내버려두기만 해도 스스로 알아서 잘 맞춰나갈 것이다. 하지만 제대로 지켜보지도, 방향 잡아 이끌어주지도 못하면서 오히려 역효과를 낼 수 있는 제도와 환경을 억지로 만들어 자기주도적이고 창의적일 수 있는 기회조차 체계적으로 망가뜨리고 있다.

주절주절 길어진 글이지만 부탁하고 싶은 것은 그리 복잡하지 않다. 왜곡되고 변질된 '자기주도학습'에 속지 말았으면 한다. 학원도 캠프도 이 말이 빠지면 서운할 정도인 것에 많이 놀랐다. 자기주도학습으로 얻을 수 있는 '창의력'을 위해 어떤 식의 지식 접근을 해야만 하는지 고민해보기를 바라는 마음, 딱 그거다. 빠르게 변화하는 세상이 필요로 하고 나아가 경쟁력을 갖출 수 있는 지식을 학원에서 캠프에서 학업성적을 올리는 방법으로 접근하는 자기주도학습 지도로도 만족할 수 있다고 믿는 분들은 돌을 던져보시라.

이과 성향?
문과 성향?

말도 많고 탈도 많은 2015년 개정 교육과정의 핵심은 문과·이과 통합이었다. 문과·이과 구분을 하니 그 반대되는 과목에 대해서 기본 지식이 부족하고 지식이 편향되니, 그런 문제점을 개선하기 위해서였다. 그런데 문과·이과 통합이라는 것이 고등학교 교육과정상의

변화일 뿐 대학의 문과·이과 구분이 없어지는 것도 아니고 직업의
세계 또한 문과·이과가 분명히 나뉘어 있으니 '내 아이가 문과 성향
일까? 이과 성향일까?' 고민하지 않을 수 없는 게 부모 마음이다.

반디가 언제부터 이과 성향이었고, 지금의 전공에 관심이 있었
는지 많이 받는 질문이다. 그러면서 풀어놓는 하소연은 "아이가 좋
아하는 과목이 분명하지 않다. 아이 성향이 문과인지 이과인지 도무
지 잡히는 게 없다"이다. 그래서 학년을 물어보면, 대부분이 초등학
생 자녀들을 두고 하는 고민이다. 내 아이의 성향이나 적성이 성인
이 된 후 미래의 어떤 직업에 닿을까를 고민해야 하는 부모 마음으
로 챙겨야 하고, 관찰해야 하는 부분은 분명한데 그 성향이 초등이
나 중등에서 나올 것이란 기대를 하는 것이 조금 놀라웠다.

사고 능력이나 보이는 세상의 넓이, 지식의 깊이 정도가 그나마
어느 정도 다져졌다 생각되는 고등학생쯤 되면 다를까, 나이가 어리
고 학년이 낮을수록 관심 영역도 꿈꾸는 직업이나 장래 희망도 자
주 바뀌는 것이 아이들이다. 관심 가져봤던 영역도 극히 제한적이고
알고 있는 직업의 세계 또한 부모나 사회의 세뇌에 의해 새겨진 한
정된 직업군이기 때문에 이렇다 할 성향이 보이지 않는 것은 어찌
보면 당연하다. 그래서 부모들이 관심 가지는 것이 객관적 데이터를
제공해주는 다양한 종류의 적성검사다. 학교에서 특정 학년을 대상
으로 단체로 시행하는 경우도 있고, 워크넷이나 커리어넷 같은 공공
기관 홈페이지에서는 무료로 손쉽게 아이들의 적성검사를 직접 해

볼 수 있다.

적성검사 결과를 놓고, 부모들은 또다시 고민에 빠진다. 평소에 관찰한 아이의 모습과 너무 달라 당혹스럽기도 하고 꿈꾸고 희망했던 직업과 거리가 멀어 아쉬운 마음에 신뢰성을 의심하기도 한다. 그런데 신기한 것은 1~2년 간격을 두고 같은 적성검사를 반복해보면 아이들의 관심 변화에 따라 적성검사 결과도 수시로 바뀐다는 것이다. 그렇다고 검사 결과를 탓할 수도 없다. 이런 검사들이 타고난 성향이나 적성을 알아보는 방법은 아니기 때문이다. 검사를 하는 그 순간 아이의 관심 분야가 어디에 있으며, 두뇌 발달이 어느 쪽으로 더 기울었는지를 알아보는 과정일 뿐이다.

그래서 일부 교육 전문가들은 이렇게 조언하기도 한다. 중학교까지는 이러한 적성검사의 결과를 뇌 발달 수준이나 관심 영역을 알아보는 데 의의를 두고, 적성검사가 이과 쪽으로 나왔다면 지금까지 아이를 그쪽 방면으로 좀 더 관심을 가지고 키운 것이라 보고 다른 방향과의 균형을 위해 의도적으로 반대쪽으로 관심을 유도할 수 있는 참고자료로 활용하라는 것이다. 한때의 살짝 넘치는 관심으로 아이의 성향을 못 박는 것도 조심할 일이다.

아이들의 성향과 관련해서 이런저런 생각을 하다 퍼뜩 떠오른 것이 있어 묵은 상자를 뒤졌다. 한때 팔랑 귀를 가졌던 엄마였던지라 반디가 초등학교 5학년 때 학교에서 단체로 실시한 적성검사에 더해 큰돈 들여 '지문 적성검사'를 했던 어설픈 엄마였다. 그 검사에 의하면 사람의 지문은 태어나서 평생 동안 한 번도 변하지 않기에 선천적으로 타고난 성향을 알 수 있다고 했다. 혹시나 그 결과지가 있는지 찾아보니 있었다. 헉! 그런데 참으로 아이러니가 아닐 수 없다. 같은 학년에 실시했던 두 가지 검사 결과, 학교에서 실시한 진로 적성검사 결과와 별도로 돈을 들여 실시했던 지문 적성검사 결과 모두 놀라웠다.

학교에서 실시한 진로 적성 분석 결과표의 열다섯 가지 구분 중 직선 화살표가 1위로 나온 부분이고 점선 화살표가 15위로 가장 적성과 거리가 멀다고 나온 부분이다. 반디의 대학 전공 그리고 이어진 지금 연구 분야가 중간도 아니고 15위로 가장 적성과 거리가 먼 분야라는 것이다. 그것도 부모의 반대에도 불구하고 스스로 관심을 가지고 고집한 전공이었고 지금도 그 분야를 연구하는 것에 일말의 후회도 없는데 말이다.

지문 적성검사의 결과는 어떨까? 이 결과표는 1위부터 10위까지 차례로 나와 있으니 별도로 표시할 것도 없이 역시, 10위로 나온 부분이 대학 전공이었고 지금 가고 있는 길이다. 두 검사 결과 모두 중간도 아니고 가장 하위로 나온 부분이다. 얘는 뭐지? 엄마의 뛰어난 망각 능력에 감사해야 하나? 만일 이 두 검사 결과를 기억에, 또 마음에 두고 있었다면 아이가 하고자 하는 전공이 적성에 안 맞을 것 같다는 객관적 데이터와의 충돌에서 과연 편안할 수 있었을까? 결국에는 아이 뜻에 따를 수밖에 없었겠지만 마음이 산뜻하지는 않

진로 적성(Aptitude) 분석 결과표

계열	구분	학부(과)명	전 공	기준점수	받은점수	순위
문과계열	어문학	한국·동양어문학	국어국문, 중어중문, 일어일문, 한문	가-1 125	132.3	<13>
		서양어문학	영어영문, 불어불문, 노어노문, 독어독문, 서어서문, 응용영어, 통·번역			
	인문과학	인문과학	사학, 철학, 동양사, 서양사, 고고학, 윤리학, 미학, 한국철학, 문예창작, 한국사, 언어과학, 종교, 동양철학, 서양철학, 유학, 문화인류, 종교철학	가-2 130	141.9	<4>
	사회과학	사회과학	사회복지, 심리, 직업재활, 문헌정보, 산업정보, 비서학, 도시관학	가-3 125	136.3	<6>
		언론·영상·정보학	신문방송, 영상학, 광고홍보, 언론, 정보사회, 홍보학, 영상정보			
		도시및지역학	도시·지역계획학, 부동산학			
		관광학	호텔경영, 관광경영, 관광경영이동여, 관광잉이동여			
	상 경	경영·무역·회계학	의료경영, 수산경영, 공업경영, 금융경영, 항공경영, 해운경영, 경영, 회계, 무역, 경영정보, 국제경영	가-4 110	121.1	<7>
		경제통상학	경제, 국제통상, 국제경제, 농업경제, 자원경제, 소비자경제			
	법 정	법 학	법학, 국제법무	가-5 105	112.6	<12>
		정 치 학	정치외교, 행정학, 경찰행정, 도시행정, 지역개발, 정책학			
	사 범	자 연	수학교육, 컴퓨터교육, 체육교육, 가정교육, 유아교육, 과학교육	가-6 120	128.8	<11>
		인 문	국어교육, 영어교육, 지리교육, 역사교육, 특수교육, 한문교육, 교육학			
이과계열	공학(1)	컴퓨터·전자공학	전자공학, 컴퓨터공학, 반도체공학, 광전자공학, 전자계산공학, 제어공학, 정보통신	나-1 130	137.0	<14>
		재료·금속공학	재료공학, 금속공학, 세라믹공학			
		기계·전기공학	전기공학, 기계공학			
	공학(2)	건축공학	건축공학, 토목공학, 환경공학, 지구환경건설공학부, 도시공학, 화학공학, 공업화학, 응용화학, 신소재공학, 고분자공학, 응용물리, 조선공학, 자원공학, 탐사공학, 제어계측공학, 원자력공학, 산업공학, 유전공학	나-2 125	133.8	<10>
		응용화학공학				
		기 타 학				
	이 학	자연과학	물리, 화학, 수학, 생물, 생화학, 지구과학, 통계학, 우주과학, 지구해양과학, 분자생물, 해양학, 전산통계	나-3 120	→ 123.4	<15>
	의·약학	의과학	의예, 의치의, 한의예, 간호학, 일상병리학, 물리치료학, 해부부, 의용공학, 재활의료학	나-4 125	139.2	<1>
		약 학	제약, 미학, 한약학			
	농학(1)	생물자원과학	식량자원학, 관상원예학, 동물자원학	나-5 115	128.0	<3>
		자연생명환경화	산림자원, 응용생물환경과학, 원예과학, 응용동물과학, 농생물			
	농학(2)	생활과학	아동, 가족, 주거, 의상, 식품영양, 의류, 소비자주거, 가정학, 식품가공	나-6 110	121.8	<5>
		농수산학	농학, 낙농학, 농생물학, 농화학, 원예학, 축산학, 임학			
예·체능계열	음 악	음 악 부	기악(피아노, 바이올린, 비올라, 첼로, 오보에, 플루트, 더블베이스, 호른, 클라리넷, 마술, 튜바, 트럼펫, 색소폰, 타악기), 성악, 작곡, 국악(피리, 대금, 해금, 가문고, 가야금, 타악, 정가, 판소리)	다-1 120	130.8	<8>
	예 술	예술디자인학	산업디자인, 시각디자인, 의류디자인, 멀티미디어영상	다-2 125	138.8	<2>
		조형디자인학	시각디자인, 공예, 포장디자인, 금월디자인, 상품디자인, 귀금속디자인			
		미 술 학	한국화, 회화, 조소, 영상미술, 서양화, 동양화			
	체 육	스포츠과학	생활체육학, 운동처방학, 스포츠경영학	다-2 115	125.5	<9>
		체 육 학	스포츠지도, 체육, 태권도, 골프경영, 유도학			
		무 용 학	한국무용, 발레, 현대무용			

반디의 진로 적성 분석 결과표

선천적 다중지능의 우선순위

지능분류	내 용
(1) 대인 관계 지능	타인의 기분,기질,동기,의도를 구분하고 적절하게 대응하며 상대와 서로 협력할 수 있는 능력으로 폭넓은 인간관계를 유지하며 대인관계에서 나타나는 다양한 힌트,신호,단서,암시들을 구분,판단하여 대처하는 능력. 예) 정치가,사업가,심리상담사,외교관,교사,연예인,여행가이드 등
(2) 자기 이해 지능	자신의 감정에 충실하고 정서를 구분하는 능력 및 자신의 장단점에 대한 인식을 정확히 이해하며 자신의 욕구와 두려움을 효율적으로 처리할 수 있는 능력. (자기자신의 특징,감정이나 행동조절 능력이 뛰어남) 예) 심리학자,법관,봉사자,목사,신부,수도자,종교지도자 등
(3) 신체 에너지 지능	리듬,음조,음색,진동 등 다방면의 음악적 표현능력, 노래를 부르거나 악기를 다루거나 새로운 곡을 창작, 감상에 필요한 능력. (예민한 청각능력으로 음악 듣기를 좋아함) 예) 작곡가,악기연주자,성악가,지휘자,음악평론가 등
(4) 조작 지능	전신 혹은 신체의 일부(손,발)를 활용하여 문제를 해결하거나 작품을 창작해 내는 잠재능력. (손재주가 뛰어나고 촉각능력이 발달됨) 예) 공예품 장인,전문기술자,외과(치과)의사,이.미용사,조각가,서예가 등
(5) 음악 지능	리듬,음조,음색,진동 등 다방면의 음악적 표현능력, 노래를 부르거나 악기를 다루거나 새로운 곡을 창작, 감상에 필요한 능력. (예민한 청각능력으로 음악 듣기를 좋아함) 예) 작곡가,악기연주자,성악가,지휘자,음악평론가 등
(6) 도상 지능	창조영역의 형상화 능력, 정확하게 관찰한 느낌의 세계를 개인의 최초느낌을 근거로 하여 수정하고 바꾸어서 어떠한 구체적인 형상으로 나타내는 능력. (실물과의 결핍이나 부딪칠때 부분 있을때 재창조하여 시각화하는 능력이 뛰어남) 예) 예술가,화가,과학자,설계사,입체영상설계사 등
(7) 언어 지능	단어의 리듬,구조,의미에 민감성, 말 또는 글로 느낌이나 생각을 잘 표현하며 타인의 이야기와 책을 통해 습득한 내용을 재미있게 표현하는 능력. (끝말잇기,낱말맞추기 등을 잘함) 예) 선생님,연설가,법률가,작가,시인,변론인,대서 등
(8) 공간 지능	상상력과 사고력을 통해 3차원적 공간세계를 정확하게 이해하고, 그런 이해에 근거하여 공간세계를 형상화 시킬 수 있는 능력. (방향감이 뛰어나며, 시각능력이 뛰어남) 예) 건축가,미술가,발명가,디자이너,외과의사,조종사,바둑기사 등
(9) 자연 관찰 지능	자연세계에 대한 유형을 규정하거나 분별하는 능력, 동식물 및 주변사물에 대해 관찰하고 분석하는 능력으로 각종 색깔이나 형태 및 제품의 품질 각종 물건을 분류하는 능력. (육감적으로 생활의 변화에 대한 관찰력이 뛰어남) 예) 동식물학자,생물학자,조경사,천문학자,과학자 등
(10) 논리 수리 지능	논리적,수리적 패턴 및 연쇄적 추리 또는 추론을 다루는 능력, 문제파악을 주먹구구식이 아닌 체계적이고 과학적인 방법을 통해 파악하는 능력. (숫자에 강한 추론을 잘 이끌어 냄) 예) 수학자,물리학자,과학자,회계사,법률가,컴퓨터 프로그래머 등

반디의 선천적 다중지능의 우선순위 결과표

왔을 것 같다. 그래서 또 내 맘대로 결론을 냈다. 적성은 맞춰가는 것이 아니라 찾아가는 것이구나. 좋아하는 것이 곧 성향이고 적성인 것이구나. 선천적이든 후천적이든 객관적으로 보이는 데이터가 말하는 적성에 억지로 맞추기보다는 스스로 좋아하는 것을 찾아가고 즐기는 것이 성향이 되고 적성이 되는 거구나. 늘 그렇듯 그리 결론 내리고 마음 편히 먹기로 했다.

실패에 대한 두려움은 없었나?

반디가 홈스쿨을 하면서 어떻게 학습했는지 풀어놓았다. 그런데 혹시 읽으면서 엄마나 아빠의 실력을 의심하는 사람이 있을 것 같아 밝혀둔다. 엄마가 영어, 수학을 가르치고, 아빠가 과학을 가르치는 집을 종종 보았다. 부러울 따름이다. 그렇다면 실패를 두려워하지는 않았나?

정상적이라면 84학번을 가지고 있어야 하지만, 나는 1990년대 학번을 가지고 있다. 고구마 한 자루 달랑 매고 시골 촌구석에서 자식들을 키우지 않겠다는 일념으로 혈혈단신 대전으로 나오신 친정아버지였다. 형편이 좋을 리 없었다. 어찌어찌 공부 좀 한다는 자식들 주저앉히는 거 마음 아파하셨지만 위로 언니와 나는 고등학교를 졸업하고 곧바로 직장생활을 시작했다. 스무 살에 우리는 독립된 개체로 책임을 가지고 사회생활을 해야 했던 것이다. 지금 그 나이 또래가 된 아들을 두었으나 그럴 수 있을 것이라 믿어지지 않는다. 돌이켜보면 놀라운 일이지만 1980년대 초반인 그 당시에는 흔한 일이었다. 언니는 직장을 다니면서 경제적으로도 독립해 야간대학을 나왔지만, 나는 그마저도 노력이 부족해 꿈꾸지도 않았다.

남편과 결혼을 하고 난임으로 아이를 기다리는 시간이 길어지며 관심이 가고 공부하고 싶은 분야가 눈에 들어왔다. 그렇게 늦은 나이에 대학을 들어갔고 90년대 학번을 얻어 한참 어린 동생들과 함께 공부했다. 결론적으로 나는 대학입시를 위해 10대의 마지막에서 치열하게 공부했던 기억마저도 없는 사람이라는 것이다. 남편은 앞에서 언급했듯이 아이 교육에 관한 한 전적으로 나를 믿고 맡겼고 그 어떤 간섭이나 조언도 하지 않았다. 그럴 수 있는 여유를 찾기 힘든 사회생활을 해야 했던 세대이기도 하다.

우리 부부는 아이에게 학습적인 면에서 직접 무엇인가 가르쳐본 적은 별로 없다. 하지만 늘 아이가 필요한 때 손을 뻗으면 닿을 만한 거리에 엄마가 있었다. 모르면 함께 찾았다. 찾아가는 방법은 어른이었기에 엄마가 빨랐고, 그것을 기억하고 받아들이는 것은 아이였다. 그래서인지 아이는 엄마가 어떤 방법으로 찾아 자기에게 알려주었는지 그 과정까지 기억하는 내용을 엄마는 까맣게 잊는다. 엄마는 찾는 데까지가 끝이었고 그것을 기억하는 것은 아이 몫이었으니까.

지금은 홈스쿨을 선택한 것이 만족한 결과를 가져왔다고 볼 수 있지만 실패에 대한 두려움은 없었는지 많이들 묻는다. 그렇다면 지금 가고 있는 제도교육의 길을 끝까지 갔을 때 모두 성공할 수 있다는 확신을 가지고 가고 있는 것인지 되묻지 않을 수 없다. 언제 어떠한 결과에 닿아야 성공과 실패를 논할 수 있을까? 대입을 마치고 분명하게 서열화된 대학 이름을 놓고? 안정된 수입이 보장되는 원하는 직업을 가지게 된 순간? 행복한 결혼? 안정된 가정? 그리고 다시 이어지는 아이들의 성공적인 교육결과? 편안한 노후? 나이에 따라 추구하는 삶의 목표는 계속 변한다. 그때마다 우리는 사회적 잣대에 맞는 성공을 위해 최선을 다할 것이다. 또 그래야만 한다. 다만 흘러간 시간을 아쉬워하고 다가올 미래에 겁먹느라 오늘의 감사함을 놓치지 않기를 바랄 뿐이다.

　홈스쿨을 하는 동안 성공을 꿈꾸고 실패를 두려워하지는 않았지만 어쩔 수 없이 잃을 수밖에 없는 것들을 고민한 적은 있다. 그렇지만 오늘을 살 수 있어서 얻을 수 있었던 소소한 행복이 더 컸다. 어떤 길에서든 모든 사람이, 특히 아이들이 지금, 오늘 행복했으면 한다. 살아내기 쉽지 않은 세상이지만 그렇게 행복한 아이들을 지켜보는 부모도 행복했으면 한다.

Part 8

사춘기 그리고
아빠의 교육 참여

....

지켜봐주는 사랑이
필요한 때

'자식 이기는 부모 없다.' 참으로 싫어하는 말이다. 아마도 부모된 입장에서 부정할 수가 없어서인가 보다. 자식에 대한 부모의 무한 애정과 강한 집착이 자식이 부모를 이겨 먹을 수 있는 최대 약점이란 것을 인정해야 하기 때문이다. 자식을 향한 헌신에 가까운 사랑만으로도 충만했던 시기가 지나면 내려놓을 수도 없고, 그렇다고 부모마음대로 되지도 않는 집착의 시기가 온다. 사춘기라 일컫는 그때, 아이를 사랑하는 지혜로운 방법은 뭘까? 어차피 이기지도 못할 싸움이다. 잘못하면 서로를 할퀴어 돌이킬 수 없는 상처만 남을 뿐이다. 그 시기는 헌신적인 사랑보다는 훨씬 어렵지만 지켜봐주는 사랑이 필요한 때인 듯하다. 엄마들이 묻는다.

"반디 사춘기는 어땠어요? 홈스쿨을 하면서 스물 네 시간 아이와 엄마가 함께해야 하는데 그 또래가 더구나 사내아이인데 쉬운 일이 아니잖아요. 학교 다녀와 학원 마치고 집에 돌아와 잠들기 전, 몇 시간도 전쟁과도 같은 사춘기앓이로 부모가 아이 눈치 보는 세상이잖아요. 본인은 이유도 모르겠고 그냥 짜증이 나고 화가 난다는데 부모인들 그 이유를 알겠느냐고요."

솔직하게 반디가 사춘기가 지나갔는지 아니면 아직 오지 않았는지 정확하게 알지 못한다. 이렇다 할 사춘기 이상 징후를 보이지 않아서인지 둔한 엄마가 알아차리지 못해서인지, 그것도 확실하지 않다. 유학으로 낯선 땅에서 살기 시작한 것이 한국 나이로 열여섯 때였다. 그때 휴대폰 비밀번호를 엄마가 몰라줬으면 하는 것이 사춘기였을까? 몰라줬으면 하는 것 같아 정말 몰랐고 지금도 모른다. 알았어도 사용하는 언어가 달라 소용없었을 것이다.

시드니에 도착하고 낯선 나라에서 새롭게 일상을 시작하기 위해 부딪혀 해결해야 할 수많은 일들은 지뢰밭 같았다. 아파트 렌트와 관리, 은행, 전기, 가스, 인터넷, 자동차 등록, 휴대폰 개통 등. 언어가 자유롭지 않은 엄마 대신 아직 어리지만 언어에 자유로운 반디가 문제 해결을 위해 앞에 서야 했다. 공공기관에서 직접 직원들을 상대하거나 수차례 전화를 해야 했으며, 쏟아져 오는 각종 문서들을 읽고 알맞은 처리를 해야 했다. 유학 전에 영어를 한다고는 하는데 직접 원어민과의 의사소통 현장을 볼 기회가 없었다. 그제야 원 없이 아이가 영어로 말하는 것을 들을 수 있었다. 더 이상 엄마가 보호자일 수 없었다. 집밖에서는 아이가 가장 역할을 하고 있었다.

학교에서 아이는 지금까지와는 너무 다른 환경 속에서 세계 각국의 친구들과 함께해야 했다. 입학률에 비해 졸업률이 현저하게 떨어지는 외국 대학이다. 살아남기 위해 해야 하는 공부는 예상했던 이상 만만치 않은 시간이 필요했다. 지난 2년간 홈스쿨이었기에 일방통행 방식의 외로운 학습을 해야 했던 반디는 활발한 커뮤니케이션이 바탕이 되는 강의를 흥미로워했고 빠른 시간에 깊이 빠지며 적응해나갔다. 엄마가 겪어보지 못한 세계이니 엄마가 알고 있는 것으로 조언할 수 없는 학습 방향이었다. 새로운 관계 맺음 또한 처음 몇 달간은 약간의 의견 충돌이 있었고 맘에 들지 않았지만 아이의 방식을 인정해야 했다. 결국 '내가 붙잡고 있다가는 딱 내 수준 밖에는 안 되겠다'고 생각해 놓아주었는데 그게 또 신의 한 수처럼 느껴진다. 그리 오래지 않아 놓아주길 정말 잘했다는 생각이 들었기 때문이다.

이렇듯 사춘기를 생각할 틈도 사춘기를 핑계 삼을 이유도 없이 지나간 10대 생활이다. 반디는 지금까지 감당할 수 없는 스트레스로 인해 사춘기를 면죄부로 삼아야 하는 환경을 피할 수 있었던 운 좋은 아이였다. 엄마가 무딘 성격이라 아이의 예민함에 크게 반응하지 않아서 무난했던 것일 수도 있다. 20대라 할지라도 자신에게 벅찬 어느 상황이 앞에 놓이면 불쑥 튀어나올 수도 있는 것이 사춘기라 하지만, 더 이상 엄마가 함께 마음 복잡할 나이는 아닐 것이다.

자연에서
힐링하기

편안한 일상이었음에도 홈스쿨 하는 동안 때론 뾰족했던 반디의 예민함을 달래준 건 '자연의 힘'이었다. 홈스쿨을 하는 2년 동안 스물네 시간 아이와 함께했다. 한 공간에 있었지만 반디는 혼자였다. 함께 공부를 해줄 수 있는 것도 아니었고 아이는 아이 스케줄대로, 난 주부로서 해야 할 일상이 있었다. 반디는 시시콜콜 말이 많은 아이는 아니었다. 자신의 순간적인 감정을 즉각적으로 드러내는 성향도 아니었다. 그래도 때가 때인지라 아이가 뾰족해지는 순간이 있다. 말투에 짜증이 섞여 있다. 난 모른 척했다. 왜 그런지 묻지도 않았고 '이해하는 척'도 하지 않았다. 어차피 물어도 스스로 이유를 설명하기 힘들었을 것이다.

그러다 날 좋은 날, 드라이브 겸 아이를 태우고 집을 나선다. 사찰에 이르기까지 천천히 걷기 좋은 산들이 한두 시간 거리에 꽤 많다. 그곳으로 간다. 아무리 유명사찰이라도 평일은 한산하고 여유롭다. 어수선한 주말을 피해 자연을 제대로 즐길 수 있는 것이 홈스쿨의 장점 중 하나였다. 좋은 계절이면 한 달에 서너 번쯤 찾아 나서기 좋은 곳이 정말 많다. 시원한 나무 그늘 밑으로 걷다 보면 나뭇가지들이 바람에 부딪치는 소리가 마음을 달래준다. 계절마다 다른 계곡 물 소리, 이름 모를 새 소리, 휴대폰을 만지작거리는 것이 무색해진다. 나란히 천천히 아주 천천히 걷는다. 절에 닿기까지 이런저런 이야기들이 오간다. 돌 이야기, 나무 이야기, 하늘 이야기다. 눈에 보이는 것들에 대한 일반적인 이야기들로 시작하지만 불쑥불쑥 자기도 설명하기 힘들었던 감정들이 말이 되어 나온다. 그럼 난 또 대수롭지 않게 듣고 크게 반응하지도 않고 가볍게 받아준다. 말이 되어 나오는 순간 이미 그것에 대한 반디의 마음속 부대낌은 사라진 것이라 생각했다.

우리는 불교신자는 아니다. 하지만 절에 도착하면 불당에 들어가 한참을 조용히 앉아 있는다. 사찰 특유의 냄새가 나쁘지 않다. 자연의 소리, 나무 바닥의 기분 좋은 차가운 느낌, 아이가 편안해지는 것을 느낄 수 있다. 그런데 사실 엄마가 더 편안해진다. 난 이것을 '자연의 힘'이라 말하곤 한다. 우리의 오감을 자극적이지 않고 부드럽게 일깨워주는 자연은 '힐링의 힘'을 가지고 있다. 내려오는 길에는 남아 있는 오감 중 미각을 즐길 차례이다. 사찰 주변에서 맛볼 수 있는 산채 비빔밥, 청국장, 도토리묵, 녹두 빈대떡, 더덕 정식 등. 사람 많은 주말이 아니니 인심도 후하고 편안하게 즐길 수 있다. 어느덧 아이는 뱃속도 마음속도 포만감으로 가득 차 평소답지 않게 조잘조잘 수다스러워진다. 유학중에도 시드니의 경치 좋은 해안가 산책로를 따라 천천히 오래 걷는 시간을 즐겼다. 평소에 시시콜콜 말하지 않아 몰랐던 많은 이야기들이 한꺼번에 쏟아져 나온다.

한국에 있을 때 주변에서 사춘기로 고민하는 엄마가 우리 이야기를 듣고 추천해준 사찰을 찾아 같은 방법을 시도했었다. 하지만 결국 원하는 바를 얻지는 못했다고 한다. 아이는 되돌아와 마쳐야 할 학원 숙제로 한가로워야 할 외출이 부담이 되었고 엄마는 뭔가 목적이 있는 외출이었기에 자꾸만 아이에게 무엇인가 말해주기를 은연중에 다그쳤다는 것이다. 무엇이 잘못되었는지는 알겠는데 누구의 잘못이라고 말할 수 없었다. 결국 아이 입에서 "엄마는 숙제도 못하게 왜 여기는 오자고 했느냐?"는 짜증 섞인 투정을 들어야 했고 엄마는 "그래, 사춘기니까. 내가 참는다!"로 끝을 냈다고 한다. 그러면서 하소연했다. "옛날 아이들도 사춘기라고 부모를 이렇게 힘들게 했을까요?"

자연스럽지 않은 성장 과정, ——— ···
혹독한 사춘기

아이를 네다섯씩 키우며 먹고 살기도 힘들었던 우리 부모 세대에게 자식의 사춘기가 얼마나 큰 영향을 미칠 수 있었을까? 나의 사춘기는 어땠을지 기억해본다. 유별나게 사춘기를 겪은 기억은 없다. 내가 사춘기였던 것을 부모님이 알고 있었을까 생각해보면 그것도 아닌 것 같다. 친정어머니는 어려운 살림에 우리 4남매는 물론이고 이따금씩 돌아가며 우리 집에 머물렀던 조카, 시동생 등 군식구까지 거두며 사셔야 했다. 아침 일찍 연탄불로 지은 아침밥에 도시락 여섯 개, 만만한 먹거리라고는 김치뿐이었을 시절이다. 시장도 멀고 차도 물론 없고 먼 거리 시장에서 며칠에 한 번씩 머리에 가득 배추 다발, 열무 다발 이어 나르며 담갔을 김치였다. 그뿐일까? 세탁기 없이 샘터에 쭈그리고 앉아 펌프에 마중물 넣어가며 퍼 올린 물로 겨울이면 버선발이 젖어 동상이 걸리면서 온 식구 손빨래를 했던 엄마였다. 그 고단한 하루에 과연 자식들의 사춘기가 얼마나 큰 영향을 끼칠 수 있었을까? 아마도 사춘기는 감기처럼 때가 되면 찾아왔다가 억지로 약을 쓰지 않아도 시간이 지나면 증상이 완화되듯 사라졌을 것이다.

학교 다녀와 가방 집어던지고 여름이면 목에 줄때 끼고 까맣게 그을리며, 겨울이면 찬바람에 손등이 터져 피가 날 때까지 놀다가 해질녘이나 되어야 몸으로 부대끼며 노는 일을 멈추던 시절이다. 자식들의 일거수일투족을 들여다볼 수 없는 고단한 하루를 살아야 했던 부모들은 넓은 경계 안에서 든든한 울타리 만들어놓고 적당히 방목할 수밖에 없었다. 그 시절 아이들의 자연스러운 성장에서 사춘기는 10대의 질풍노도 반항의 면죄부가 아니었다. 그저 자신의 정체성을 찾아가는 시기, 스스로 이겨낼 수 있는 성장통 정도로 자연스러웠을 것이다.

지금 아이들의 성장과정이 예전만큼 자연스럽지 않다. 엄마들은 24시간 아이들이 무엇을 하는지 전부 알아야 하고 알 수 있다. 학교,

학원, 집으로 이어지는 좁은 활동 반경이니 알 수밖에 없는 환경이다. 아이들은 예전보다 감추고 싶은 것이 많아졌고 부모들은 예전보다 단속해야 할 것이 많아졌다. 아이와 부모는 그렇게 맞서 있다. 그래서 사춘기는 더 혹독하게 치르면서도 쉽사리 수그러들지 않는 변종이 되어버렸다.

조금은 무뎌져도 좋을 반응

사춘기의 사전적 의미를 보더라도 '육체적, 정신적으로 성인이 되는 시기. 성호르몬의 분비가 증가하여 이차 성징이 나타나며 생식 기능이 완성되기 시작하는 시기로 이성에 관심을 갖게 되고 춘정을 느끼게 된다. 청소년 초기로 보통 15~20세에 이른다'라고 되어 있다.

어느 대목을 보아도 사춘기가 질풍노도의 반항기이고, 부모와 거칠게 대립하는 시기라는 의미는 없는 것 같다. 우리가 지금 정의하는 사춘기는 왜 사전적 의미와 멀어진 것일까? 사춘기 증상이라 말하는 이상 징후를 보이는 시기도 15세 이전으로 훨씬 빨라졌다. 활발한 성호르몬의 분비를 해소할 마땅한 문화가 사라졌다. 있어도 못 한다. 청소년들이 폐쇄된 공간에서 실제 세상이 아닌 가상 세계로 도피하기에 최고의 환경을 사회에서 제공한다.

거기에 덧붙이자면 언론과 출판도 거들고 있다. 인터넷 서점에서 검색어로 사춘기를 입력하면 수백 권의 책이 쏟아져 나온다. 자녀의 사춘기에 부모가 적절하게 대응하지 못하면 서로 상처받고 관계가 벌어지고 의사소통을 가로막는다며 겁을 준다. 사춘기가 나타나면 아이와 친밀한 관계를 유지해야 하고, 아이가 어떻게 생각하고 어떤 것을 느끼는지 부모가 잘 알고 있어야 하고 성숙하지 못한 뇌를 인정하고 강압적인 태도를 버리고…. 이럴 때는 이렇게, 저럴 때는 저렇게 대응하라고 사춘기 자녀를 둔 부모의 역할을 시시콜콜 가르치려 든다. 시대가 달라졌으니 대응 방법도 달라져야 한다고 한다.

검색한 수백 권의 책을 모두 읽으면 내 아이의 사춘기가 잘 지나가 줄 거라 믿어지는가? '선무당이 사람 잡는다'는 말이 있다. 잘못 내 아이를 속단하여 이론을 들이댔다가 '아는 것이 병'이 될 수도 있다. 자연스러운 성장기가 자연스럽지 않게 변질되면서 아이들은 부모에게 "난 사춘기야! 내가 이러는 건 사춘기이기 때문이야!"라는 말로 면죄부 아닌 면죄부를 강요하고 부모들 역시 "그래 사춘기니까 내가 참는다"라며 면죄부를 인정해주고 있는 것은 아닌지 생각해볼 일이다.

아이를 성장시키며 풀어야 할 숙제 중의 하나가 사춘기인 것은 분명하다. 그런데 늘 그렇듯 내 아이와의 문제풀이에 정답은 없다. 수많은 책에서 나온 '모범답안'이라고 생각했던 것이 내 아이에게는 오답일 수도 있다. 어릴 때 아이의 작은 변화에 오버에 가까운 반응과 적극적 개입, 칭찬은 꼭 필요하다. 하지만 아이의 모든 변화에 시시콜콜 반응하지 않아도, 적극적으로 대응하지 않아도 좋을 시기가 사춘기라 생각했고 그리 대응했다. 가끔 왜 그랬는지 원인은 기억에 없고 마무리하면서 서로에게 주었던 상처만 기억되기도 한다. 아이가 그렇게 남아 있는 상처를 불쑥 끄집어내면 나는 "도대체 엄마가 그때 왜 그랬을까?" 하고 되묻게 된다. 그럼 반디는 정말이지 어이없다는 표정으로 엄마를 빤히 바라본다. 어떤 일에 대해 아이에게 필요 이상 너무 과민하게 반응했던 결과다. 때로 그 순간 엄마의 기분이 많이 안 좋았을 수도 있다.

아이들은 굳이 일일이 가르치지 않아도 거들지 않아도 스스로 깨닫고 정체성을 찾아갈 수 있는데 부모가 그 시간을 기다려주지 못하고 사회는 그럴만한 여유를 주지 않는다. 전업주부도 직장을 다니는 엄마들도 온 신경이 아이들에게 뻗쳐 있으니 기다림이 제일 힘든 일이 되었다. 또 아이들의 하루 24시간 1년 365일은 한가로이 자신의 정체성을 찾기 위해 '생각'이란 것을 할 만한 여유가 없다.

예전 우리 부모 세대가 의도하지 않게 적당히 무관심하고 적당히 방치할 수밖에 없었지만 커다란 울타리만큼은 항상 튼튼히 하며 기다렸듯이, 그냥 감기처럼 증상이 완화될 때까지 기다려주면 안 되는 것일까? 그럴 수 있도록 아이들이 짊어져야 하는 하루의 무게를 조금 가볍게 해줄 수는 없을까? 대응하지 않는 방법도 하나의 대응이라 생각한다. 아이가 뾰족하게 예민해졌을 때 '아 드디어 올 것이 왔구나' 하면서 책을 찾아보고 조언을 구해서 적극적으로 대응하려 하기보다 그냥 몸도 마음도 조금 떨어뜨려놓고 지켜봐주는 무딘 감각이 필요하지 않은가 싶다. 무한 애정과 강한 집착을 가지고 아이 곁을 가까이에서 지키는 것보다 몸도 마음도 떨어져 기다리고 지켜봐주는 사랑이 훨씬 어렵다. 그렇게 녹록한 세상 분위기가 아닌 것도 인정한다. 하지만 사회(언론, 출판, 학교 등)나 부모의 과한 반응이 더 혹독한 사춘기를 조장하고 있는 것은 아닌가 하는 생각이 들기도 한다.

아빠의 교육 참여, 어디까지 해야 하나? ————···

부모는 처음부터 공부해서 얻은 자격이 아니다. 누군가 가르치는 부모교육을 날밤 새워 열심히 공부했다고 좋은 부모가 될 수 있는 것도 아니다. 그래서인지 나를 비롯해서 생각보다 많은 이가 부모 역할을 어려워한다. 특히 점점 더 힘든 입지에 놓이는 쪽은 아빠가 아닐까? 몰라서도 그렇지만 섣부르게 알고 간섭할 수도 없는 아이 교육이다. 함께하기 정말 힘들다. 그렇다고 집에 와서 아내 눈치보고, 아이들을 상전으로 모시기에는 아빠가 지낸 하루도 고달프다.

반디가 홈스쿨을 하던 첫해 어느 날, 오래 알고 지낸 엄마가 집으로 차를 마시러 오면 안 되겠느냐고 어렵게 말문을 열었다. 그 엄마는 반디가 홈스쿨로 집에 있다는 것을 잘 알고 있었다. 그런데도 이렇게 나올 때는 분명 가벼운 마음은 아니란 것을 알 정도로 가까운 사이였다. 직접 구운 맛난 파이를 들고 왔다. 덕분에 반디는 아줌마가 가져온 파이와 함께 잠깐 휴식을 얻었다.

하소연은 이랬다. 남편의 TV 사랑이 문제였다. 그 사랑이 유별나다. 남편이 골프를 좋아해서 집에 있는 동안 골프 채널을 계속 틀어 놓고, 어쩌다 퇴근이 이른 날이면 9시 뉴스 전에 한다는 연속극도 챙겨 본단다. 아이는 제 방에서 학원 숙제, 학교 숙제, 영어 듣기, 피아노 연습 등 소화해야 할 학습 양에 치여 거실에서 들려오는 TV 소리에 예민하게 반응하고 엄마는 중간에 끼여 가슴앓이가 심하다는 것이다. 어쩌다 타박을 할라치면 "왜 내 집에서 내 마음대로 못하고 지내야 하느냐! 이 집의 어른이 누구냐! 밖에서 하루 종일 시달리다 집에 와서 잠깐 편히 쉬는 것도 아이 눈치, 아내 눈치 봐야 하냐!"라며 틀렸다고 할 수 없는 항변이 쏟아진다. 하소연의 끝은 "남편이 한 2년 지방 발령 받아 주말부부 했으면 좋겠다"는 농담 반, 진담 반이다. 이 집에서만 벌어지는 일이 아닐 것이다. 많은 가정에서 흔히 볼 수 있는 풍경이지 않은가.

아이가 취학 전에 살았던 아파트의 이웃 아주머니를 어느 봄날 우연히 만났다. 그 집 아빠는 국내 유명 연구소에 근무 중이었고 우리가 이웃으로 살 때 아이들이 중학생이었다. 아이들의 공부는 전적으로 아빠가 책임지고 있었다. 학원을 보내는 대신 아빠가 과목별 지도를 직접 했다. 그 아빠는 연구원이다 보니 퇴근도 일정하고 실력도 뒷받침이 되었다. 바쁜 남편에게 기대지 못하고 아직 어린 반디를 혼자 키우던 나는 부러움이 컸다.

이사를 하고 몇 년 만의 만남이다. 아주머니의 얼굴은 너무 어두워 보였고 살도 많이 빠져 몰라볼 정도였다. 그날 우리는 볕 좋은 길가 화단에 한참을 앉아 있었다. 아이가 고등학생이 되고 그때까지도 아빠의 지도로 학습을 이어가던 아들이었다. 그런데 어느 날부터 부자 관계가 아닌 사제 관계처럼 되어 아이는 빈틈없는 아빠에 대한 부담과 아빠의 기대에 못 미친다는 자책 등으로 아빠를 거부하기 시작했단다. 둘의 관계가 틀어지면서 돌이킬 수 없는 상황까지 치닫게 되었다는 것이다.

어떻게든 부자 사이의 관계 회복을 위해 엄마가 노력해야 하는데 그동안 남편 뜻에 따라 교육에 관해 그 어떤 개입도 하지 않았기에 학습적인 부분은 물론이고 고등학생이 된 아들과 이미 거리가 생겨버려 뾰족한 방법을 찾을 수가 없었다고 했다. 관계가 악화되며 아이는 가출이라는 최악의 선택을 했고, 아들의 변화를 받아들이지 못한 아빠는 화해의 노력에 앞서 자신의 지난 시간을 허무하게 생각하고 무기력해지더라는 것이다.

극과 극의 두 아빠이다. 반디 아빠를 비롯해서 대부분의 아빠가 진자에 속한다 생각했는데 시대가 바뀌기는 한 것 같다. 요즘 자녀

교육에 적극적으로 참여하여 좋은 결과를 얻고 노하우를 나누어주는 '○○ 아빠'로 불리는 유명 아빠들을 인터넷이나 서점가에서 쉽게 찾아볼 수 있다. 실제로 많은 도움을 받기도 했다. 진심 부러울 뿐이다. 우리 세대는 부모 중 한쪽이 아이를 몰아가면 다른 한쪽에서 문 열고 빠져나갈 길을 마련해주는 경우가 많았다. 대부분 몰아가는 사람은 엄마, 살짝 문 열어주는 사람은 아빠였던 것 같다. 그 역할이 바뀌어서 문제가 되는 것은 아니다. 단지 혹시나 적극적인 아빠의 교육 참여로 부모가 둘 다 아이들이 빠져나갈 구멍 없이 몰아가는 상황이 벌어지는 것은 조심해야 하지 않을까 싶다.

전투적인 사회적 삶에서 최선을 다하는 하루를 보내고 다른 어떤 위로가 없더라도 무장해제하고 편하게 쉬면서 재충전의 시간을 가질 수 있는 곳이 집이다. 존재하는 것만으로도 위로가 되는 것이 가족이다. 그런데 현실은 녹록하지 않다. 현재를 살아가는 많은 남자들이 집으로 돌아와 가족의 위로와 적극적인 관심을 기대할 수 없는 것이 사실이니까. 아빠는 7시면 직장 일에서 벗어나 쉴 수 있는데 아이들은 10시가 넘어서까지 학교 교육의 연장선상에 있어야 한다. 일부 고등학생은 10시가 넘어서야 학교 밖으로 나올 수 있다. 그래서 아이들이 아빠보다 더 힘들게 되어버렸다. 처음부터 아이의 교육에 적극적으로 개입해서 시시콜콜 알고 있다면 모를까 섣부르게 거들 수도 없다. 부작용만 따를 뿐이다. 모른 척하자니 도무지 집 안에서 설 자리가 없다. 잘못된 학교 교육은 가정까지도 뒤죽박죽에 살얼음판을 만들어놓았다.

몰라서 서툰 아빠 역할 ——— ...
이해하고 알려주기

아이가 친구들과 다른 길을 선택했고 잘 견뎌줬으며 행복을 찾았다
는 이야기를 하면 '아빠가 좀 특별하지 않았을까?' 하는 질문을 종종
받는다. 많이 서툴고 어설펐기에 요즘 기준으로 보자면 평범하지도
못했던 안타까운 반디 아빠의 '아빠 되기'를 되짚어보려 한다. 반디
가 친구들과 다른 선택을 해오며 그 길의 동반자로 엄마를 전적으
로 신뢰할 수 있도록 만들어준 것은 반디 아빠였다. 믿고 맡겼다 생
각하는 부분에 대해서는 개입을 하지 않는 것으로 도왔다. 하고 싶
어도 할 시간이 없었다. 몰라서 서툴렀던 아빠 역할은 아내의 조언
을 적극적으로 따라주는 것으로 모자 곁에서 말없이 든든한 울타리
가 되어주었다.

　1950년대 끄트머리생인 반디 아빠는 마음은 있으나 표현에 서
툰 전형적인 한국의 가장이다. 시골 마을 가난한 농가 7남매의 다섯
째로 태어나 어중간한 위치로 내리사랑도 치사랑도 받아보지 못했
다. 일찍이 집을 떠나 고등학교부터 홀로 자취를 시작해 서른을 넘
어 결혼할 때까지 치열한 삶 속에서 스스로를 책임지며 살아야 했

던 사람이다. 결혼도 빠른 편이 아니었는데 오랜 기다림 끝에 사십이 되어서 얻은 아들이 반디였다. 아내와 아이를 너무 사랑하면서도 서툰 사랑 표현에 서운했던 것이 사실이다. 적극적으로 함께해주지 않는 육아에 서운했고 아이의 교육에 방관자인 것에 서운했다. 그럴 수밖에 없는 상황과 처지라는 점을 이해 못 하는 것도 아니었지만 나도 처음이어서 서툴기만 했던 엄마였으니까. 세상의 모든 부모는 이렇듯 누구나 초보부터 시작한다. 아이를 키우며 부닥치는 수많은 시행착오를 나누고 바로잡는 과정을 남편과 함께할 수 없었던 것이 힘들었다.

새천년을 앞두고 IMF가 터졌고 은행에서는 구조조정 몸살이 시작되었다. 은행 통폐합의 회오리 속에서 일주일에 서너 번은 늦은 퇴근으로 깨어 있는 아이를 보지 못하는 경우도 다반사였다. 몸이 편치 않은 친정엄마나 연세가 많은 시어머니의 도움도 바랄 수 없는 나는 오로지 혼자 힘으로 아이를 키워야 했다. 10년 동안 준비된 엄마라 자신했었는데, 아이를 키우며 벌어지는 현실의 다양한 변수에 대응하기가 만만치 않았다. 남편과 함께하는 육아는 포기할 수밖에 없었고 남편에 대한 불만은 쌓여만 갔다. 하지만 종일 사람에 시달리고 일에 치여 후줄근하게 늘어진 퇴근한 남편의 와이셔츠를 바라보면 혼자서 수없이 되뇌었던 불만은 말이 되어 나오질 않았다.

그렇게 아이의 취학 전, 전쟁과도 같은 육아를 혼자 감당하며 어느 계기였는지 기억나지 않지만 혼자만의 결론을 내리고 남편에 대한 서운함이 안타까움과 측은지심으로 바뀌게 되었다. 어려서 부모의 사랑을 충분히 받아본 사람이 성장해서도 사랑을 나누고 베푸는 것에 익숙하다. 남편은 정말이지 할 줄 몰라서 못한 것이었다. 알려주지 않은 내 잘못이었다는 것을 깨닫게 된 것이다. 하루 24시간 아이와 부대끼며 엄마인 나는 빠르게 엄마로서 성숙할 수 있었다. 하지만 주중이면 겨우 퇴근 후 두세 시간, 것도 힘들면 들어와 자는 아이의 얼굴을 보고, 출근길에도 자는 아이의 얼굴을 보는 일상이었다. 휴일이면 밀려오는 고단함을 뿌리치지 못하고 아이와 긴 시간 함께해주지 못함을 미안해하면서도 무거운 몸이 쉽게 떨쳐지지 않아 아이와 함께 하는 놀이 중 병원 놀이를 가장 좋아할 수밖에 없는 아빠였다. 더디고 더디게 아빠가 되어갈 수밖에 없는 남편을 이해하기 시작했다.

그렇게 시간이 흐르고 아이가 학교에 입학하게 되었다. 당연하게 아이 교육은 전적으로 내 몫이 되어 있었다. 하지만 시간이 그냥 흘러간 것은 아니었다. 아이도 자랐지만 나도 아이와 24시간 함께하면서 엄마로서 성숙해졌다. 남편에게 요구하지 않았으면서 '이런 정도는 알아서 해주겠지'라든가 '요즘 아빠들은 이럴 때 이렇다는데'라는 생각으로 마음 상하지 않을 정도로 내공이 쌓였다. 시대가 달라서, 환경이 여의치 않아서 받아보지 못해 서툴기만 한 아빠의 역할을 당당하게 요구했다. 그리고 알았다. 남편은 싫어서 안 했던 것이 아니라 어떻게 하는 건지 몰라서 못했던 것이었다.

주말이면 둘이 자전거를 태워 내보냈고 목욕 가방을 챙겨 손에 들려주었다. 산에 가기 좋은 날이면 가방 안에 간식거리를 챙겨 등 떠밀었고 함께 나들이를 가도 밖에서는 아이 챙기는 것을 아빠에게 맡겼다. 가끔은 엄마가 허락하지 않는 간식을 퇴근길에 사오도록 사주했다. 아이에게 책을 읽어줘본 적이 없는 남편이었지만 블록 놀이를 같이 하게 했고, 보드게임 하는 법을 가르쳐주고 아이의 엉뚱한 이야기에도 눈 마주치며 반응하는 법을 알려주었다. 학습력이 뛰어난 남편은 아이의 움직임에 적극적으로 반응하기 시작했고, 아이가 두루마리 휴지를 풀어 춤추기 시작하면 어설프게라도 함께 몸을 쓰기 시작했다. 드디어 우리는 아이를 함께 키우게 된 것이다.

그렇다 해도 8할 이상이 엄마 몫인 교육에 대한 책임에는 큰 변화가 없었다. 남편은 무슨 강심장이었는지 전적으로 나를 믿어주었다. 그럴 수밖에 없었을 것이다. 아이가 엄마표 영어를 한다는데 무엇인지 몰랐지만 학원비 대신 원서 구입에 적극적인 것에 염려치 않았다. 어쩌다 이른 퇴근이면 거실에서 '블라블라' 원어 TV가 돌아가는 것에 불편함을 내색하지도 않았다. 함께 봐주지도 않았지만 이게 뭔 짓이냐 하지도 않았다. 지금까지도 반디에게 큰 소리를 내본 적이 별로 없는 사람이다. 그래서 늘 악역도 엄마였다. 아이 교육에 시시콜콜 참견하지 않았지만 홈스쿨 시기 같은 중요한 결정에 있어서는 의견이 같지 않은 나를 분명한 이유와 대안으로 설득하기도 했다. 큰 소리를 치지 않는다고 만만한 아빠는 아니었는지 반디는 아빠가 자기에게 화냈던 단 한 번의 기억을 왜였는지, 얼마나 무서웠었는지, 어떤 반성으로 이어졌는지 아직도 정확히 기억하고 있다.

되도록이면 아이를 나무랄 때 남편이 없는 시간을 골랐지만 어쩌다 남편이 있을 때 아이를 야단치는 일이 생기고 엄마가 감정이 고조되어 아이에게 지나치다 싶을 때도 절대 그 순간 개입하지 않았다. 슬그머니 자리를 피해주고 상황이 마무리된 후에야 아이를 다독이고 나를 위로했다. 엄마인 나를 반디가 전적으로 신뢰하고 따를 수 있도록 만들어준 것은 남편이었던 것 같다. 집 안에서 일어나는 일에 있어서는 아빠가 엄마를 믿고 있다는 것을 반디도 알았다. 집 안에서 만큼은 엄마가 법이었다.

아이의 교육에 적당히 거리를 두고 방관자 비슷한 태도를 가져주었던 것이 반디 아빠가 처한 상황에서 취할 수 있었던 최선이었다는 것을 잘 안다. 그런데 돌이켜보면 이러한 반디 아빠의 태도가 나에게는 책임감을 갖게 하고 아이에게 일관성을 유지할 수 있게 해주었다. 이렇게 쌓인 반디의 엄마에 대한 신뢰는 친구들과 다른 길을 선택할 때 그냥 엄마 믿고 가면 될 것 같다는 단순한 생각을 할 정도로 크게 작용했다.

초등 저학년까지는 적당히 균형 잡힌 일상이었지만 고학년에 들어서며 학습 쪽으로 아이의 활동이 치우치기 시작했다. 집 안에서 아빠의 입지는 점점 좁아지게 되었다. 적당하고 합리적인 타협이 있어야 했다.

아빠만을 위한
공간을 마련하자

세상의 잣대에 맞추고 남들이 내리는 평가가 우선인 세상에서 아이를 키우다 보니 늘 쫓기듯 생활해야 하고 가족이지만 서로가 부담스러워지기도 한다. 아빠들은 아빠들대로 "난 집에 들어가면 찬밥 신세야!"라고 한탄하고 엄마들은 엄마들대로 심하면 남편의 지방 발령을 꿈꾼다.

서서히 아이의 학습량이 늘어나는 고학년이 되면서 다시 한 번 아빠와의 관계에서 고비가 찾아왔다. 항상 퇴근이 늦는 남편과 주말 이외에는 함께 저녁 식사를 하지 못하는 경우가 많았다. 반디는 학원 스케줄이 없었기 때문에 저녁 시간 이후로 집에서 스스로 해야 할 일들이 계획되어 있었다. 그런데 아이가 한참 집중하고 있을 때 남편은 늦은 퇴근 후 불규칙한 시간에 집에 들어선다. 퇴근한 아빠와 잠깐이라지만 아이의 집중력은 이미 온데간데없고 어수선해진다. 그런 날이 반복되면 남편이 집에 들어오는 것이 방해된다는 생각이 들기도 했다. 남편의 입지도 애매해진다. 아이가 공부하는데 거실에 앉아 느긋하게 TV를 볼 수도 없다. 함께 책을 붙잡자니 지나온 하루가 고단하다.

대부분의 평범한 아빠들이 집에 와서 할 수 있는 일이란 그리 많지 않다. 종일 사람에 치이고 일에 치이고 유일하게 무장해제하고 들어와 대우받고 편안할 수 있는 공간이 내 집이다. 남편들의 리모컨 사랑은 그들에게 완벽한 휴식에 해당한다. 한 프로를 집중해서 보는 것도 아니다. 채널은 수시로 돌아간다. 그러다 소파에 쓰러져 잠이 든다. 아내가 그렇게 잠든 남편을 살짝 째려보고 TV를 끄려고 하면 신기하게 반사적으로 눈을 뜬다. 안 잤다는 것이다. 분명 코를 골았다고 말하지만 인정하지 않는다.

우리 집은 세 식구다. 생활의 주 공간은 거실이었다. 그런데 주중에 남편이 집에 있는 시간은 그리 길지 않았다. 난 고민 끝에 아이의 공부방을 따로 만드는 대신에 남편만을 위한 공간을 따로 마련했다. 남편이 공부하는 아이 눈치, 불안해하는 아내 눈치 보지 않고 리모컨 사랑을 만끽할 수 있도록, 서재에 TV도 놓았고 푹신한 소파도 넣어놓았다. 대신 아이의 학습은 거실에서 이루어졌다. 식탁이나 거실 테이블이 책상이 되고 생뚱맞지만 거실 한쪽에 책장을 놓았다. 언제라도 손님이 오면 오픈되는 공간이니 가지런하길 바라게 되는 거실과 식탁 주변은 온통 아이의 책과 노트북 등으로 어질러져 있었다. 어느 순간 남을 위한 공간이 아니고 우리를 위한 공간이면 됐지 하는 배짱이 생겨 더 어수선해졌다. 엄마는 주방에서 일을 하면서도 아이와 수시로 대화가 가능했고 아이는 자연스럽게 답답하지 않은 너른 공간을 활용할 수 있었다.

누구보다도 편해진 것은 남편이었다. 퇴근해 저녁식사를 마치면 남편은 슬그머니 자신만의 공간을 찾아간다. 평소 10시 전후에 반디의 모든 일정이 끝나는 것을 잘 아는 남편은 그 시간까지 너무도 편안한 자세와 마음으로 자신만의 공간에서 리모컨을 든 완벽한 휴식을 취한다. 10시가 넘으면 세 식구는 다시 함께 거실에 모인다. 가끔은 반디가 좁은 아빠의 공간에 들어가 잠들기 전까지 부자만의 오붓한 시간을 가지다 나오기도 한다. 반디가 아는 카드 게임을 아빠에게 가르쳐주고 아빠가 아는 카드 게임을 아이에게 가르쳐주고 엄마 눈 피해 아빠 휴대폰으로 게임도 살짝살짝 하면서.

우리 세 식구의 이 같은 타협은 후에 반디가 홈스쿨을 할 때 더욱 도움이 되었다. 아이는 안 그래도 혼자 하는 공부를 좁은 공간에서 답답해하지 않아도 됐고, 난 집안일을 하면서도 식탁을 주 무대로 하는 반디와 수시로 눈을 맞출 수 있었다. 집안 공간을 편안하게 활용할 수 있었던 것은 알지도 못하는 누군가가 만들어놓은 세상의 정해진 틀에 우리를 끼워 맞추려 하지 않았기 때문이었다. 말이 좋아 남편만의 공간이지 초라해 보인다고 이러지도 저러지도 못하고 가족 모두가 예민해져 상대에 대한 부담을 가지고 사는 것은 초라함을 넘어서지 않을까?

세상의 속도에 맞춰 변화하기가 제일 어려운 사람이 아빠인 듯하다. 지친 퇴근길 현관 문 열고 들어서면 아이들이 쪼르르 나와 "다녀오셨어요"라고 마중하던 나 어릴 적 그때 어디쯤에서 아빠를 헤매게 하지 말아야 할 것 같았다. 빠르게 변하는 세상과 같은 속도로 내달리고 있는 아이들, 그 뒤를 죽어라 간신히 뒤쫓는 엄마들, 아이들은 내달리느라, 엄마들은 뒤쫓느라 앞만 보지 말고 한번쯤 저 뒤에서 어정쩡하게 서 있는 아빠도 기억해야 할 것 같다.

평범하다 못해 안타까운 시대를 '아빠'라는 이름으로 살아야 했던 반디 아빠였다. 낯선 땅으로 4년간 자신의 꿈을 위해 떠나는 어린 아들을 배웅하면서도 쑥스럽고 어색해 따뜻한 포옹 한번 제대로 못해주는 사람이었다. 아빠보다 훨씬 키가 커버린 아들, 툭툭 어깨를 치는 격려조차도 부자연스러운 아빠였다. 결혼 후 처음으로 가족을 바다 건너 오랜 시간 떼놓아야 했지만, 더욱 활발한 인간관계와 꾸준한 운동으로 자기관리하며 멀리 있는 가족을 안심시켜주었던 든든한 사람이다. 1년에 한 번 특별한 휴가로 가족을 찾는 아빠, 그리고 그 아빠를 맞이하는 아들은 마치 아침에 출근했다 저녁에 퇴근하는 것처럼 데면데면하기만 했다. 그들의 그런 인사에 피식 웃음이 나오기는 해도, 먼 곳에서 떨어져 지낼 때 주중에는 카톡으로, 주말이면 화상으로 서로를 격려하는 부자의 모습이 참 보기 좋았다.

부전자전, 외골수 직진 인생들

이따금씩 반디의 성향을 되짚다 보면 드는 생각이 영락없이 아빠 닮은 아들이다. 그래서 때로는 맘에 안 드는 구석이 보인다. 반디 아빠는 한 직장에서 30년을 훨씬 넘게 근무하고 그러다 보니 직장이 라고는 바꿔본 적 없이 한 자리에서 나이 꽉 채운 사람이다. 반디가 무사히 유학 마치고 돌아와 두 달도 안 되어서 이제 해야 할 일 마친 것 같으니 쉬고 싶다며 자의 반 타의 반으로 조금 남아 있던 현직에 서 물러난 사람이다. 누군가는 그 성실함을 칭찬하고 누군가는 그 융통성 없음을 답답하다 느끼기도 하는 사람이다.

친정 자매들이 우리 부부를 놓고 예전부터 하는 말이 있다. 1년 을 살았는데 10년은 같이 산 부부 같고, 10년을 살았는데 1년된 그 때와 다르지 않다고, 30년 가까이 살았으면서 어쩜 그리 똑같이 변 함없을 수 있느냐고. 칭찬 같기고 디스 같기도 하다. 와이프 잘못 만 나 마흔이 넘어서야 아빠 소리 들을 수 있었다. 1997년 IMF 직격탄 맞은 직장이었고 1998년생 아들을 둔 아빠였으니 그 고단함이야 말로 표현할 수 있을까? 아빠 얼굴 못보고 잠들고 깨는 게 일상이었 던 반디였다. 나는 오랜 지병 앓다 일찍 돌아가신 친정엄마, 연세 많 으신 시어머니, 멀리 사는 친정 언니, 덕분에 남부럽지 않은 독박 육 아 일인자였다. 6세 유치원에 들어가기 전까지 단 한나절도 다른 누 구에게 아이를 떼어놓을 수 없었던 엄마였으니 한때는 그 시간들이 너무 버거워 눈물 꽤나 흘렸었다. 반디와 소통다운 소통이 가능하다 느껴지던 24개월 이후부터 오히려 독박 육아는 나에게 행운이라는 생각이 들었다. 오롯이 아이와 함께할 수 있는 모든 시간이 많이 감 사했고 행복했다.

엄청난 시행착오가 예측 가능한 엄마표 영어, 홈스쿨 등의 독특한 선택들이 그나마 자유롭고 편안했던 데는 여러 이유가 있지만 남편의 보이는 지원, 그리고 보이지 않는 지원도 한몫했다. 기본 10시! 늘상 늦은 퇴근 덕분에 반디가 외부 도움 없이 일상으로 해야 하는 저녁시간 활동들에 중간 방해 없이 집중할 수 있었던 보이는 지원이 있었다. 애초부터 그 어떤 협력이 불가능했던 고달픈 일상으로 아내에게 전적으로 아이 교육을 믿고 맡길 수밖에 없어 아이의 인생 전체에 크게 문제될 일이 아닌 결정에는 이렇다 저렇다 간섭 않는 보이지 않는 지원도 있었다. 덕분에 아이의 성장에서 교육 방향만큼은 엄마의 일관성에 익숙한 반디였다. 그런데 그렇게 엄마와 함께한 시간이 많고 엄마 주관대로 아이를 교육시켰는데도 선천적으로 물려받은 아빠의 성향은 무시할 수 없는 것인가? 아이가 성인이 되면서 더 그렇게 느껴지는 것이 신기하기만 하다.

가끔 반디의 외골수 직진이 답답해 보이기도 하고 안타까워 보이기도 하는데 아주 비슷한 사람하고 30년 가까이 살다 보니 이제 그러려니 포기에 가까워졌다. 남편도 아들도 결국 평생 피할 수 없는 인연인데 앞으로 수십 년은 봐주고 살아야 할 부분이니 저항해 봤자 나만 손해일 것이다. 좀 외골수면 어때, 융통성 좀 없이 살면 그 또한 어때, 좋아하는 거 하면서 살면 그만이지.

온·오프라인에서 나눔이 편안해지면 간혹 물어오는 의외의 질문이 있다. 반디 엄마이기 이전, 어떤 부모의 영향으로 성장하며 생각을 키웠기에 내 자식을 위한 교육에 일찍이 남들과 다른 선택들에 관심을 가지고 준비할 수 있었는지가 궁금하다는 것이다. 그 질문에는 예전에 써놓았던 글로 답하고는 한다. 시드니가 일상이었던 2016년 5월에 방영된 드라마 〈디어 마이 프렌즈〉가 사람을 너무 바닥까지 부끄럽게 만들었던 기억이 있다. 주인공은 스스로 자신의 뺨을 때리며 눈물 흘릴 자격도 없는 염치없는 자식임을 반성했지만, 난 그 기회조차 잃었다는 죄스러움에 그저 친정 엄마의 마지막을 기억하고 싶었다. 염치없고 이기적인 자식들을 내리사랑으로 보듬어주는 아버지에 대한 감사를 담아 긴 반성문 한 장을 썼다.

친정엄마는 삶의 한 부분 닮을 수 없는, 닮고 싶지 않은 삶을 살았다. '내가 좀 손해보고 힘들어도 참고 애쓰면 주변이 편안하고 모두가 행복할 수 있다.' 그렇게 이타적인 삶에 최선을 다했던 엄마는 스스로의 인내가 안으로 곪아 터져버리니 걷잡을 수 없이 몸이 망가졌다. 갑상선, 당뇨, 고혈압, 만성신부전증 등. 떠나기 전 몇 해 동안 작은 주먹이면 움켜쥐기도 힘든 분량의 약을 소화해야 했다. 엄마 생애 마지막 여섯 해를 일주일에 세 번씩 병원을 다니며 혈액투석을 해야 했던 때, 생각해보니 나에게 멀지않은 오십 중반을 겨우 넘겼을 때였다.

결혼하고 불임으로 반디를 기다리던 10년 가까운 시간 동안 그나마 잘한 일이라 생각되는 일이 있다. 주 3회 엄마를 모시고 병원을 다녔다. 적어도 투석실 계단을 엄마 힘으로 오르내릴 수 있었던 첫 해 동안이었다. 하루살이처럼 상태가 나빠지고 나아지고를 반복하던 어느 날 엄마는 내 손을 잡고 그랬다. "너 자식 하나 낳아 엄마 되는 거 보고 죽게 해달라"고. 기대는 없었지만 그 말은 거부할 수 없는 등 떠밀림이었기에 불임 센터를 다니기 시작했다. 엄마의 병원 픽업은 돌 지난 조카를 옆에 태우고 여동생이 다니기 시작했다. 난 지금도 그런 생각을 한다. 반디는 엄마가 죽음을 앞두고 가장 간절했던 소망에 대한 '기적'이었다.

아버지의 헌신적 보살핌 속에 엄마는 혈액투석 만 5년을 넘기면서 매일 다른 모습으로 변해가며 삶과 죽음의 경계를 오가고는 했다. 그러다 신기할 정도로 상태가 회복되었던 짧은 한 시기 어느 일요일이었다. 사촌 결혼식으로 뿔뿔이 흩어져 사는 4남매가 모였다. 멀리 사는 큰 딸과 하나뿐인 막내아들 가까이 사는 두 딸이 예식 시간 훨씬 전에 집으로 모여 '하하호호' 떠들었다. 그날 엄마는 대문 밖까지 나와 예식장에 들렀다 다시 흩어질 4남매를 밝은 얼굴로 배웅했다. 손까지 흔들면서.

그날 저녁, 집에서 저녁을 먹고 있었다. 반디가 막 36개월이 지났을 때였다. 아버지 전화를 받았다. 119 불러 엄마를 응급실에 옮겼다는 말씀을 담담하게 할 수 있었던 것은 아버지에게도, 우리에게도 이미 익숙한 일이었기 때문이다. 1년에 많게는 서너 차례. 잠들기 전 아버지 머리맡에는 늘 언제든 입고 움직일 수 있는 옷들이 완벽하게 세팅되어 있었다. 엄마의 상태가 나빠지면 어떤 순서로 대처해야 하는지 메모가 그 옷가지 위에 놓여 있었다. 처음에는 연락이 오면 앞뒤 안 보고 뛰쳐나가 덜덜 떨리는 손으로 운전을 해서 병원으로 달려갔었다. 그런데 반복되는 학습 경험으로 서두르지 않아도 된다는 것을 알았다. 매번 응급실을 거쳐 며칠 입원 후 퇴원이 반복되었으니까. 난 저녁도 마저 먹고 설거지도 끝내놓고 일요일 저녁이었기에 남편이 운전하는 차를 타고 병원으로 향하며 싸가지 없는 말을 했다. "왠지 매번 속는 기분이야. 이번 주 안으로 퇴원할 수 있을 거야. 그래도 하루 이틀은 병원에서 자야 하니 일찍 퇴근해서 반디 봐줘요."

그나마 장거리가 아니라서 맘은 편하다는 생각도 했다. 먼 도시 살고 있었으면 아버지 서둘러 연락도 안 했을 텐데 다시 아픈 엄마 가까이 온 게 실감이 났다. 엄마 상태가 좋지 않던 1년 반 동안 남편의 지방 발령에 따라 친정과 좀 멀리 떨어져 지냈었다. 염치없는 내 이기심을 나 스스로에게 처음 들켰던 때다. 발령 소식에 솔직히 어느 만큼은 홀가분했다는 것을 부정할 수 없다. 두 해 가까이 새벽 길, 밤길을 엄마가 위독할 때마다 3시간씩 달려야 했지만 잠깐씩은 아주 잊고 살 수 있었으니까. 다시 친정 가까이 돌아온 지 얼마 지나지 않아서였다. 또 한 번 속는 기분으로 가까이 있음을 다행으로 여기며 병원으로 향했던 그날이….

올 것이 왔다. 최악의 상태로 뇌출혈이 일어났고 뇌에 구멍을 뚫어 수술을 할 수는 있지만 엄마의 두터울 대로 두터워진 병원 차트를 놓고 의사가 말하길 그 방법이 단지 두 주 정도 생명 연장 말고는 그 무엇도 기대할 수 없는 최선이라 했다. "엄마 그만 놓아주자." 비 오는 응급실 처마 밑에서 아버지는 그렇게 말했다. 그 또한 아주 담담하게, 그래서 더 가슴 아프게 전해졌다. 결국 남편 딸려 반디를 집으로 보내고 서울 길목에서 차를 돌려 되짚어 내려온 남동생과 상의 끝에 늦은 밤 구급차로 엄마를 집으로 모셨다. 동행한 의사가 산소호흡기를 제거하고 돌아간 뒤 내 생애 가장 길었던 밤이었다. 엄마의 가르랑거리는 숨소리, 언제 끊어질지 모르는 그 소리가 온 방안을 가득 채울 정도로 크게만 들렸다. 낮아지면 낮아져서 높아지면 높아져서 애간장이 녹는다는 말이 이런 것일까 싶었다. 그러면서도 한편 언제 끊어질지 모르는 엄마의 숨소리, 그 순간을 기다리고 있는 것 같은 나 자신이 혐오스러웠다.

엄마는 무사히 밤을 넘겨 버텨주었다. 이른 새벽 집으로 돌아와 남편 출근시키고 반디를 데리고 다시 친정으로 가는 차 안이었다. 탁 트인 하상 도로를 달리는데 멀리 보이는 친정 쪽 동네. 밤사이 비가 내리고 갠 하늘의 빛과 구름이 더없이 아름다웠다. 늘 다니던 길 익숙한 하늘이 왜 그날따라 그 시간에 그리 찬란할 정도로 아름다웠는지 아직도 그 하늘을 기억하면 궁금하다.

친정에 도착하니 이미 친지들이 많이 모여 있었다. 누군가 왜 이제 오냐며 내 손을 잡고 안타까워하셨다. 10여 분 전 엄마는 이 세상과 이별하는 데 마지막 밭은 한 숨결의 아쉬움도 남지 않아서였는지 곁에 있던 사람도 눈치 채지 못할 정도로 조용히 숨을 거두셨다 한다. 눈물, 그래 흘렸었다.

하지만 그 당시에는 모질고 뻔뻔하게도 이런 생각을 했었다. 하루 걸러 한 번씩 혈관 깊숙이 굵은 바늘이 들어가 온몸의 피를 끄집어내 기계에 의지해 걸러내는 서너 시간의 힘든 일상, 예고 없이 수시로 찾아드는 합병증으로 인한 고통에서 더 이상 엄마가 힘들어하지 않을 수 있어 다행이라는 참으로 어이없는 위로를 했었다. 이제 생각해보니 어쩌면 고통에서 엄마가 해방된 것도 다행이지만 더불어 마음 깊숙한 곳에는 이기적이고 염치없는 자식으로 느꼈던 감정이기도 했을 것이다.

엄마의 투병과 삶의 끝을 대하는 마음이 4남매 누구랄 것도 없이 비슷했다. 처음에는 매우 큰일이었고 지나오며 익숙한 일이 되었고 결국에는 받아들여야 하는 일이 되어버렸다. 그렇게 엄마의 최악 6년을 지켜보며 우리는 문득문득 찾아오는 이기심과 마주해야 했다. 서로에게 상처를 주지 말아야 하는데 그 이기심이 눈에 보인다고 서로를 할퀴고 상처 주는 일도 벌어졌다. 몰염치에 이기적인 '자식들'이니까. 유일한 열외는 아버지였다. 아버지는 어느 날 우리 4남매를 앉혀놓고 말했다.

"아버지도 처음부터 아버지가 아니었다. 아버지도 자식이었다. 할머니, 할아버지 말년에 너희 엄마와 많이 살고 싶어 하셨다. 집이 좁아 방도 없었지만 무리하자면 모셔올 수도 있었다. 그런데 그즈음 너희 엄마 병이 시작되었다. 겨우 마흔 넘으면서. 올망졸망 너희 넷 바라보며 덜컥 겁이 났다. 매번 큰집에 갈 때마다 해바라기처럼 바라보는 할머니, 할아버지에게 죄스럽고 괴로웠지만 그땐 나도 자식이었으니까. 집도 좁고 마누라도 아프고 형님들도 있는데 온갖 핑계로 무장하고 희망고문 끊어낼 때 자식 맘 불편하지 않게 받아주신 것도 할머니, 할아버지셨다. 자식 생각하는 부모 맘이었으니까. 너희 4남매 모두 안 그래도 자라면서 내내 아픈 엄마 모습에 진력났을 텐데 가정 꾸려 각자 독립해서 아이들 손 많이 가는 시기에 맘 쓰이지 않게 살아주는 것만도 고마운데 그동안 큰 짐 지워 미안했다. 너희들 각자의 몫을 어느 집 자식들보다 잘 해주었다는 거 안다. 이제 집에 살림해줄 사람 두고 아버지 일 모두 정리하고 엄마하고 병원 다닐 거다. 맘 불편해할 것 없이 각자 삶에 충실해라. 할머니, 할아버지가 자식인 내가 그리 살 수 있게 눈감아주신 것처럼 이제 내 자식들 위해 내가 그리해야 하는 때라는 걸 알았다. 너희들 모두 자식 키우고 있으니 아주 나중에 지금 내 맘을 이해하는 날, 그날 너희 자식들에게 또 그리 맘 쓰는 것으로 내리 갚으며 살아가는 거, 그게 자식 낳아 대 이어 살아가는 이유 아니겠냐."

아버지 그 말씀에 누구 하나 "아니다. 그러시지 마라. 우리가 하겠다" 하지 못했다. 핑계는 긴 병에 효자 없다고 우리도 지쳤다는 것을 알아줬으면 싶었는지도 모르겠다. 그렇게 돌아가시기 전 두 해는 오롯이 아버지 몫이 된 엄마의 병간호였다. 그 또한 처음에는 불편하고 죄송하고 맘 쓰였지만 차츰 익숙해지고 무심해졌다. 염치도 없고 이기심 많은 자식 노릇은 끝이 없었다. 철이 들기도 전부터 엄마는 늘 아픈 사람이었다. 그래서였을까? 엄마가 어떤 마음으로 자신의 병과 싸우고 있었는지 단 한 번도 깊이 알려 하지 않았기에 물어본 적이 없었다. 드라마 〈디어 마이 프렌즈〉에 나오는 완이의 엄마처럼 두렵고 무섭고 살고 싶다는 생각을 했었겠지. 하나도 아니고 셋이나 있는 딸들에게 그런 말을 해보지 못한 엄마, 그 외로움을 헤아려볼 생각조차 못했던 자식으로서의 부끄러운 반성이 나이 오십 넘어 엄마 떠난 15년 뒤 이리 뜬금없이 찾아올 줄 몰랐다. 노희경 작가가 고맙기도 하고 밉기도 하다. 그래서 염치없고 자격 없지만 많이 울었다. 엄마한테 너무 많이 미안해서.

비록 시골 농부의 많은 자식들 중 하나로 초등교육이 전부였던 분이셨지만 자식이었을 때는 자식으로, 부모였을 때는 부모로, 그 누구보다 자식답게 부모답게 한평생을 사신 분이 우리 아버지다. 반디에게 종종 해주는 말이다. "엄마는 세상에서 외할아버지를 가장 존경해. 딱! 외할아버지 같은 부모로 사는 것이 엄마 꿈이야."

엄마 돌아가시고 17년 혼자 지내시며 80대 중반이 넘었지만 자식들에게 의지하지 않고, 자식들 일에 그다지 간섭하지 않고, 자신의 즐거움을 찾아 스스로 건강에 각별하게 맘 쓰면서 언제나 괜찮다, 걱정 말라 안심시키시는 활기찬 목소리. 그런데 지금 아버지 당신은 자식들의 어떤 이기심과 몰염치를 눈감아주고 계시는 건가요. 바빠진 일상에 핑계가 되는 이기심과 몰염치에 매번 스스로를 다그치고는 한다. 정신 차리자. 넌 아버지가 돌아가시면 고아가 된다! 곁에 계셔줄 수 있는 시간이 길지 않다. 아버지가 부모로 눈감아주시는 것들을 나까지 눈감고 있지 말자.

Part 9

해외 대학
입학 준비

....

홈스쿨, 특별하기 위해 선택한 것이 아니었다

홈스쿨은 실천하고 있는 가구 수만큼이나 배경 또한 다양하다. 세계적인 특별한 교육방법을 기본으로 하는 가정도 있고 종교적 신념을 바탕으로 하는 경우도 있다. 우리 가족은 종교가 없다. 홈스쿨에 대해 오래 고민하고 결정했다지만, 대안교육에 관심을 가지게 되면 자주 마주치게 되는 독일의 '발도로프', 영국의 '서머힐' 등을 적극적으로 알아보려 노력하지도 않았다. 이론을 통달해서 아이에게 맞추기보다는 자연스러운 일상에서의 최선을 중요하게 생각했다.

이렇듯 우리의 홈스쿨 선택은, 특별한 이론을 배경으로 한 것도 종교적 신념이 있어서도 아니었다. 학교에서 배워야 할 것으로 정해놓은 교과 과목이 불필요하다 생각해서 특별한 교육을 준비해놓은 것도 아니었다. 그래서인지 그 시작이 요란하지도 않았고 눈에 띄게 새롭지도 않았다. 또래들이나 같은 길을 가는 사람들과 지속적인 관계 맺음을 위해 탈학교 모임이나 프로그램, 캠프 등에 관심 가지지도 않았다. 그저 배워야 하고 배우고 싶은 것을 만나는데 시간이나 공간의 제한을 받지 않았으면 했다. 방법 또한 획일적으로 정하지 않고 유연하고 자유롭게 찾아가기를 바랐다.

중학교 입학을 하지 않은 것이 생활이나 학습을 게을리해도 좋다는 의미는 아니었다. 꾸준히 해야 할 교과 중심 과목은 이미 정해져 있었다. 학교처럼 시간 단위로 쪼개진 시간표는 아니지만 하루를 오전, 오후, 저녁으로 나누어 해야 할 일들을 계획했다. 그 계획대로 실천하지 않는다고 큰일 날 일은 없었다. 그렇다 해도 조정과 수정이 뒤따랐지만 큰 틀을 지켜나갔다.

2년간의 홈스쿨 생활은 단조롭기까지 하다. 오전에는 주로 교과 중심 과목인 수학, 과학을 공부했다. 초등 6년과 마찬가지로 적극적인 삼자의 개입 없이 인터넷 강의를 듣고 혼자 풀고 익히는 더딘 방법이었다. 오후에는 주로 악기를 연주하거나 책을 보거나 관심 있는 축구 관련 정보를 찾아보거나 소파에서 뒹굴거리기도 하는 여유 있는 시간을 가졌다. 함께하는 엄마는 이 빈둥거림을 긍정적으로 지켜보는 인내가 필요했다. 아무것도 하지 않은 채 시간 보내기가 무척 어려운 시절이다. 공부를 마치고 아니, 공부하는 틈틈이도 아이들은 지속적으로 게임이 되었든 소통이 되었든 무엇인가에 마음과 시선을 빼앗기게 된다. 우리들 머릿속은 들여보낸 것을 정리할 시간도 새로운 것에 대한 무한한 상상을 펼칠 시간도 필요한데 도무지 여유가 없다. 엄마인지라 그 빈둥거림을 편안하게 지켜보기 힘들었지만 그 시간이 반디에게 무척 중요했던 시간이었을 것이란 확신도 있다.

저녁 식사 후에는 영어 원서를 보거나 친구들과 어울려 동네 축구를 하거나 주중에 하루는 과학 사교육을 받았다. 주말보다는 주중을 이용해 한 주에 한번쯤은 자동차로 왕복 3시간이 넘지 않는 거리의 사찰이나, 수목원, 관광지들을 찾아 산책과 먹거리를 즐겼다. 주말보다는 이동도 걸음도 마음도 훨씬 여유로웠다. 휴일이면 목욕탕으로 산으로 또는 자전거를 끌고 아빠와 함께하는 것으로 엄마에게 휴식을 주었다.

더딘 방법이라 생각했던 교과 중심 과목 학습은 불필요한 반복을 피할 수 있어서인지 예상보다 빨리 진행되었다. 덕분에 검정고시 일정은 자꾸만 당겨졌다. 앞에서도 자세히 언급했지만, 교과 중심 과목인 수학, 과학을 제외한 나머지 학습은 다양한 책 읽기로 대체가 된다고 생각했고 실제로 가능했다. 그러다 보니 대입을 위해 학습을 진행한 것은 아니었는데 너무 빨리 대학 입학을 고민해야 하는 상황에 놓였다.

선택의 범위가 ───── • • • 넓어지다

선택의 갈림길에서 바른 길을 찾는 것은 쉽지 않다. 우리는 항상 최선의 선택을 위해 고민한다. 하지만 최선이 아닌 차선의 선택이 인생을 바꿔놓을 수도 있다. 고입 검정고시를 마치고 고등 과정 수·과학 진행상황을 보니 고입 검정고시를 마친 1년 후, 고졸 검정고시를 마무리할 수 있겠다는 생각이 들었다. 아이와 구체적인 논의를 했다. 아이가 호기심을 보이며 깊이 있게 공부 중인 과학 학습에 맞춰 과학영재고등학교나 과학고등학교의 입학을 계획해서 다시 제도권 안으로 들어갈 것인지, 이대로 검정고시를 통해 고등학교 과정을 마친 후 다음을 생각할 것인지 선택해야 했다.

아이의 고입 검정고시 성적은 사회과목에서 세 문제를 놓치고 나머지 다섯 과목을 만점 받아 평균도 좋았다. 그동안 과학 관련 학습도 꾸준히 했고 하고 싶은 공부도 순수과학이라 하니, 영재고나 과학고등학교에 들어가 깊이 공부할 수 있는 기회가 있으면 좋을 것 같다는 것이 엄마 생각이었다. 그런데 아이는 별로 내켜하지 않았다. 사립영재원에서 같은 목표로 공부하는 친구들과 1년 정도 함께 과학을 공부하면서, 친구들이 영재고와 과학고등학교 입학을 위해 준비하는 스펙들을 알 수 있었다. 수학·과학 올림피아드를 준비해서 어느 정도 성과를 거두어야 입학도 가능하고 입학 후 학습에도 무리가 없다는데 그 과정이 험난했다. 8월에 고졸 검정고시를 볼 것인지, 1년 동안 과학 올림피아드 공부를 하며 다음 해 5월 영재고 입학에 도전해볼 것인지 아이와 여러 가지 가능성을 놓고 고민하던 5월이었다.

그 5월에, 그때까지만 해도 우리의 계획에는 선택 가능한 것이 아니었던 해외 유학을 제 삼자를 통해 권유받았다. 그냥 지나가는 말이었다. "국내에 국한해서 미래를 고민하지 않아도 좋을 만큼 영어가 안정적인 아이니 유학을 고려해보지 그러냐"는 가까운 지인의 말이 시작이었다. 참으로 드는 생각이 많았다. 물론 초등학교를 졸업한 뒤 검정고시로 중등과정을 마치고 이른 나이에 대학에 진학하는 사례들이 없지 않다. 하지만 본래의 계획에 대학을 조기 진학하는 것은 포함되지 않았었다. 해외유학도 아이가 대학을 다니는 중간에 교환학생이나 어학연수쯤으로 계획하고 있었다. 생각해보지 않았던, 대학 자체를 해외로 진학하는 것에 대해서 구체적으로 고민하기 시작했다. 선택의 폭이 하나 더 생긴 것이다. 세 가지 선택을 놓고 고민하기 시작했다.

첫째, 앞으로 1년 조금 넘는 시간 동안 수학·과학을 올림피아드 수상 가능한 실력까지 끌어올리는 노력으로 영재고나 과학고등학교에 도전해서 자신이 관심 있어 하는 분야를 심도 있게 공부할 수 있는 기회를 가지는 것이다. 그러기 위해서는 남은 기간 지금과는 다른 방법으로 전문적인 외부 도움을 받으며 준비해야 했다. 그 과정은 우리가 제도교육에서 피하고자 했던 것과 크게 다르지 않을 것이다. 그리고 합격이 보장되지 않은 도전이다.

둘째, 당시 학습 진행상 가능하다 생각되는 고졸검정고시를 미루지 않고 치르면, 그다음 계획에 대해 구체적으로 생각해봐야 했다. 대학수능시험을 공부해서 국내에서 대학을 가는 방법이 있겠지만, 우리나라 대학 분위기가 나이 어린 미성년자를 동기로 받아들여 함께하기에 여러 가지 맘이 놓이지 않는 부분이 많았다. 그렇지 않고 검정고시를 마치고 나이를 채우자니 남은 기간의 계획이 막막했다. 검정고시를 미루고도 그건 마찬가지였다. 당시 아이의 학습 능력은 최고로 올라 있었다. 제 나이 이상의 고등 수학, 과학을 받아들이는 것에 있어 흥미를 가지고 적극적이었으며 완벽한 자기주도학습이 자리를 잡고 있었다. 그런 아이에게 제 나이에 맞춘 대학 진학을 위해 제자리걸음을 하게 하고 싶지 않았다.

셋째, 고졸 검정고시를 마치고 해외 대학으로 진학하는 방법이다. 국내와 달리 해외 대학의 입학 절차는 그다지 까다롭지 않았다. 입학 후에 졸업이 매우 힘들다는 점이 우리나라 대학과 다른 점이기는 했다. 아이가 7년 이상 엄마표를 거쳐 스스로 원서를 읽으며 쌓아온 내공이라고는 하지만, 해외 대학에 진학해서 영어로 강의를 듣고 과제를 수행하며 서너 살 많은 학우들과 어울려 대학생활을 할 수 있을지 자신이 서지 않았다. 그리고 아이를 혼자 떼놓을 수 없으니 우리 가족은 생각해 보지 않은 기러기 아빠를 만들게 되는 것이다.

모든 가능성을 열어두고 아이의 현재 상태로 가장 바람직한 길이 무엇인지 고민했다. 영재고 입시요강을 확인하고 유학원을 통해 해외 대학 가능성을 알아봤다. 세 가지 안에 대하여 가족이 함께 논의에 들어갔다. 반디는 가능하다면 해외유학 쪽이 마음에 끌린다 했다. 아이와 해외유학을 진행한다면 어느 나라가 좋을지 고민도 해봤다. 아빠의 보호 없이 미성년자인 반디와 단 둘이 지내야 한다면 안전이 최우선이었다. 만일을 모르니 총기 소유가 자유로운 나라는 배제했다. 아이와 홈스쿨을 하며 호주와 서유럽으로 여행을 했었다. 이모 덕분에 뉴질랜드의 방학 프로그램도 보름가량 경험했다. 가보진 못했지만 많은 가정에서 선택하는 캐나다 쪽도 염두에 두었다. 그러면서 아이도 엄마도 그 중에 일상으로 한번쯤 살아보고 싶은, 좋은 기억으로 남아있는 곳을 골랐다. 시드니였다.

어찌 보면 참으로 어처구니없는 선택 방법이었다. 좀 더 미래지향적으로 좋은 나라, 좋은 학교를 욕심내는 것이 아니라 아이와 낯선 곳에서 함께 할 삶, 그 자체의 즐거움에 더 무게를 두었다. 늘 그렇듯 우리는 먼 미래를 계획하기보다는 현재에 충실했다. 과거는 돌이킬 수 없는 히스토리(history)이고, 미래는 알 수 없는 미스터리(mystery)이지만, 현재는 우리에게 이미 주어진 프레젠트(present), 즉 선물과도 같다. 한 걸음 한 걸음 의미 있는 오늘을 만들고 싶었다. "현재를 즐겨라. 인생을 독특하게 살아라. 카르페 디엠" 좋아하는 영화 〈죽은 시인의 사회〉의 명대사다. 우리는 현재를 위해 결정을 내렸다.

호주 대학
입학을 준비하다 ──── •••

이 내용은 2012년 아이의 대학 입학을 준비하며 조사했던 내용으로 썼기에 현재 상황에서는 오류 없는 정확한 정보가 될 수는 없을 듯하다. 우리만의 길을 만드는 과정으로 만나보길 바란다.

호주는 종합대학교(University)를 졸업하면, 받게 되는 학위인 학사 학위(Bachelor)와 2년제 전문대학을 졸업하면 받게 되는 전문 학사 학위(Diploma)가 있다. 호주에는 40여 개의 종합대학이 있는데 3~4개를 제외하면, 모두가 정부의 재정지원을 받는 국공립 대학들로 정부의 철저한 감독을 받아야 하고 정부가 요구하는 질적 수준에 도달해 있어 대학들 간의 격차가 그다지 심하지 않으며 상향평준화되어 있다 한다. 그럼에도 불구하고 호주 G8이라 불리는 명문 대학 그룹은 존재한다.

국제학생으로 호주 대학의 입학 조건은 학력 조건, 영어 조건 두 가지로 나뉜다. 우선 학력 조건으로는 '한국 4년제 대학 1학년 이상 수료 또는 전문대 졸업'을 만족해야 한다. 한국에서 고등학교를 졸업하였다고 호주 대학 1학년으로 곧바로 들어갈 수 없는 것이다. 그것은 호주의 고등학교에서는 대부분 11학년이 되면 자신이 진학하고자 하는 학과를 선택하고 12학년에 전공과 관련된 교양과목을 선택해서 미리 공부하고 있기 때문이다. 그래서인지 호주는 대학 학과목에 교양과목 비율이 낮다. 다음으로 최종학력 성적표와 영어점수가 필요하다. 각 대학과 전공마다 요구하는 점수는 다르지만 영어점수는 대부분 IELTS 6.0 이상을 요구하고 있다. IELTS 점수가 없다면 각 대학의 부설어학원에서 영어 과정을 이수하거나 대학과 연계된 사설어학원에서 공부하여 일정 레벨을 받는 조건부 입학도 가능하다.

호주 이외의 고등학교를 졸업했다면 학부예비과정을 거치거나 디플로마를 수료하는 등 일정한 과정을 거친 후 전공 연계가 가능하다. 반디는 학부예비과정에 해당하는 파운데이션 스터디즈 코스(Foundation Studies Course)를 선택했다. 흔히 '파운데이션 과정'이라 불린다. 호주와 다른 교육제도를 가지고 있어, 외국에서 고등학교를 졸업한 뒤 호주 대학에 진학을 희망하는 국제학생들이 전공 강의를 들을 수 있는 기초적인 능력을 쌓는 과정으로 보면 된다. 과정별로 6개월에서 1년 정도 소요되며 우리나라 대학교 1학년 과정이라 할 수 있는 전공기초 및 교양과목을 이수해야 한다. 각 대학마다 다른 대학에서 제공한 파운데이션 프로그램을 인정하지 않는 경우가 대부분이다. 본인이 입학하고자 하는 대학교에서 제공하는 파운데이션 과정을 들어야 한다. 국제학생들은 영어뿐 아니라 전공 학과에서 요구하는 선수과목들을 배우게 된다. 유학생들은 이 파운데이션의 성적만으로 별도의 입학시험이나 영어시험 없이 자신의 전공으로 곧바로 연계된다. 파운데이션 과정의 성적은 학과별로 정해진 점수가 있어 그 기준을 통과해야만 대학 본 과정으로 갈 수 있는 것이다. 안타깝게도 파운데이션에서 낙제(fail)하는 경우도 상당수 있다. 그런 경우 기본 자격이 채워질 때까지 추가 학습을 위해 기간이 연장될 수밖에 없다.

이러한 파운데이션 과정은 1년 정도의 스탠다드 트랙(Standard Track)과 좀 더 짧은 패스트 트랙(Fast Track) 등으로 나뉘는데 학비의 차이는 없었다. 몇 개의 학기(semester)로 나누어 있고, 필수과목과 선택과목을 합쳐 5~7개 과목을 배우게 된다. 보통 영어와 수학 등이 필수인 경우가 많다. 파운데이션 과목들은 실제 학부과정에서처럼 에세이(essay) 몇 퍼센트, 프레젠테이션(presentation) 몇 퍼센트, 리포트(report) 몇 퍼센트, 시험(exam) 몇 퍼센트, 이런 식으로 평가(assessment)가 이루어지므로 대학 본 과정 전에 이러한 호주 대학 시스템에 미리 익숙해질 수 있다.

한국에서 고등학교를 마친 후 파운데이션 과정으로 입학하기 위해서는 한국 고등학교 내신 성적과 졸업증명서, 그리고 IELTS Overall 기준 5.5~6.0 이상의 영어 성적이 필요하다. 영어 점수가 미달된 경우는 파운데이션 과정 전에 각자의 능력에 따라 12주~20주 정도 인텐시브 잉글리시 코스(Intensive English Course)를 별도로 거쳐야 한다. 반디는 한국 고등학교 내신 성적은 검정고시 시험 결과 점수로 대체되었고 남은 것은 지원하는 학교에서 요구하는 공인 영어시험, IELTS 점수 기준을 맞추어야 했다.

아이엘츠에 대한 정보

아이엘츠(IELTS, International English Language Testing System)는 영국 문화원(British Council)과 호주 IDP 에듀케이션(IDP IELTS Australia), 케임브리지 대학교(Cambridge English Language Assessment)가 함께 공동 개발, 관리, 운영하는 국제공인 영어능력평가 시험이다. 호주, 캐나다, 뉴질랜드, 영국, 미국 등 영어권 국가로의 유학이나 이민 취업을 희망하는 사람들의 영어 사용 능력을 평가하기 위해 1989년에 개발되었다.

영국 문화원은 IELTS 시험의 공식 시험 주관 기관으로 서울, 부산, 대전, 인천에서 시험을 시행하고 있다. 홈페이지를 통해 온라인으로 시험 접수를 할 수 있었다. IELTS 시험은 아카데믹 모듈(Academic Module)과 제너럴 트레이닝 모듈(General Training Module) 두 가지로 나뉘어 있다.

▌ 아이엘츠(IELTS) 시험 구성

	Academic Module	General Training Module
Listening	모듈 구분 없음	
Reading	Academic Reading	General Training Reading
Writing	Academic Writing	General Training Writing
Speaking	모듈 구분 없음	

해외 대학 입학 준비 ● 347

아카데믹 모듈은 학사, 석사, 박사 등 학위 과정을 이수하기 위해 유학을 준비하는 사람들을 대상으로 학위 과정에 요구되는 영어 능력을 평가하도록 구성되어 있으며, 입학 전형의 영어 평가 기준으로 사용된다. 제너럴 트레이닝 모듈은 실생활에 필요한 영어 능력을 평가하도록 구성되어 있다. 직업 관련 연수 및 이민을 준비하는 사람들에게 필요한 시험이다.

두 모듈 모두 듣기, 읽기, 쓰기, 말하기 능력을 포괄적으로 테스트하는 종합 영어 능력 평가 시험이다. IELTS의 성적은 네 영역 각

▌시험 과목

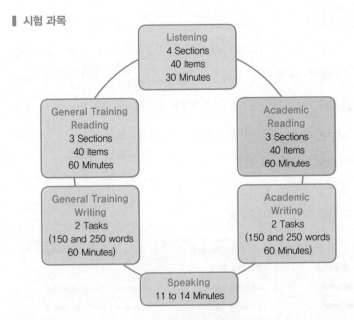

출처: 영국 문화원 홈페이지(www.britishcouncil.kr)

각의 점수가 9단계의 밴드(Band)로 표시되며, 이 밴드들의 평균은 오버롤(Overall Band)로 표시되고, 이것이 응시자의 성적을 나타낸다.

반디가 호주 대학으로 진학하기 위해 입학전형으로 제시해야 하는 IELTS 시험 점수는 아카데믹 모듈(Academic Module)의 오버롤 밴드(Overall Band) 5.5 이상이었다. 제너럴 트레이닝(General Training)과 아카데믹 모듈(Academic Module)은 시험 대상이 다르듯이 시험 내용에도 차이가 난다. 듣기와 말하기는 구분을 하지 않고 같은 내용으로 시험을 보며, 읽기에서 아카데믹 모듈(Academic Module)은 책이나 신문, 저널 등의 지문으로 단어나 표현 문구에는 학구적인 내용이 많다. 쓰기 또한 정보를 요청하거나 상황을 설명하는 레터를 쓰는 것이 일반적인 제너럴(General)에 비해 아카데믹(Academic)은 주로 차트, 표, 그래프를 근거로 데이터를 비교 분석하거나 주장 또는 질문에 대한 논리적인 근거를 통해 에세이를 작성하게 된다.

맨땅에 헤딩,
아이엘츠 도전기

호주 대학 입학 절차를 도와주었던 유학원 측에서는 아이엘츠(IELTS) 시험을 응시해서 본인의 실력을 알아보고, 오버롤 밴드(Overall Band)가 많이 부족하지 않으면 현지에서 일정기간 프로그램을 수료

하는 방법도 있으니 일단 한번 시험에 응시해볼 것을 권했다. 영국 문화원 홈페이지에 공시되어 있는 IELTS 시험 일정을 확인해보았다. 서울은 월 3~4회 응시 가능했지만 대전은 응시 기회가 월 1회뿐이었다. 8월 25일 대전 시험을 접수했다. 8월 6일이 고졸 검정고시 시험일이니 IELTS 시험 준비에 많은 시간을 낼 수가 없었다.

영어 인증 시험은 현재 자신의 실력을 평가받는 것이라 생각했다. 토플이나 텝스, 토익 등의 인증을 위해 시험 자체를 위한 공부를 오랜 기간 하는 것에 그다지 동의하는 편이 아니었다. 각각의 시험 보는 방법에 차이가 있으니 필요에 의해 시험을 준비하는 길지 않은 시간 동안 그 방법만 익히면 충분하다는 생각이었다. 몇 차례 시험을 통해 점수가 올라갈 수 있다고도 하지만, 그것은 보통 자신의 기본 실력에서 그다지 크게 차이 나지 않는다.

반디가 본격적으로 IELTS 시험 준비를 할 수 있는 기간은 검정고시를 마치고 20일 남짓이었다. 시험 보는 방법이나 모의고사 정도를 지도받을 수 있는 전문학원을 가까운 곳에서 찾았지만, 대전에서는 IELTS를 전문으로 지도하는 학원을 찾을 수 없었다. 결국 반디는 이조차 독학으로 진행해야 했다. 시험 당일 시험 장소였던 충남대 언어교육원을 찾았을 때 그곳에서 IELTS 강의가 있다는 것을 뒤늦게 알았다. 좀 일찍 알았더라면 도움을 받을 수 있었을 텐데 아이에게 미안했다.

8월 6일 고졸 검정고시를 마치고 숨 돌릴 틈도 없이, 20일 남짓 본격적인 IELTS 시험 준비에 들어갔다. 영국 문화원 홈페이지에 들러 시험에 관한 전반적인 내용을 숙지하게 하고, 원서 접수를 하면 제공되는 'Road to IELTS' 30시간 이용 자격을 얻어 시험 유형을 익힐 수 있었다. 더불어 'EBS랑' 사이트에는 IELTS 관련 인터넷 강의도 있어 4가지 영역에 대한 전반적인 흐름을 파악할 수 있었다. 유형과 흐름을 파악하고, 시중에 나와 있는 교재를 구입해서 실제 시험과 같은 모의고사 형태의 문제로 연습했다. 교재 한 권에 4회분의 모의고사가 실려 있었지만 그것으로는 충분치 않다고 생각되어 가능한 많은 모의고사를 구해 시험에 익숙하게 했다.

제너럴(General)과 다르게 아카데믹(Academic)은 리딩(Reading) 내용이 만만치 않았다. 지문 내용이 길고 3가지 섹션의 40개 항목을 60분만에 풀어내야 하는데 지문을 꼼꼼하게 읽고 문제를 풀기에는 전반적으로 시간에 쫓기게 되어 있었다. 섹션은 뒤로 갈수록 난이도가 올라갔다. 문제 유형도 다양해 그것을 익히는 데도 꽤 공을 들여야 했다. 여러 편의 모의고사를 풀어보았는데 매번 다른 문제였지만 점수가 거의 일정하게 나왔다. 아마도 그 점수가 반디의 진짜 실력일 것이라고 결론지었다.

시험 열흘을 남겨놓고 라이팅(Writing)을 연습하기 시작했다. 그래프나 도표를 분석하는 태스크원(Task1)과 논리적 서술이 필요한 태스크투(Task2)를 시간 내에 정해진 글자 수만큼 맞추어 써야 하는 부담이 있었다. 주어진 주제에 대하여 잠깐의 분석과 브레인스토밍 그리고 자필로 써 내려가야 했다. 글자 수가 제한된 라이팅에 익숙하지 않고, 시간에 맞추는 라이팅을 해본 적도 없고, 주로 워드로만 작성해서 손글씨도 느리고, 글씨도 엉망이고 총체적 난국이었다. 매일 모의고사 하나씩 라이팅을 연습하던 반디는 몇 회 지나지 않아 글자 수도 시간도 얼추 맞춰나가기 시작했다. 태스크투(Task2)의 논리적 서술을 처음 써보던 날, 반디는 길지 않은 시간이었지만 유일했던 영어 선생님의 라이팅 지도가 많이 도움이 된다고 했다. 선생님은 문법적 오류에 대한 지적을 중요시하지 않았고 전체적인 구조와 아이디어 면에서 아이들의 사고를 확장시켜주었는데, 선생님과 수업을 하지 않는 동안에도 원서를 읽고 나면 간단하게나마 독후 활동으로 스스로 주제를 잡아 배운 방법을 활용해서 라이팅해온 것이 감을 잃지 않게 해주었던 것 같다.

그렇게 하루에 1회씩 모의고사 위주로 시험을 준비했다. 처음에는 쫓기던 리딩(Reading) 시간은 문제 유형을 파악하며 점차 안정되어갔다. 리스닝(Listening)과 스피킹(Speaking)은 따로 특별히 준비를 해서 볼 수 있는 영역이 아니었다. 특히 스피킹은 실제로 시험 감독관과 마주 앉아 대화를 나누는 방법으로, 자신의 생각을 정리하고 말하는 스피치(Speech)와 다른 완벽한 스피킹(Speaking)이었다. 무엇을 물어볼지 어떻게 대화가 전개될지 모르지만 11분에서 14분까지 대화 내용을 녹음하여 채점을 하는 방식이었다.

반디는 본래의 자기 실력으로 20일 남짓 시험 보는 방법을 연습하는 것으로 준비를 마치고 시험을 무사히 치렀다. 결과는 오버롤 (Overall) 6.5, 학교에서 요구하는 5.5를 무난히 넘어주었다. 시험을 마치고 반디가 자신 있어 하던 리스닝은 밴드 9단계 중 8.0이 나왔다. 리딩 6.5, 이것이 딱 반디가 모의고사를 보면서 자신의 실력이라 생각했던 점수였는데 역시 크게 벗어나지 않았다. 라이팅은 구조적인 면이나 자신의 의사를 정확히 표현하는 것에는 어려움이 없었지만 아카데믹을 준비하기에는 어린 나이라 경험 부족으로 내용이 풍부하지 못한 것을 많이 걱정했었는데 역시 스스로는 충분히 썼다고 했지만 만족할 만한 점수를 얻지는 못한 것 같다. 의외의 점수는 스피킹이었는데 짧은 시간의 대화에 그쳐 아이가 긴장 상태에서 대화

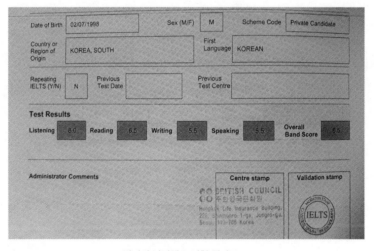

반디의 아이엘츠 시험 결과표

를 나누었다고 하더니 아쉬운 점수가 되었다.

횟수를 더하면 성적이 오를 수도 있겠지만 다음 해 입학을 위해서는 시간도 여유롭지 못했고 유학원에서도 입학 지원을 위한 충분한 점수이니 그대로 진행하는 것이 좋겠다고 했다. 그렇게 단 한 번의 공인 인증시험 경험과 그 성적으로 반디는 호주의 시드니가 있는 NSW주의 3개 대학에 입학 지원을 했다. 이때까지만 해도 우리가 심각하게 생각하지 못했던 복병을 만날 줄은 몰랐다.

망설이는 삶은 ———— ⋯
언제나 제자리걸음일 뿐이다

검정고시 성적도 기대 이상으로 잘나와주었고, IELTS 성적도 지원 가능 기준 점수 이상을 받았으니, 망설일 이유도 미룰 이유도 없어진 해외 대학 진학을 본격적으로 준비했다. 파운데이션 과정을 거치는 방법을 선택했다. 한국에서도 중등교육을 받은 적이 없는 반디에게 파운데이션 1년 과정은 많은 것을 배우고 얻을 기회가 되리라 기대했다. 반디는 시드니에 있는 3개의 대학에 지원했다. 입학 조건에 해당하는 내신 성적이나 영어 성적은 나무랄 데 없었지만 마음에 걸리는 것은 너무 어린 나이였다.

입학 지원 후 학교로부터 입학허가서(Letter of Offer)가 예상 외로 늦어져 걱정을 하던 어느 날, 유학원으로부터 연락을 받았다. 각 대학에서 입학 연령을 만 16세부터 지원 가능하게 되어 있는 조건을 예외로 적용해야 하는 것에 관하여 의논 중이라는 학교 측의 연락이 있어 유학원도 결정을 기다리고 있는 중이라 했다. 반디가 입학 허가를 받아 파운데이션 과정을 시작하는 나이는 호주 나이로 만 14세이다. 학교 측의 나이 조건을 맞추기 위해서는 2년을 기다려야 하는 것이다. 유학원의 전화를 받고 각 학교 홈페이지를 확인해보고 다른 유학원에 전화를 해봤지만, 대부분 나이가 너무 어려 진행이 힘들다는 답이 돌아왔다.

결국 세 곳 학교 중, 두 곳은 입학을 허가할 수 없다는 최종 연락을 받았고 유일하게 한 곳에서는 '조건부 입학'을 허가했다. 그 조건이라는 것은 그 대학의 파운데이션 스터디 코스(Foundation Studies Course)의 스탠다드 트랙(Standard Track)을 이수해야 하며, 반드시 성인이 될 때까지 부모 중 한 사람이 가디언으로 함께 생활해야 한다는 조건이었다. 이렇게 되면 대학을 졸업해야 성인이 되는 반디를 위해 나는 꼼짝 없이 4년을 낯선 타향살이를 해야 한다. 가족이 모여 머리를 맞대고 고민을 했고 망설이는 삶은 언제나 제자리걸음일 뿐이라는 결론에 다다랐다. 지원했던 세 곳의 대학 중 최우선으로 선택하려 했던 곳은 아니었지만 어렵게 얻은 기회였다. 어떤 대학 생활을 하느냐에 따라 또 다른 기회가 올 것이라고 생각하며 입학을 결정했다. 돌이켜보니 이 선택 또한 '신의 한 수'가 되었다. 규정에 넘어서 반디를 받아준 학교에 감사하지 않을 수 없다. 반디가 파운데이션을 마치고 본교 등록을 위해 이런저런 절차를 거치면서 전산 입력 자체에 반디의 생년은 포함되어 있지도 않다는 것을 알게 되었다. 전산 입력 불가로 번번이 행정실을 찾아가 따로 부탁을 해야 하는 상황을 만나면서 실제로 입학 허가가 쉬운 일이 아니었다는 것을 알게 되었다.

최종 입학 의사를 전하고 학비 일부를 송금하고 COE(Confirmation of Enrolment)를 받고 학생 비자와 가디언 비자를 신청하고 모든 일이 거침없이 진행되었다. 반디는 초등학교를 졸업하고 만 2년 만에 해외 대학 입학을 결정지은 것이다. 반디가 대학을 마치면, 반디 친구들은 대학 신입생이 된다. 처음 홈스쿨을 결정하고 계획했던 것과는 너무 다른 길에 접어들었다. 자신만의 그림을 그리고 자신만의 길을 만들어가다 보니 신기하게 전혀 보이지 않던 새로운 길도 보이고 가능하지 않아 포기했던 일들도 어느새 가능의 범위로 들어오는 경험도 하게 된다. 누구나 가는 길에서는 만날 수 없는 일들이 구석구석 숨어 있으니 그 기쁨이 더하기도 하고, 그렇게 '오늘'을 살아 행복할 수 있었다. 우리 모자는 대학입학을 준비하며 정신없는 2012년 가을을 보낸 뒤 달랑 두 개의 옷 가방을 들고 2013년 1월 9일, 묘한 설렘과 두려움과 긴장감을 안고 시드니 공항에 내렸다.

Part 10

시드니
일상

....

유학 1년 차의
기록

━━━━ • • •

그렇게 시작된 유학 첫해는 우리 모자에게 커다란 변화의 시작이었
다. 아이와 단둘이 가족이 있는 내 나라에서 수천 킬로 떨어졌다. 결
혼을 하며 따라붙은 수많은 이름값에서 멀어져 단조롭고 편안한 일
상이었다. 새로운 경험들을 수시로 메모하며 생각을 정리할 수 있을
정도로 여유 있는 시간이었다. 덕분에 큰 변화를 맞이했던 반디와
나 자신의 일상을 글로 옮겨 놓을 수 있었다.

　왜 유학 첫해, 1년만 구체적인 기록으로 남아 있을까? 아이는 집
밖에 나가면 딴 세상을 살다 오는 녀석이었다. 아이의 하루는 엄마
가 짐작하기도 쉽지 않았다. 그나마 첫해는 우리 모자에게 모든 것
이 새롭고 특별한 해였고 그 생각들을 서로 나누기에 시간적으로
여유도 있었다. 아직은 한국 생활의 연장선상인 느낌으로 완벽하게
엄마에게서 독립하지 못한 시기이기도 했다. 반디도 낯선 환경과 처
한 상황을 헤쳐나가며 생각이 여물어갔다. 친구들과는 너무나 달랐

던 자신의 지난 시간을 돌이켜보고 생각을 정리할 수 있었다. 그런 과정에서 속 있는 이야기를 나눌 수 있었고 그렇게 나눈 이야기를 글로 정리했다.

2년 차에 들어서니 생활은 그저 그런 일상으로 하루하루가 어제 같은 오늘, 오늘 같은 내일이 되어버렸다. 특별한 기억으로 글로 다듬어질 것들이 없었다. 엄마의 생각이 아이의 의사 결정에 큰 영향을 미치는 단계에서 벗어났다. 밥, 빨래, 청소 같이 사소하게 아쉬운 일에만 엄마가 필요하고 그 외에는 완벽하게 독립된 상태가 되었다. 학교생활에 대해서는 문화와 언어, 시스템까지도 확연하게 다른 오십 년을 살았던 엄마가 더 이상은 좇아가기도 버거웠다. 그러다 보니 애써 알려고도 안 했고 아이도 조곤조곤 말하는 성격이 아니었다. 아주 특별한 기록 외에는 별다른 정리가 필요 없는 그런 시간을 보내게 되었다.

'시원 섭섭하다'라는 표현이 딱 어울리는 말이었다. 이때부터 우리 모자는 함께인 듯, 함께 아닌 함께 같은 일상을 보냈다. 각자의 세계가 분명해졌다. 나는 아이가 또래들과는 다른 선택을 하며 지나온 지난 시간을 되짚어 글로 정리하는 데 충분히 집중할 수 있었다. 그로 인해 블로그를 만들 수 있었고 그것이 《엄마표 영어 이제 시작합니다》라는 책으로, 또 지금 이 책으로 이어졌다. 유학 첫해를 정리한 글을 당시의 느낌 그대로 느낄 수 있도록 여기에 일기 형식 그대로 옮겨놓는다.

하루하루 새로움에 설레고
행복한 아이

2013년 3월 어느 날

구름 한 점 없는 하늘빛 닮은 시드니 항의 푸른 물결과 햇살 받아 눈부시게 빛나는 오페라하우스의 조화로움을 하버브리지를 가로지르는 시티 레일에서 일상으로 만나고 있다. 상상도 못했던 일이다. '하루하루가 설레고 흥미로워 행복하다'는 아들을 만나러 간다.

무더위 기세가 한풀 꺾인, 2013년의 3월이 지나가고 있다. 난 지금 시드니 시티 레일에 앉아 있다. 차창 밖으로 스쳐 지나가는 이제는 조금 익숙해진 풍경들을 멍하니 바라보다 피식 웃음이 난다. 쉰을 목전에 두기까지 태어난 도시도 벗어나기 쉽지 않았던 사람이었다. 그런데 어쩌다 보니 비행기로 10시간을 날아서야 도착하는 낯선 이곳이 일상이 되었다. 하버브리지 위를 지나는 시티 레일 창밖으로 펼쳐지는 시드니 항의 푸른 물결과 오페라하우스의 절묘한 조화가 더 이상 새삼스럽지 않다. 그것이 신기하다. 어떻게 하다 이곳까지 왔을까? 종종 뜬금없이 이 생각이 스칠 때면 나도 모르게 오늘처럼 혼자 웃게 된다.

한국이었으면 우리나라 나이로 열여섯, 중 3이었을 반다. 올해부터 아이는 시드니의 한 대학에 다니고 있다. 학기 초에 시간표 조정이 쉽지 않아 수요일이면 수업 중간에 네 시간이 비어 있다. 우리 모자는 이 황금 같은 시간을 시드니 시티투어에 투자하기로 했다. 반디 학교는 시내에서 얼마간 떨어져 있는 본교와 함께 시내 중심에 시티캠퍼스를 가지고 있다. 올 한 해는 시티캠퍼스로, 내년부터 3년은 본교로 학교를 다니게 된다. 시티 레일 스테이션에 위치한 시티캠퍼스를 중심으로, 동서남북으로 시드니 시내의 관광명소들은 도보로 15분 안쪽이면 접근이 가능하다. 우리는 매주 방향을 달리하며 시내 관광 중이다. 시드니에 도착한 지 이제 두 달 남짓, 그냥 마냥 걷기만 해도 좋은 때니까.

시티캠퍼스 앞에는 커다란 공원이 있다. 공원 전체를 두르고 있는 벤치 하나를 차지하고 비둘기와 갈매기, 초록 잔디 그리고 사람들의 어우러짐을 넋 놓고 보고 있다. 반디가 길 건너에서 걸어온다. 유전적으로 새치가 많아 1/3이 흰 머리카락인 머리를 보면 50대. 잘 먹고, 잘 자고 위로도 옆으로도 마음껏 키운 덕에 두리뭉실하게 나온 배를 보면 40대. 사회적 포지션을 나타내주는 소속으로 보면 대학 초년생 20대. 아직은 애 띤 얼굴과 실제 나이로 보면 사춘기 정점의 10대 중반. 어디에 기준을 맞춰서 애를 대해야 하는 거냐며 놀리던 지인의 말이 떠오른다. 엄마인 나에게는 그저 손 갈 곳 많은, 숨 떨어지는 그날까지 움켜쥐고 떠날 수밖에 없는 자식이라는 이름, 그 이상도 그 이하도 아니다.

아이와 나란히 번잡한 시티 중심을 걸어 이름도 예쁜 달링하버로 들어선다. 눈부신 햇살과 어우러진 코클베이의 아름다움을 만끽하며 걷다 쉬다를 반복한다. 반디는 요즘 전에 없이 말이 많아졌다. 만 2년 만에 외로이 혼자만의 싸움이었던 학습을 접고, 직접 커뮤니케이션이 가능한 수업을 듣게 된 이후부터다. 행복하단다. 하루하루가 너무 재미있고 충격적이란다. 새로운 지식을 배우고, 새로운 문화를 알아가고, 새로운 사람들과 어울리고, 자유롭게 생각할 수 있는 여유가 있고, 유머와 위트가 있는 수업에 마음껏 웃을 수 있고, 서로를 존중하면서도 매너 있는 당당함이 신선하다 했다.

　둥글게 도심 깊숙이 파고드는 코클베이는 이름처럼 조개 모양이다. 베이 주변에 형성된 나무 계단과 선착장에는 밤낮을 가리지 않고 많은 사람이 휴식을 즐기는 곳이다. 우리 모자 맛난 점심 먹고 커피와 아이스크림을 나눠 들고 그들과 어우러져 나무 계단에 앉는다. 햇살 받은 물빛이 눈부시다. 잠시 뒤 그늘 쪽으로 사람들이 술렁이며 모여든다. 나이 지긋하신 경찰 제복을 입은 남자들이 하나둘씩 자리를 잡고 연주를 시작한다. 역시 경찰 제복을 입은 여경이 멋들어지게 노래를 부른다. 실력이 아마추어가 아니다. 여기저기 편안한 자세로 앉아 듣던 관광객들, 점심시간의 짧은 여유를 즐기는 직장인들, 모두가 아낌없는 박수를 보낸다. 달링하버는 이렇듯 다양한 길거리 공연이 수시로 펼쳐진다. 30분 공연 시간 동안 반디는 큰소리로 노래를 따라 하기도 하고 앉은 채로 어깨를 들썩이며 춤을 추기도 한다. 평소 반디의 모습이 아니기에 생소함에 신기한 듯 아들을 바라보지만 이미 엄마 마음은 풍선 타고 하늘을 난다. '네가 정말 행복하구나!'

뜻밖의 시간,
자신의 선택을 되돌아보다

———— • • •

2013년 4월 어느 날

반디가 스스로 홈스쿨을 결정하기까지 겪었던 마음속 갈등이 생각보다 컸다는 것을 이제야 알았다. 세 해 가까이 지나 낯선 이곳에서 그 결정이 자기 인생에 얼마나 중요했는지 분명히 알게 되었단다. 최고의 선택이 된 지금의 유학생활이 너무 재미있단다. 감사하고 대견하다.

아침 8시 30분부터 오후 6시 30분까지 풀타임 수업이 있는 목요일이다. 지난 2년 동안 자율적인 혼자만의 공부법에 익숙한 아이다. 종일을 버티어 내기 만만치 않겠다 싶어 좌불안석인 엄마 마음이었다. 7시가 지나서야 집으로 돌아왔다. 얼굴색부터 살펴진다. 편안하다. 힘든 기색이 없다. 그동안 맘 편히 잘 먹고 잘 자고 체력을 보충한 것이 아직 효과가 있나 보다. 저녁을 먹으며 하루 일과를 풀어놓는다. 공연히 혼자 노심초사했던 것이 무안해진다.

저녁 식사를 마치고 잠시 쉬더니 과제가 있다며 제 방으로 들어간다. 설거지를 마치고 살며시 들어가봤다. 노트 필기도 꽤 꼼꼼하게 해왔다. 독특한 그림이 있어 슬쩍 물어봤다. 그리고 긴 시간 엄마와 아들의 열띤 대화가 이어졌다. 참으로 의미 있고 행복한 시간이었다. 그림은 '생각의 화살표'라는 것이었다. 그것을 교육과 연관 지

시드니에서 처음 살림 차리던 때 침대, 소파를 제외한 대부분의 가구는 이케아에서 구입해서 반디가 꼬박 이틀간 가구를 모두 조립해야 했다. 식탁, 식탁의자, 책상, 책장, 책상의자, TV받침 등. 처음에는 마치 레고 조립하는 기분이라며 재미있어하더니 점점 지쳐가고, 가끔 그때 이야기하며 둘이 이구동성으로 말한다. "다시 하라면 못할 것 같다."

어 서브 자료로 주신 프린트가 너무 충격이었다 한다. 현재 우리나라 학교에서 하고 있는 중등교육(여기서 중등교육은 우리나라의 중학교와 고등학교 교육을 통틀어 일컫는 말이다)에 해당하는 내용들이 한 치의 틀림도 없이 적나라하게 드러나 있는 부분을 지적하며, 절대로 해서는 안 되는 교육으로 못을 박았다고 한다. 생각을 키우는 교육으로는 지양되어야 할, 즉 피해야 하는 방법이라는 것이다. 물론 한국 교육을 지칭한 것이 아니라 교육 방법을 3단계로 분리한 내용 중 일부분이었다. 그것은 지금 카카오톡이나 카카오스토리로 지속적으로 교류가 오가는 한국에 있는 친구들과 선배들이 하루에 짧게는 7시간에서 길게는 15시간 동안 학교 안에서 교육이라는 이름으로 진행되고 있는 현실이기에 충격이 컸다는 것이다.

반디는 마치 준비해놓았던 것처럼 지금까지 한 번도 들어본 적이 없는 이야기를 풀어놓았다. 길지 않은 자기 인생을 돌이켜보면 신기하게도 딱 한 시점이 슬로비디오로 지나가는 느낌이란다. 처음으로 홈스쿨이 자신이 선택할 수 있는 또 하나의 길임을 엄마에게서 듣게 되고 결정을 하기까지 짧지 않은 고민의 시간을 떠올리면 느리게 흘러가는 기억들, 그것을 슬로비디오라 표현했다. 영어 연극반에서 알고 지내던 1년 선배들의 중학교 생활을 보면서 자신의 진로에 고민이 생겼고, 그 고민에 엄마가 다른 길을 제시했을 때 정말 생각이 많았었다고 했다. 초등 6년 동안 친구가 좋고 학교 가는 것이 즐겁기만 한 좋은 기억이 있었기에 그 모든 것을 포기한다는 것이 쉽지 않았던 것이다.

엄마는 그냥 던져놓고 강요하지도 서두르지도 않고 기다려주는데 스스로 그 시간에 혼자서 많은 생각을 했었다며, 이 대목에서는 울컥한지 목이 메면서 눈시울이 붉어졌다. 미안했다. 충분히 설명했다 생각했고 아이의 결정이 중요하다 생각해서 기다리는 것이 최선이라 생각했었는데 아이에게는 버거운 시간이었나 보다. 그런데 그때 엄마가 공교육을 왜 포기하고 싶은지 이야기해주었던 것이 활자가 되어 일목요연하게 검증된 자료로 받아보게 될 줄은 몰랐다는 것이다. 진짜 우리가 받아야 할 교육이, 학교에서 해주어야 할 교육이 무엇인지 분명하게 알게 되었다고 한다.

초등 6학년 여름, 반디에게 홈스쿨에 대해 처음으로 이야기하며 왜 엄마가 취학 전부터 홈스쿨을 고민했는지 솔직히 털어놨었다.

"네가 학교에서 중등교육을 받는 6년 동안 생각이 자라지 않고, 수동적으로 주어진 지식에만 의존하게 되고, 무엇인가? 묻는 단순한 물음에 익숙해져서, 어떻게? 얼마나? 왜? 등 생각이 필요한 질문이 낯설어지고 누군가가 정답이라고 알려준 것만 정답이라고 믿게 되는 정형화되고 획일화된 사람으로 자라는 것이 무섭고 싫다."

실력이 부족한 것도 아닌데 꾸준한 자기개발을 위해서가 아니고 단순히 학교에서 평가하는 내신 성적을 위해서 밤늦게까지 학원에 다니고 있으며, 초등학교 때와는 많이 다른 수동적인 학습을 하며 불만에 쌓여 있는 선배들의 하소연을 듣고 놀랐다고 한다. 그 당시 영어 연극반 활동을 같이 했던 선배들 대부분이 외고를 비롯한 특목고를 목표로 하고 있었다. 단순한 예로, 목표였던 외고를 들어가기 위한 입학 전형은 진짜 영어 실력보다는 내신 성적이 중요하게 되어 있었다. 아이들은 실제 언어 능력 측정과는 거리가 먼 학교 영어시험을 위해 꼼꼼하게 언어로서가 아닌 학문으로서 영어를 공부해야 했던 것이다. 그러면서 점점 영어 자체에 대한 흥미를 잃어 가고 학교 시험을 위한 수동적인 학습으로 변해가고 있었다. 그 당시 반디 목표가 과학고였다. 그 목표를 위해서는 중학생이 되어 해야 할 것들이 너무 선명해지면서 겁이 났다는 것이다.

초등학교 6년 동안은 학원도 과외도 없이 엄마와 함께 계획 세우고 꾸준히 실천하면서 나만의 방식으로 공부해도 문제가 없었지만 중학교는 혼자 독불장군 식의 버티기는 힘들 것 같다는 생각이 들었던 것이다. 그래서 단순하게도 엄마가 도와준다고 했으니 엄마 믿고 그냥 열심히 하면 되겠지 하고 홈스쿨을 결정했다고 한다. 너무 어린 나이에 힘든 결정을 맡겨 놓았구나 미안해졌다. 그런데 그 결정이 자신의 인생에서 얼마나 중요했는지 오늘에서야 분명하게 알았다는 아들이 고맙고 대견했다.

매일 등교 때마다 시티 레일을 타고 지나는 하버브리지를 건너다 보면 반디도 문득문득 엄마와 비슷한 생각이 스칠 때가 있단다. '내가 어떻게 여기 와 있는 걸까?' 2년 전 홈스쿨을 결정하고 친구들이 중학교 입학식을 하던 즈음에 기분 전환을 위해 여행으로 잠깐 들른 이곳이 일상이 되어 있는 것이 엄마만큼이나 반디에게도 아직은 낯선가 보다.

그러면서 친한 친구들을 걱정한다. 그 친구들도 이런 공부를 하면 너무 행복해할 것 같다면서. 초등학교 때 각종 과학 관련 대회를 함께했던, 올해 영재학교나 과학고를 목표로 공부 중인 친구들이다.

어찌 보면 그 아이들의 가능성은 반디보다 훨씬 클 것이다. 초등 중학년이 되면서 이미 자신의 진로를 정하고 그것과 관련된 각종 스펙을 위해 부단히 노력했던 친구들이기 때문이다. 말 그대로 선택과 집중이 남다른 아이들이었다. 하지만 이곳에서의 자신의 생활을 이야기하는 것이 조심스럽다 한다. 친구들이 이론적으로 지양되어야 할 교육을 받고 있다는 생각에 충격을 받았지만 누구에게도 풀어놓을 수 없는 이야기라는 것이다. 공연히 친구들 '멘붕'시킨다고 그냥 친구들과 카카오톡으로 만날 때는 'ㅋㅋ, ㅇㅇ'이 전부인 중3 마인드가 좋다는 것이다.

"근데 엄마, 나 여기 온 거 정말 최고인 것 같아."
"아들, 넌 차선도 최선으로 만드는 특별한 능력을 가진 것 같아. 시드니 공항에 도착할 때까지도 이 길이 최선이라는 확신이 없었는데. 고맙다."

이것을 마지막으로 우리의 긴 대화는 끝이 났다. 아이의 짧은 인생에서 너무 어린 나이에 너무 큰 결정을 하게 한 것을 반성할 틈도 없이, 자기보다 네다섯 살이 많은 사람들과 섞여 말도 글도 생각도 문화도 낯선 곳에서 제 때에도 힘들다는 대학공부를 하게 한 것이 미안해지려 했는데, 아이는 지난 2년 동안 엄마가 생각했던 것보다 훨씬 많이 성장했다는 것을 알았다. 정형화된 틀에 갇혀 있지 않은

유연한 사고로 누구보다도 멋진 유학생활을 보낼 수 있겠다는 믿음
이 갔다.

초등 6년 동안 사교육을 하지는 않았지만 남편한테 남들 보내는
만큼의 학원과 과외비 꼬박꼬박 받아 모아놓은 것, 한국에서 중등교
육을 마쳐야 하는 6년 동안 학교뿐 아니라 대입 준비를 위하여 추가
지출했어야 할 몫, 그리고 대학 입학 후 4년간 들어갈 것까지 모두
한꺼번에 움켜쥐고 바다 건넌 보람이 있구나. 늦은 밤 잠자리에 들
어 자꾸 실실 웃음이 샜다.

우리 아이가 달라졌어요 ——— …

2013년 4월 어느 날

상대적으로 어린 나이, 다른 언어, 새로운 문화, 다양한 인종 등. 낯
선 환경이 전에 드러나지 않았던 용기를 발현시킨 걸까? 잘하고 싶
다는 욕심을 부리는 아이가, 최고가 되고 싶다는 아이가 조금 낯설
게 느껴진다. 전과 같지 않게 사람을 대함에도 자신감이 넘친다. 아
이가 달라졌다.

반디가 매우 소극적인 아이라고 생각했다. 실제로도 그랬다. 자
신을 타인 앞에 드러내는 것을 좋아하지 않았다. 내 것을 챙기는 것

에도 별달리 욕심이 없었다. 하물며 지적 호기심도 없다고 한탄하지 않았던가. 초등 저학년까지는 한 학년이 다 지나도 있는 듯 없는 듯 눈에 띄지 않는 아이였다. 갑자기 급 관심을 받는 계기가 되었던 5학년 때 영어 연극반에 들어갈 때도, 과학 관련 각종 대회에 학교 대표로 참가할 때도 스스로 적극적이진 않았다. 늘 아이가 먼저 원하기보다는 교내 대회에 담임 선생님들이 적극 추천해서 머뭇거리다 나가게 되고 예선 성적이 좋아 대표로 뽑힌 경우가 대부분이었다. 유일하게 스스로 원해서 도전했던 것은 오디션을 거쳐 1년 6개월 동안 활동한 학교 방송부 엔지니어였다. 이 또한 전면에 드러나는 아나운서나 프로듀서가 아닌 엔지니어로 애초에 지원을 했었다. 마지막 졸업식 날까지 후배들 해야 할 몫까지 얼마나 꼼꼼하게 방송 시스템을 체크했는지 졸업식장에서 만난 방송반 선생님이 그 성실함을 폭풍 칭찬해주었다.

그랬던 반디가 변했다. 참관 수업시간에 엄마가 뒤에서 지켜보고 있어도 6년 내내 발표로 손 한 번 들지 않았는데 강의에 적극적으로 참여하고 일정표를 꼼꼼하게 체크해놓고 노트 정리를 하고 자신의 것을 챙기는 것에도 전과 다른 모습이 보인다. 잘하고 싶다는 욕심을 부리는 아이가, 제일이 되고 싶다는 아이가 조금 낯설게 느껴진다. 강의 중 개별 체크 사항에서 자신의 것에 대한 코멘트가 없는 교수님께 수업 마치고 직접 찾아가 확인하는 철저함이나 완벽한 프레젠테이션 준비를 위해 수정에 수정, 확인에 확인을 거듭하는 치밀함을 보인다. 사람들과의 어울림에도 망설임이 없으며, 자신의 생각이나 의견을 두려움 없이 드러낸다. 네다섯 살 많은 형들과 그룹 과제를 진행함에 있어서도 적극적으로 리더십을 발휘하기까지 한다.

'환경이?'라고 하기에는 더 안 좋을 수 있다고 생각했었다. 어린 나이, 새로운 문화, 다른 언어, 다양한 인종, 모든 것이 새롭게 적응해야 하는 것들이었으니까. 그런데 뜻밖에도 그 낯선 환경이 전과 다른 방향으로 변화를 준 것 같다. 무엇이 널 변화시키고 있는 건지 아이에게 물어보았다. 스스로도 전과는 다르다고 느끼지만 왜인지는 정확하게 표현하기 어렵다 했다. 단지 이상하게도 영어로 말을 하기 시작하면 자신이 좀 달라지는 것 같다는 것이다. 의사표현도 에둘러 표현하지 않고 분명해지며 적극적이 된다는 것이다. 아마도 존댓말이 없는 영어이기에 나이 차이에 따른 부담이나 망설임 없이 누구와도 편안하게 소통할 수 있는 것도 한 가지 이유일 거라고 생각했다.

또 일방적인 지식 전달식 수업이 아니고 충분히 커뮤니케이션이 되는 수업이 집중과 적극성을 이끌어내는 것 같다고 했다. 처음 얼마간은 한국식 사고를 벗어나지 못하고 두 눈 똑바로 뜨고 받아들이는 것에만 집중했었다고 한다. 중등교육 6년을 일방적 주입식 교육이 싫어 피했건만 쉽게 버려지지 않는 습관인 것 같다. 너무 적극적이고 자유로운 친구들의 수업 분위기에 처음에는 혼란스러웠다고 한다.

'뭐 저런 것까지 아는 척을 하는 거지? 저 정도 오류는 굳이 공개적으로 짚고 넘어가지 않아도 스스로 알고 거를 수 있는 부분인데 좀 무례하지 않나? 교수님들은 뭐 저런 사소한 발표나 소통에 유머와 위트를 섞어 긍정적 반응을 해주시는 걸까?'

이런 물음표들이 시간이 흐르면서 자연스러운 소통의 모습이라는 것을 깨닫게 되었다는 것이다. 그 누구도 자신의 생각이나 의견을 표현하는 것이 자유롭고, 알고 있는 것을 적극적으로 드러내놓거나 강의 내용 중 오류를 그 자리에서 지적해도 그것을 잘난 척한다거나 버릇없다고 생각하지 않고 인정해주고 긍정적 반응을 해주었는데, 그런 부분들이 신선한 충격이었고 자신감을 가질 수 있게 해준 것 같다고 했다.

시간이 흐르며 자연스럽게 반디의 나이가 친구들과 선생님들에게 알려지기 시작했다. 잠깐의 놀라움은 있었지만 그 누구도 아이의 나이를 안 뒤 태도 변화는 없었다. 여전히 한 인격체로서 반디를 존중해주었다. 학생휴게실에서 함께 어울려 테이블 게임을 하거나 수다 삼매경에 빠질 때에는 미성년자이기 때문에 배려해야 하는 불편함도 흔쾌히 유쾌하게 감수해주었다. 그들에게 있어 반디는 함께 공부하는 학우이지 나이 어린 동생이 아니었다. 반디가 나에게 물었다.

"한국에서 내가 지금 나이에 대학을 가게 되었다면 난 어떤 대학 생활을 하게 되었을까?"

가보지 않은 길이기에 단정 지어 말하기 어렵지만 미루어 짐작은 되었다. 분명 지금 같은 적극성 그리고 편안함은 기대할 수 없었을 것이다.

마음이 아픈 친구들, 서로 위로하고 위로받다 ——— •••

2013년 5월 어느 날

아이들이 아프다. 학교, 가정, 아이가 3인 4각 경기를 해야 하는데 속도가 제각각이다. 가운데 끼인 아이는 죽을 맛이다. 욕심의 크기를 줄여 함께 잰 걸음으로 가야 하는데 불안감에 그럴 수가 없다. 아이에 대한 욕심을 담을 그릇을 좀 바꿔보자. 빨리 차고 비울 수 있는 크기로.

시드니 시티의 중심, 하이드파크의 무화과나무 터널을 걷고 있다. 남북으로 760m 동서로 240m, 시드니의 허파로 불린다. 남쪽 끝에는 안작 전쟁기념관, 북쪽 끝에는 아치볼드 분수, 동쪽으로는 세인트마리 대성당, 서쪽으로는 시티의 빌딩숲, 그 사이로 시드니 타워가 우뚝 솟아 있다. 나이를 가늠하기 힘든 거목들, 넓은 잔디밭, 사람들과 너무 친한 척하는 다양한 새들, 관광하는 이들, 산책하는 이들, 조깅하는 이들, 새들과 노는 이들, 분수대 옆에서 기타를 연주하는 이, 빠지면 서운한 비눗방울 아저씨까지, 만나는 모든 것이 생기 있다. 벤치에 앉아 책을 읽거나 음악을 듣거나 간식을 먹는 사람들, 유모차를 끌고 다니는 젊은 부부들, 하얀 백발에 사진기 들고 손잡고 나란히 걷는 노부부들, 그냥 오가는 사람들을 쳐다보는 것만으로도 시간은 잘도 흐른다. 낯선 곳이 주는 편안함을 만끽한다.

나란히 걷고 있던 반디가 언제나처럼 무심하게 툭 말을 던진다. "엄마, 준이가 많이 힘든가봐." 세월이 좋아 카카오톡과 카카오스토리로 무장한 친구들과 실시간으로 소식을 주고받으니 내가 있는 곳이 시드니인지 동네 옆집인지 헷갈리기도 한다. 오히려 말을 아끼는 사춘기 아들을 둔 엄마들보다 살다 온 동네 사정이나 또래 이야기도 훨씬 빨리 알게 되는 경우가 생긴다. 홈스쿨을 결정하며 가장 걱정했던 부분이 친구들과의 관계 유지였다. 걱정했던 것과는 달리 축구라는 매개체로, 두세 군데 초등학교가 모인 중학교이다 보니 오히려 초등 때 친구들보다 훨씬 많은 친구들을 만들게 되었다. 아이들은 매일 카카오스토리를 통해 자신들만의 세상을 공유하며 살고 있다.

"왜? 무슨 일로? 공부도 잘하고 착한 친구라 했잖아."
"엄마랑 다투고 '카스'에 글을 올렸더라고."

그 뒤로 반디에게 들은 이야기는 참으로 안타까웠다. 준이는 공부를 아주 잘하는 아이다. 조금 일찍 진로를 과학영재고나 과학고로 정하고 꽤 열심히 준비를 해온 친구다. 중 3에 들어 다급해진 마음으로 엄마와 아이 사이에 자주 트러블이 있는 듯하다. 모자가 대립해서 서로 싸우고 욕하고 하는 가운데 가벼운 몸싸움까지 있었다고 한다. 준이는 카카오스토리에 가출을 고민하기도 하고 엄마에 대한 원망을 하소연하기도 하고 결국 '빨리 공부 마치고 엄마에게 빚진 것 갚고 서로 안 보고 살았으면 좋겠다'는 말로 마무리를 해놓았다는 것이다. 그 아이의 생각이 참으로 발칙하다 싶었지만 내색하지 않았다.

"엄마도 내가 친구들과 같은 과정으로 학교에 다녔다면 이렇게 편하지 못했겠지?"

"물론이지. 엄마가 겨우 초등학생인 너한테 자꾸 욕심을 부리는 나 자신을 발견할 때마다 얼마나 겁나고 두려웠는데. 공교육을 선택했다면 엄마 그 욕심 절대 버리지 못했을 거야. 알면서도 버릴 수 없는 욕심이거든. 준이에게 잘 이야기해줘. 부모들은 이미 겪어온 길이기 때문에 그 길에 무엇이 있고 무엇을 피해야 하는지 정답 비슷한 걸, 아니 정답이라고 믿는 것을 가지고 있단다. 그렇기에 결코 놓을 수 없는 자식에 대한 사랑은 자신이 정답이라고 믿는 그 길로 이끌어주는 것이라고 믿게 되는 것 같아. 죽는 그날까지 절대 바뀌지 않을 거야. 그러니 포기하라고 해. 누구에게나 맞는 정답은 아니지만 모범답안이라 생각하고 좀 더 커서 스스로에게 맞는 정답이 이거다 확신이 들기 전에는 부모님 말씀 귀담아 듣는 것이 몸 건강, 정신 건강에 좋다고."

피식 웃기만 하는 아들에게 정말 묻고 싶은 질문을 던졌다.

"그런데 그 카카오스토리 보고 친구들 반응은 어떤데?"
"다들 엄마에게 사과하고 말씀 들으라고, 우리는 사춘기라고, 그래서 자주 화가 나는 거라고."
"와우~ 너네 친구들 정말 멋있다. 스스로 사춘기를 받아들이고 있네."
"매일매일 너무 힘드니까 욕도 하게 되고 싸우기도 하고, 부모님에게 대들기도 하고 그러는 거 같다고. 욱이는 영재학교 원서 써놓고 대비 학원 다니는데 늦게 집에 들어와 너무 힘들다고 카카오스토리하다가 준이 글 보고 준이를 위로하더라고. 준이도 욱이도 꼭 영재학교 들어갔으면 좋겠어." (이 친구들, 결국 힘든 시간을 잘 이겨내고 원하던 좋은 결과에 닿았다.)

아들 녀석 하나 키우면서 배우는 것이 참 많다. 어려서 한때 내 아이가 천재인 줄, 그것이 아니라면 영재쯤 되는 것은 아닌지 착각했었다. 오래지 않아 그 환상이 깨지면서 욕심을 담을 그릇을 커다란 항아리가 아니고 조그만 간장 종지로 바꾸었다. 차지 않는 항아리에 목마르기보다 채울 그릇을 간장 종지로 바꾸어 자꾸 비워내는 연습을 했다. 찰 때마다 기쁘고 비울 때마다 기대에 찼다. 그렇게 욕심을 버리니 앞에서 끌지도 않고 뒤에서 밀지도 않고 그냥 함께 손잡고 걸을 수 있었다. 초등까지는 그게 가능하다고 생각했고 그렇게 지내는 데 무리가 없었다. 중학교 입학을 앞두고 그런 마음으로는 버틸 수 없는 현실에 직면했을 때, 방향을 틀었던 것이다. 살면서 그 무엇도 장담하지 말자고 늘 다짐한다. 특히 자식 일 놓고서는. 많은 것이 처음에 원했던 것과 '딱 이거다' 떨어지게 결정되는 것이 그리 많지 않다는 것도 배웠다. 최선이 아닌 차선이라 생각했던 선택이 결국 최선이라 믿었던 것보다 좋은 결과를 가져 올 수 있다는 것, 그 또한 아이를 키우면서 배우게 된 것이다.

세상이 변하는 속도가 너무 빨라 생각이 그 속도를 따라가지 못하는 부모들, 원래 빠르게 변화하는 세상 속에서 태어나 그 속도가 낯설지 않은 아이들, 누구의 탓도 아니다. 세상의 속도에도 부모의 속도에도 하물며 아이들의 속도에도 맞추지 못하고 제자리걸음도, 나아가지도 못하고 엉거주춤한 곳, 아이들은 그곳에서 깨어 있는 시간의 절반 이상을, 누군가는 깨어 있는 시간 전부를 전쟁과도 같이 보내고 있다. 그래서 아이들이 아프다. 아파서 아프다고 내색하고 싶은데 방법이 서툴다. 그래서 사춘기는 점점 지독해지는 것일 게

다. 그나마 엄마에게 빚을 지고 있다고 생각하는 준이는 시간이 지나면 그 빚을 갚고 안 보고 살면 그만이라는 발칙했던 자신의 생각에 부끄럽게 웃음 지을 날이 있을 것이다. 아이들은 금세 자라고 부모를 이해할 수 있을 만큼 철도 들 테니까.

가을이다. 무화과나무 터널 안의 그늘이 서늘하게 느껴진다. 햇살이 비집고 들어와 비어 있는 벤치에 나란히 앉았다. 가을이지만 따가운 햇살을 직접 받는 것은 아직 익숙하지 않다. 그래도 우리는 이어폰을 하나씩 나누어 끼고 같은 곳을 바라보지만 다른 생각에 잠긴다. 한참을 그렇게 오가는 사람들을 구경한다. 편안하다. 감사하다.

영어로부터 완벽한 자유를 선언하다

2013년 6월 어느 날

'엄마표 영어'로 시작해서 '반디표 영어'로 다진 실력으로 대학 입학 조건인 영어 공인 시험, IELTS에서 무난히 기준 이상의 점수를 얻었다. 영어 인증 시험마저도 '혼자표'였으니, 결국 사교육 없는 영어 습득으로 유학길에 오른 셈이다. 그런데 반디의 영어는 현지에서 통했다. 아니 그 이상이다. 반디의 과제는 학교에서 다음을 위한 수업 자료로 남게 되었다.

첫 번째 학기 13주가 지나갔다. 과목별로 프레젠테이션, 개별 과제, 그룹 과제, 리포트, 테스트, 에세이 등 빼곡하게 채워진 다이어리만큼 바쁜 날을 보냈던 반디가 모처럼 휴식을 맞았다. 함께 공부하던 친구들은 풀타임 알바를 찾기도 하고 삼삼오오 길지 않은 여행을 계획하기도 한다는데 아직 엄마의 보호가 필요한 미성년자 반디는 그 속에 끼지 못하고 안타깝지만 조금은 따분한 방학을 보냈다.

비가 내렸다. 겨울비다. 햇살이 없으면 실내가 많이 추워 온돌에 익숙한 우리에게 시드니 겨울은 달갑지 않다. 외출도 번거롭고 집에 있던 모자 심심해하던 어느 날, 반디 학생 메일에 정말 기분 좋은 메일이 한 통 들어왔다. 학생 총책임자의 메일이다. 반디 첫 학기 후반부 영어 시간에 개별 15분 분량의 프레젠테이션이 있었다. 수업 듣는 학생 모두가 해야 하는 의무사항이었고, 내용은 전부 개별 녹화가 진행되었다. 프레젠테이션을 마치고 교수님께 지금까지 당신이 보았던 프레젠테이션 중 손꼽을 수 있다는 최고의 칭찬을 들었단다.

주제는 전공과 연관시켜서 자유롭게 정할 수 있었다. 리서치하고 사진 찾고 멘트 정리하고 프레젠테이션 자료(PPT) 만들고, 의외로 멘트는 암기 필요 없이 전체의 흐름 정도만 파악해서 준비를 했다. 15분 분량의 개별 프레젠테이션 내용 전체를 암기한다는 것도 말이 안 되기는 했다. 그런데 반디 프레젠테이션 녹화분을 영어 선생님이 추후에 다른 학생들을 위한 강의 자료로 사용하고 싶은데 동의해줄 수 있느냐는 짧지만 정중한 메일이었다. 프레젠테이션 마치고 했다는 칭찬이 빈말이 아니었나 보다.

반디가 복사해온 동영상을 보았다. 스킬이 화려하지는 않지만 처음 도입 부분의 긴장 말고는 15분 이상을 떨지도 않고 머뭇거림도 없이 '블라블라.' 집에서 '엄마표'로, 이어서 '반디표'로 영어공부를 해왔지만 이렇듯 오래 정식으로 말하는 것을 들어본 적이 없어서 몰랐다. 반디의 낮은 저음의 울림이 꽤 듣기 좋은 안정적인 억양을 만들어주는 것 같았다. 적극적으로 동의 메일을 보냈는데, 이틀 후에 전화가 왔다. 반디가 미성년자이고 보니 법적인 효력이 없어 보호자의 동의가 필요하단다. 곧바로 서류에 사인해서 보냈다. 초상권이나 저작권에 관한 한 이들의 인식은 가끔 나를 당황하게 만들 때가 있다. 지극히 상식적인 일인데 그 부분 상식적이지 못하게 살아온 나 자신을 반성하게 된다.

이 프레젠테이션은 반디가 학습적으로 엄마로부터 완벽하게 독립하는 계기가 되어주었다. 그래서 우리 모자에게도 큰 의미로 기억되는 일이었다. 처음 하는 프레젠테이션이고 경험도 별로 없는 반디의 준비가 엄마 눈에는 너무 어설퍼 보였다. 그래서 자꾸만 간섭을 하게 되었다. 반디는 PPT 화면은 최대한 간단하게 해야 앞에서 말하는 사람에게 집중할 수 있다고 했지만, 너무 심플한 PPT가 엄마는 못내 마음에 걸려 잔소리를 했다. 전체적인 흐름 정도만 파악하고 핵심 내용을 정확하게 전달할 부분만 챙기면 된다는 반디에게 내용 전체를 글로 정리해서 어느 정도 암기해야 하지 않을까 싶어 또 잔소리를 했다. 이런저런 잔소리에 반디가 머뭇거리다 말했다.

"엄마, 몇 주에 걸쳐 진행되는 수업이라 먼저 발표한 친구들의 PPT를 보는 것도 큰 공부였어. 한국 하고는 좀 분위기가 다른 것 같아. 그냥 내가 보고 이해했던 느낌으로 준비하고 싶어."

뒤통수 강하게 얻어맞은 기분이었다. 속으로는 '헐 이 녀석 봐라!' 뭔가 팽팽하게 반디와 묶여 있던 끈이 툭 떨어져나가는 기분이랄까. 아, 지금이 아이를 완전히 놓아주어야 하는 때인가 보다. 더구나 전혀 다른 문화에 들어와서는 오십 년 한국에서 살며 고착화된 엄마 생각으로 이렇다 저렇다 해서는 안 되는 거구나. 죽을 쑤든 밥을 짓든 이제 반디 스스로 이 길을 만들어가야 하는 거구나. 우리 모자에게 굉장한 전환점이 되어준 사건이었다. 정말로 그 일을 계기로 지금까지도 아이의 학습적인 진행이나 방향 등 몰라도 너무 모르는 엄마, 모르니 세상 편한 엄마가 될 수 있었다.

전공 들어가 한창일 때, 지나치듯 반디가 던진 말에서 이 일이 중요한 전환점이었다고 느낀 것은 엄마만이 아니라는 것을 알았다.

"엄마가 그때 별말 없이 쿨하게 인정해주고 알아서 하라고 맡겨준 거 정말 고마웠어. 그 일이 있고부터 훨씬 책임감도 강해지고 그랬던 것 같아."

때를 아는 부모, 그 때를 놓치지 않는 부모가 되고 싶다고 그리 다짐해놓고도 쉽지 않았다. 그런데 너무 몰라서 쉽게 놓아줄 수 있었던 것이다. 낯선 곳이었기에 가능했다는 것이 돌이켜보니 재미있다. 한국에 있었으며 꽤 오래 간섭쟁이 엄마가 되었을 수도 있었는데 말이다.

반디의 영어 습득 과정은 일반적이지 않다. 흔히들 말하는 '엄마표 영어' 초기 세대쯤 된다. 이곳 시드니로 들어오기 전까지 일반적인 사교육의 도움 없이 혼자서 진행해온 영어 습득을 위한 8년의 전 과정을 2015년 2월부터 블로그에 자세히 풀어놓았다.(이후 2018년 2월에 블로그 글을 정리해 《엄마표 영어 이제 시작합니다》로 출간했다.) 아이들의 저마다 다른 성격, 환경, 취향 등을 고려하면 단 한 사람도 같은 사람을 찾을 수 없다. 그렇기에 내 아이를 일반화하는 것이 얼마나 위험한 일인지 잘 안다.

하지만 영어 습득에 있어 누구에게나 통하는 큰 틀은 변하지 않는다. 단지 그 큰 틀을 가지고 어떻게 내 아이에게 맞추어나가야 하는지를 고민하면 된다. 시행착오도 겪을 수 있다. 겪어야 한다.

엄마표 영어는 반디가 시작했던 2005년에 비해 많이 대중화되어 있다. 성공사례도 어렵지 않게 찾아볼 수 있다. 생각이 같은 사람들이 모여 정보를 주고받는 도움되는 사이트도 많이 있다. 초기에는 힘들게 주문해야만 했던 원서들을 하루 이틀이면 집에서 받아볼 수 있다. 종류 또한 선택이 힘들 정도로 다양하다. 초창기 반디 때보다 훨씬 좋은 환경과 검증된 자료들이 많이 나와 있다. 어떤 학원에서는 엄마표 영어를 접목시킨 교육방법을 커리큘럼으로 가지고 있다.

결론적으로 반디의 엄마표 영어 8년의 제대로 된 노력이 유학을 통해 꽃을 피우게 되었다. 엄마인 나조차도, 눈으로 보고도 믿을 수 없는 일들을 초기 6개월간 경험했다. 시드니에 지인이 있어 도움을 받을 수 있는 형편도 아니었고 몇 년을 거쳐 준비를 해온 것도 아니었기에 어설프기 짝이 없는 시드니 초기 정착은 유학원의 도움을 받을 수밖에 없었다. 달랑 옷 가방 두 개 들고 시드니에 도착한 우리 모자는 게스트 하우스에 머물면서 집을 렌트하고 큰 살림을 장만하고 전기·가스·인터넷 설치 등을 신청하는 기본적인 정착 서비스를 주말 밖에는 시간을 내주지 못하는 유학원 직원의 도움을 받으며 진행했다.

유학원을 통하다 보니 직접적이지 않아 의사전달이 잘못되는 경우도 있고 메일로 민원 접수를 해서 시일이 늦어지는 불편함이 있었다. 이곳 관공서의 일 처리는 예상과 달리 빠르지도 산뜻하지도 않아 신청한 공공시설이 완벽하게 안정되기까지는 수차례 전화로 독촉하고 확인해야 했다. 이에 더해 렌트한 집을 관리하는 부동산과의 관계나 RTA(자동차 등록소) 방문, 은행계좌 개설, 휴대폰 가입 등 자고 일어나면 지뢰밭을 걷는 듯한 긴장이 함께했다.

그 모든 일을 전화기 붙들고 씨름하거나 일일이 관련 사무소를 찾아다니며 해결하여 원하는 결과를 얻기까지 믿을 수 있는 건 반디뿐이었다. 나는 말하고자 하는 말을 준비해서 전달하는 것은 문제가 되지 않지만, 도무지 예상 밖의 말들을 쏟아내는 상대편의 말을 알아들을 수가 없었다. 우리 모자 관계는 뒤집혔다. 더 이상 엄마가 보호자가 아니었다. 나이는 어렸지만 아이는 엄마의 전달 사항을 정확히 파악해서 이곳 원어민들을 상대로 입씨름을 해야만 했다. 초등학교 저학년 때 책을 소리 내어 읽거나, 혼자서 영어로 중얼거리는 소리를 들은 것 외에 누군가와 직접 영어로 대화하는 것을 볼 기회가 별로 없었다. 아이가 전화를 붙들고 또는 관련 사무소 직원들과 이런저런 이야기를 나누며 일을 해결해나가는 것을 눈으로 보면서도 믿어지지가 않았다.

후에 아이는 말했다. 낯선 곳에서 낯선 상황에 부딪치며 언어가 자유롭지 못한 엄마가 더 이상 든든한 울타리가 되어줄 수 없음을 알게 되었고 좀 더 적극적으로 상대를 대해서 원하는 바를 해결해야 한다는 것을 깨달으며 스스로 전투적이 되었다는 것이다. 그 과정에서 자신의 영어가 이곳 현지인들에게 거부감 없이 통한다는 것도 알게 되었고 한 가지 한 가지 일이 해결되고 안정을 찾아가며 영어에 대한 자신감도 상승했다는 것이다.

'지식'은 가만히 앉아서도 내 것으로 만들 수 있지만, '지혜'는 익숙한 것에서 얻기보다는 새로운 것들과 충돌하면서 지적 긴장 상태에 놓였을 때 기를 수 있다고 한다. 반디는 낯선 곳에서 낯선 상황에 부닥쳐 가장 절실한 의사소통에서 자신을 믿을 수밖에 없는 엄마의 절박함이 동기부여가 되어, 가지고 있는 능력 이상을 발휘한 것이리라. 그런 반디 덕에 우리는 유학원에서조차 놀라워할 정도로 짧은 시간 내에 가방 두 개 들고 들어온 시드니에서 무리 없이 정착했다.

학교생활도 기대 이상이었다. 학기 시작하고 두 달쯤 지난 뒤 반디가 학교에서 선생님들이나 친구들에게 가장 많이 듣는 말이 "두 달밖에 안 됐다고?(Only Two Month?)", "정말 열네 살이야?(Are you really fourteen?)"이었단다. 학교생활에 익숙해지고 학우들을 사귀면서 이곳 나이로 열네 살이란 것이 조금씩 알려지며 주변의 놀라움이 예상 외로 컸다는 것이다. 발음도 완벽하고 영어에도 전혀 어려움이 없으며 적극적인 수업 참여에 로컬 아니면 영어권에서 들어왔을 것이란 예상을 했었다는 것이다. 로컬이라고 하기에는 이쪽 발음보다는 미국 쪽 발음에 가까웠던 반디에게 해외 어디에서 얼마간 머물렀는지 묻고는 했단다. 유학 경험은 처음이고 두 달 전에 들어왔다는 반디 대답에 누구랄 것도 없이 "두 달밖에 안 됐다고?"라며 믿을 수 없다는 시선으로 바라보았다는 것이다.

초등학교 1학년 때 처음으로 엄마표 영어로 반디 영어 습득 진행을 계획하며 세운 목표가 '영어로부터 자유로워지기, 그리고 영어로 지식을 습득하고 사고를 확장해나가기!'였다. 자신 있게 말할 수 있다. 반디에게 영어는 이제 목표가 아니라 지식 습득을 위한 수단이 되었다. 들어와 3개월 만에 완벽한 프레젠테이션을 학습 자료로 제공할 수 있을 정도의 확실한 영어 습득이 한국에서 사교육 도움

없이 스스로의 노력만으로도 가능하다는 것을 직접 확인했다. 거짓 없이 말해두지만 나와 남편의 영어 실력은 "하우 아 유?"에 "아임 파인 땡큐", 그 뒤에 "앤 유?"가 자동으로 붙는 정도를 벗어나지 못했고, 들어와 6개월이 지났지만 걸려오는 전화가 아직도 제일 무섭다.

우리나라 영어교육에 대하여 참으로 할 말이 많다. 투자 대비 가장 비효율적인 것이 영어교육이라고 말할 수 있다. 반디가 유치원에 다닐 무렵, 본격적인 영어 유치원이 붐을 일으키고 있었다. 그 뒤 어학원이라는 이름으로 대규모 학원들이 각 지역별 동네 구석구석 프랜차이즈로 뻗어 나와 자기들끼리 경쟁하며 비대해질 대로 비대해졌다. 아이들은 초등학교 저학년부터 학교에서 영어 수업을 하고, 한번쯤은 단기든 장기든 어학연수를 꿈꾸고 어렵지 않게 실행하고 있다. 어느 날 누군가가 영어를 배우기 위해 필리핀이나 캐나다로 떠나, 반에서 그 자리가 비어도 아이들에게 그것이 그리 새롭거나 놀라운 일이 아닌 것이다.

아이들에게 영어를 해야 할 것인지 말 것인지에 대한 선택권은 이미 없어진 지 오래다. 어른들이 학벌에 목매듯이 아이들은 레벨에 목매고 있다. 하지만 내신 시험이나 수능에서 또는 각종 영어 인증시험에서 점수 잘 나오게 하는 것이 아이들에게 영어를 가르치는 궁극적인 목표인지 묻고 싶다. 아이가 영어에서 진정 자유로워져 세상에 널린 지식을 가감 없이 쓰인 그대로, 원어로 습득할 수 있기를 바란다면 학부모의 불안을 먹고 자란 영어 사교육 시장에서 과감히 벗어나라고 권하고 싶다.

혹시라도 반디가 언어에 특별한 재능이 있어서 가능했다고 오해를 할 것 같아 걱정이 된다. 반디에게 뛰어난 언어적 재능이나 천재적인 두뇌가 있는 것은 아니다. 유일하게 가진 재능은 성실함이다. 꾸준함이다. 이 방법으로 큰 틀은 같고 각자 아이에게 맞는 방법으로 먼저 성공한 사례들도 쉽게 찾을 수 있다. 전체 내용이 그들과 크게 다르지 않을 것이다. 그러니 문제는, 방법을 아는 것이 아니라 실천할 수 있어야 한다는 것이다. 실천 가능한 기본 정보들을 이미 출간된 책에 자세히 풀어놓았다. 부모들이 영어를 못해도 우리말만 가지고도 아이를 도울 수 있는 분명한 방법이다.

아이들이 스스로의 노력만으로도 영어에 자유로워질 수 있다고 나는 믿는다. 그것을 막는 배후 세력이 너무 막강해서 그것이 가장 큰 걸림돌이라는 안타까움은 있다. 학부모의 불안을 부추기는 사교육 시장, 원어 TV 채널 같은 활용 가능한 것은 자꾸 없애고 적자 누적에 애물단지가 뻔한 영어마을 같은 불필요한 것은 만들어내며 자꾸만 퇴보해가는 영어 환경, '영어 활성화'를 위한다는 목적으로 전혀 실용성 없는 행정을 펼치는 교육기관 등이 오히려 걸림돌이 아닐까?

그저 정부에게 바라는 것은 이런 사소한 것 들이다. 누구나 쉽게 접근할 수 있는 아이들을 위한 양질의 프로그램을 제공하는 완벽한 원어 TV 채널을 활성화시켜주길 기대한다. 지역별로 영어 도서관을 만든다고 설레발칠 것이 아니라, 이미 있는 도서관에 원서 구입을 지원해서 책장 가득 양질의 원서가 채워지기를 기대한다. 그리고 그 무엇보다도 아이들에게 그것에 관심 가질 수 있는 시간 여유를 주는 교육 시스템을 만든다면 어떻게 세상이 변할지 기대되지 않는가.

진정한 의미의 글로벌을 경험하다

2013년 7월 어느 날

언어와 문화, 외모도 많이 다른 사람들이 같은 공간에 모여 있다. 반디가 두려움이나 망설임 없이 그 공간에 스스로를 밀어 넣을 수 있는 힘은 자신감이었단다. 그리고 여러 면에서 이질적인 상대와 상호작용하는 능력에 익숙한 학우들과 진정한 글로벌을 경험하고 있다.

약간은 지루했던 방학이 지나고 두 번째 학기가 시작되었다. 전공과목이 일부 들어간 시간표는 첫 학기보다 많이 산만했다. 생물, 화학 등 전공 관련 실험 수업이 모두 오후 시간으로 밀려 있었다. 저녁 7시가 되어서야 수업이 끝나는 날이 많았고, 주 3회는 중간에 두세 시간씩 비어 있는 시간이 있었다. 하지만 이미 그 시간을 엄마가 메꿔줄 필요는 없었다. 집에 들어오는 시간이 늦어지니 저녁 먹고 과제물을 해야 하는 시간이 촉박했다. 반디는 중간에 빈 시간을 학교 도서관에서 과제를 해결하거나 에세이, 프레젠테이션을 위한 리서치를 하는 것으로 잘 활용했다. 그러면서 짬짬이 첫 학기와 마찬가지로 3층 학생 휴게실을 이용했다.

반디가 1년 동안 다닐 시티캠퍼스는 본교와 달리 시티 한복판에 단일 건물로 되어 있다. 몇몇 학과와 함께 전공 본 과정에 들어가기 전 예비과정이라 할 수 있는 파운데이션 과정은 이곳에서 이루어진다. 로컬들을 비롯해 다양한 국적의 국제학생들이 모여 함께하는 공간이다. 호주 학제와 다른 나라에서 대입에 지원한 국제학생들은 곧바로 전공으로 들어가는 것이 허락되지 않아 이곳에서 파운데이션 과정을 의무적으로 거치게 되어 있다. 우리나라도 해당되는데 한국 대학 1년 이상 수료한 사람은 전공 과정으로 바로 지원 가능하고 반디처럼 고등학교 졸업 자격으로 입학 허가를 받기 위해서는 파운데이션 과정을 이수해야 한다.

시티 레일 역에서 출입구가 곧바로 이어져 접근성이 용이했고 잔디밭 캠퍼스 대신 건물 앞 좁은 도로 건너편에 넓은 공원을 마주하고 있다. 친구들이 삼삼오오 모여, 혹은 혼자서도 상관없이 휴식을 취하거나 점심을 해결하는 곳은 이 공원과 함께 건물 3층과 6층에 있는 학생 휴게실이다. 그런데 묘하게도 두 휴게실의 특징이 분명하단다. 이곳에도 대륙의 힘은 엄청나다. 살 만한 동네에서 중국인을 만나는 일은 너무 익숙하다. 학교에도 국제학생의 비율 중 중국인이 가장 많다고 한다. 6층 휴게실은 그래서 대부분 중국인들이 모여 있다. 그러다 보니 공통 언어는 중국어가 된다. 3층은 다양한 국적의 학생들이 모여 있는 곳이다. 로컬로 불리는 현지 학생들을 포함해서 미국, 영국, 이탈리아, 그리스, 세르비아, 보스니아, 쿠웨이트, 이라크, 말레이시아 등등 손꼽기도 힘들 정도로 많은 나라에서 각기 다른 꿈을 가지고 모여든 사람들이 늘 북적이는 곳이다.

나라별 인원도 많은 편이 아니어서 공통어는 물론 영어이고 뒤섞여 삼삼오오 테이블에 모여 수다 삼매경에 빠져든다. 와이파이가 가능하지만 모두들 가지고 있을 최신 휴대폰은 보이지 않는다. 우리나라가 연인끼리 마주보고 앉아도 각자의 스마트폰에 주목하고 있다는데 의외였다. 함께 땀 흘리며 테이블 축구를 하거나 자신들이 만들어낸 간단한 카드게임을 하고 다양한 나라의 문화와 음식들에 대해서 끊이지 않는 대화가 오고 간다. 전공들이 다양하니 관심사도 제각각이다. 각자가 자라온 환경도 달라 모든 이야기가 신기하고 재미있다. 반디는 그 공간이 너무 신선하고 흥미롭다고 했다.

말레이시아 유명 수제자동차를 만드는 오너의 아들을 만나 자동차 제조에 대한 일반적이지 않은 이야기를 들을 수도 있고, 만나기 쉽지 않은 그리스나 아랍 친구들을 통해 그 나라 문화와 언어에 관심을 가지기도 하고, 이슬람교도 친구들의 라마단 금식을 이해와 배려의 마음으로 지켜보기도 한다. 3단계 레벨 별로 수학 수업이 이뤄지고 있는데, 고급반(Advanced Class)에서 두 학기째 수강 중인 반디는 짬짬이 중급반(Intermediate Class) 친구들의 과제물을 도와주기도 한다. 중국인을 제외하면 동양인이 그리 많지 않고 그 중국인들마저 6층을 주 공간으로 하니 3층 휴게실에 동양인은 많이 눈에 띄지 않아서인지 새로 알게 된 친구들은 반디를 현지에서 중등교육을 마친 로컬로 오해한다고 한다. 이렇듯 그 공간의 자유로운 분위기는 새로운 것에 대한 반디의 호기심을 자극했다. 같이 공부하는 학우들과 나이와 국적에 상관없이 적극적으로 관계를 맺고 자연스럽게 인맥을 형성하게 했다.

처음 그 공간을 대했을 때 겁나거나 망설여지지 않았는지 물어보았다. 아이의 대답은 의외였다. 무슨 자신감이었는지 스스로 영어를 꽤 잘한다고 생각했단다. 아마도 지금까지 영어도 남과 비교되는 경우 없이 자기만의 만족으로 진행했으니 적나라하게 깨져보지 않아 그럴 수 있었던 것 같다. 또는 앞에서 풀어놓았듯이 가방 두 개 들고 들어와 시드니 살림에 정착하기까지 언어가 자유롭지 못한 엄마 대신해서 수없이 전화기 붙들고 관련 사무실 찾아다니면서 일을 해결하며 자신의 영어가 현지에서 자연스럽게 통한다는 것을 확인한 덕분 아니었을까 싶다.

시티 캠퍼스의 특성상 같은 국제학생 신분이 많아 크게 어렵지 않을 것 같아 일단 대화가 오가는 테이블에 슬쩍 끼어보았단다. 그 누구도 아이가 그 자리에 끼어드는 것을 배척하거나 이상하게 여기지 않았고 다양한 억양과 속도로 자연스럽게 대화가 이어졌다. 처음 얼마간은 익숙해지기 위해 듣기 위주의 합석이었지만 오래지 않아 함께 어울려 자연스럽게 유머까지 나눌 수도 있었다 한다. 그렇게 한 학기가 지나면서 수업이나 휴게실 교류를 통해 자신의 영어 실력이 기대 이상으로 업그레이드되었음을 스스로 느낄 수 있었고, 두 번째 학기가 되니 학생 휴게실은 너무 익숙한 공간이 되었다. 다양한 언어와 문화, 많이 다른 성장 배경을 가지고 있지만 그 공간을 공유하는 친구들과 함께하는 시간, 이것이야말로 진정한 글로벌이구나 다시 한 번 우리의 선택에 확신을 가졌다. 그런 공간에 자신을 겁 없이 내던질 수 있는 적극성은 전에 볼 수 없었던 부분이기에 아이가 변해도 너무 변했구나 하는 생각도 들었다.

우리는 입버릇처럼 앞으로 아이들이 살아갈 세상을 글로벌이라 칭한다. 글로벌 세상에 맞는 아이로 키우기 위해 많은 시간과 노력, 경제적 지원을 아끼지 않는다. 글로벌한 세상에 나갈 준비를 하려면 의사소통은 중요하다. 또한 문화적, 사회·경제적으로 이질적인 상대와 협조하는 상호작용 능력은 언어 이상으로 중요하다. 그 능력을 키울 수 있는 기회가 왔을 때 머뭇거리거나 뒷걸음치지 않고 적극적으로 부딪쳐 자신이 가진 능력을 배가시킬 줄 아는 아이가 기특하고 대견하고 또 감사하다.

'열다섯 살, 그 아이'
최고장학금을 받다

2013년 10월 어느 날

7월생인 반디는 생일이 지나면서 이곳에서 열다섯 살이 되었다. 두
번째 학기가 절반쯤 지난 후부터 반디가 학생 휴게실에서 새로 만
나는 친구들의 첫마디는 "열다섯 살 그가 너니?"였다고 한다. 두 번
째 학기를 마치고 파운데이션 과정을 진행 중인 학생들을 대상으로
마지막 학기 장학금 신청 자격이 주어졌다. 자신의 두 학기 피드백
에 어느 정도 자신 있었던 아이와는 달리 엄마는 섣부른 확신이 들
지 않았는데 반디는 결국 최고장학금을 자신의 것으로 만들었다.

반디는 1년, 3학기로 나뉜 파운데이션 스탠다드 트랙(Standard
Track) 과정을 진행하고 있다. 두 학기가 지나면 피드백 점수를 토대
로 일정 학점 이상 이수한 학생에게 마지막 학기 장학금을 신청할
수 있는 기회가 있었다. 두 학기 동안 스스로 만족할 만한 피드백을
받았다고 생각하는 반디와는 달리, 비교 기준이 없는 엄마는 아이가
자신감을 넘어 자만한 것은 아닌지 늘 주의를 주어야 했다. 한 학기
에 여섯 과목씩 다양한 평가방법을 통한 피드백 결과를 놓고 아이
와 엄마의 주장이 엇갈렸다.

아이 : 전공이 다양한 친구들이 모여 있으니 특정과목에서 자신

보다 높은 점수를 받는 친구들은 있을 수 있다. 하지만 여섯 과목 전체에서 나와 같이 고르게 높은 점수를 받기는 힘들다.

엄마 : 물론 기대 이상의 만족할 만한 점수인 것은 인정한다. 하지만 자만과 자신은 백지 한 장 차이이다. 네가 모든 친구를 알지도 못하고 또 그 친구들의 정확한 점수를 알 수도 없지 않느냐. 믿을 수가 없다. 증거를 가져와라.

아이 : 좋다. 기다려라. 엄마에게 확실한 증거를 가져다주겠다.

아이는 두 학기를 마치고 방학을 맞아 9개월 만에 만나는 아빠를 마중하기 전에 장학금을 신청했었다 한다. 두 주간 모처럼 완전체 가족으로 즐거운 시간을 보내고 돌아갈 때까지 신청 사실조차도 말하지 않고 결과를 기다렸다는 것이다. 아빠가 돌아가고 며칠 뒤 반디는 자신의 메일에 들어온 장학금 선발자 확인서를 당당하게 엄마 눈앞에 내밀며 '증거 제출'에 만족해했다. 아이에게는 결과를 받아들기 전까지 인색할 수밖에 없었던 나도 어린 아이처럼 좋아라 했다. 반디는 농담처럼 메일을 확인한 그 순간의 엄마 표정을 잊을 수가 없다고 말한다.

반디는 3학기 첫 주, 방학을 마친 친구들을 다시 만나며, 장학금을 신청했지만 이루지 못한 친구들에게서 "장학금을 받은 것이 너 맞냐"라는 확인 질문을 받아야 했단다. 어느 날 저녁 반디와 늦게까지 이야기를 나눴다. 어리게만 생각했던 반디는, 훌쩍 건너뛴 학교 과정만큼 마음도 성숙해 있었다.

"초등학교 때의 많은 상장과 영광의 뒤에 또 2년간 홈스쿨을 하는 동안, 적극적인 엄마의 조언과 도움이 있었다는 것을 인정하지 않을 수 없다. 하지만 이번 결과는 순전히 나 스스로 이뤄낸 것이기에 더욱 기분이 좋고 함께 공부한 친구들이 그것을 인정해주는 것이 무엇보다 기쁘다. 첫 학기 초에 엄마가 생각했던 방법과 내가 가고자 하는 방법이 달라 마찰이 일어났을 때, 전적으로 나를 믿고 내생각대로 할 수 있게 해준 것이 너무 고맙다. 비로소 모든 것을 내책임과 의무로 가져온 순간이었다. 시행착오도 있었고 좀 더 좋은피드백을 놓친 것도 있다. 하지만 그러면서 내가 앞으로 어떻게 해야 하는지 머릿속에 있던 생각이 말로 정리가 되었다. 최선의 선택이 아니었어도 내가 선택한 것에 최선을 다하면 그것을 최선을 넘어 최고의 선택으로 만들 수 있다는 것을 알게 되었다."

엄마가 더 이상 도움이 되어주지 못하는 환경에 처한 것이 마음아프고, 어쩔 수 없이 아이를 놓아야 하는 부분에 있어서 불안감도컸다. 하지만 아이와 학습적인 방법으로 마찰이 있었을 때 부모가잡고 있는 손을 놓지 못하면 아이는 딱 부모만큼의 성장에 그칠 것이고, 그 손을 놓아야 만이 부모 이상으로 성장할 수 있다는 말을 인정해야만 했다. 그랬다. 내가 아이를 놓아야 하는 때였다. 평범하고 일반적인 과정을 거슬렀기 때문에 사회적 포지션과 동떨어진 어린 나이라는 이유로 아직은 때가 아니라고 생각했었는데 반디는 이미 자신이 부딪치고 깨질 준비가 되어 있었다. 난 때가 되면 늘 그랬듯이 미련 없이 아이의 손을 놓았던 것인데 반디에게도 큰 전환점이 되었던 것이다. 아이는 그렇게 자신의 삶이 온전히 자기 몫이 되었을 때 스스로를 들여다보며 자신이 어떤 사람인지 차츰 알아갔다고 한다. 무엇에 강하고 무엇에 약한지, 어떤 상황에서 자신의 능력 이상을 발휘하는지.

앞으로 남아 있는 시간 동안 부딪칠 많은 일들 중 마음을 다치고 다리에 힘이 풀리는 상황이 왜 없겠는가. 하지만 그 순간을 어떤 마음으로 마주해야 하는지 이미 정리가 끝난 반디의 말을 듣고 더 이상 걱정하지 않기로 마음먹었다. 어쩌면 어린 나이로 또 충분히 자유롭지 않은 언어로 인해 적응이 힘들어 결국 유학 자체를 포기할 수도 있는 상황에 대비해서 우리 부부는 마음의 준비를 했었다. 그런 경우 서두른 것에 대한 욕심을 겸허히 받아들이고 미련 없이 아이와 다시 한국으로 돌아가 다음을 준비하기로 했었다. 그래서 함께했던 한국 생활을 정리하지 못하고 있던 아빠에게 우리는 단호히 말할 수 있었다. 앞으로 졸업을 마쳐야 하는 3년 이상 되돌아갈 일은 없을 것 같으니 혼자 지내기에 알맞게 아빠의 생활에 변화를 주어도 좋다고.

파운데이션
졸업생 대표

2014년 2월 어느 날

파운데이션 수석 졸업자로 졸업파티에서 졸업생 대표 연설을 하는 사람이 반디가 될 거라고는 상상할 수 없어 기대조차 하지 못했던 일이다. 파운데이션을 마무리하고 본교 전공과정을 준비하면서 막연했던 미래에 대한 구체적인 계획을 구상하고 그에 맞춰 학과조차 조정하며 성큼성큼 겁 없는 걸음을 내딛고 있다. 엄마로서 1년 전과 비교해서 걱정보다는 믿음 쪽으로 더 마음이 기운다. 자기 욕심껏 최선을 다해줄 것 같다.

파운데이션 스터디 코스(Foundation Studies Course)의 스탠다드 트랙(Standard Track)을 이수하기 위해 숨 가쁘게 달려온 1년을 마무리할 즈음 반디는 학교로부터 연락을 받았다. 2월 초에 있을 파운데이션 마무리 파티에서 졸업자 대표(Valedictorian) 자격으로 인사말을 준비하라는 부탁이었다. 1년 동안 함께 공부했던 친구들을 대표해서 간단하게 개인적인 소감을 포함한 고별사를 해달라는 것이다. 정식으로 격식을 갖춘 졸업식이라기보다는 함께했던 친구들, 선생님들과 행사 전후로 학교에서 준비해준 음식과 샴페인, 음료를 즐기고 그 중간에 시상식과 축하 연설 등이 자연스럽게 이어지는 말 그대로 파티 분위기였다. 그래서인지 시간도 저녁시간이었다.

지인을 초대할 수 있는 자리였기에 미리 참가인원 신청을 해야 한다는 반디의 말에 자유롭지 않은 언어와 파티라는 낯선 분위기에 대한 두려움으로 잠깐 망설였지만, 쉽게 찾아오지 않을 소중한 기회이기에 용기를 냈다. 어색하고 이루 말할 수 없이 불편한 자리였지만, 반디를 아는 모든 이들이 환영과 축하의 인사를 건네주어 적잖이 당황한 가운데에서도 즐거운 시간을 함께할 수 있었다.

행사 시작 전 스피치 리허설을 위해 일찍 도착한 시티캠퍼스에 함께 들어서며 사전답사 차 반디와 처음 발 들여놓았을 때의 두려움과 설렘이 떠올랐다. 시드니 도착하고 며칠 지나서 그 건물에 첫 발을 들여놓았을 때가 1년 전이었다. 당시 긴장한 얼굴로 상기되었던 것과는 달리 편안하고 가벼운 발걸음으로 행사장으로 향하는 반디를 배웅하면서 그 익숙함이 신기하기만 했다. 시간 여유가 있어 1층 카페에서 앉아 차를 마시다 반디의 입학에 도움을 주었던 유학원 대표를 우연히 만났다. 3학기 끝날 즈음, 파운데이션 졸업과 본교 전공 과정 진행에 대한 설명회 자리에서 학교 입학 관련 담당 직원이 반디를 찾아와 반갑게 인사를 하며 정확한 한국 발음으로 '검정고시'를 마치고 입학한 나이 어린 한국 친구가 맞는지 물었다고 했다. 그를 통해 처음 입학 지원했던 시드니의 다른 두 대학과 마찬가지로 나이가 너무 어린 반디의 입학 허락이 쉽지만은 않았으며 그것을 가능하게 하기 위해 유학원 대표가 남다른 노력으로 학교 측을 설득했다는 말을 전해 들었다. 정식으로 감사 인사도 하지 못했는데 뜻밖에도 그는 '네가 적극적으로 설득해서 입학을 허락해준 친구가 졸업자 대표가 되었으니 함께 축하하자'는 학교의 정식 초청을 받아 반디의 파운데이션 졸업을 축하해주기 위해 참석했다는 것이다.

늦었지만 어렵게 기회를 마련해준 것에 대해 진심 가득한 감사 인사를 전하고 함께 행사장으로 들어갔다. 가볍게 음식과 음료를 나누며 이야기를 하는 중간 중간 학교 입학 담당자, 시티캠퍼스의 학장, 반디에게 두 학기 동안 전공과목을 지도해주며 많은 도움을 주었던 선생님, 반디의 다국적 친구들이 모두들 반디 엄마인 줄 알아차리고 먼저 반갑게 다가와 축하 인사를 건넸지만, 영어가 자유롭지 않아 좀 더 우아하게 그 분위기를 만끽하지 못한 것이 못내 아쉬움으로 남는다.

시상식이 시작되고 학장의 축하 연설 마지막에 졸업생 대표로 반디를 소개하며 지금까지 학교를 거쳐 간 친구들 중 가장 어린 나이라는 멘트에 친구들이 축하의 환호를 보냈다. 뜨거운 환호 속에 의젓하게 단상에 오른 반디는 규정에 예외를 적용하면서 자신의 가능성을 믿어주고 받아준 학교에 공식적으로 뜻깊은 자리에서 인사를 남길 수 있게 되었다는 감사를 시작으로 소감을 전했다. 그 자리, 그 순간을 자연스럽고 편안하게 즐기고 있는 반디의 모습을 가까이서 지켜볼 수 있는 것이 눈물나게 행복했다. 지난 한 해 동안 반디는 많은 일을 경험했고, 새롭게 큰 꿈을 가지게 되었고, 꿈으로 향하는 많은 것들을 이루어냈다. 그러면서 자신의 선택을 최선으로 또 최고로 만들어냈다. 그래서 엄마인 나는 참 고맙다.

도전을 꿈꾸고 ━━━━━ • • •
좀 더 힘든 길을 선택하다

2014년 3월 어느 날

반디는 사회적 포지션에 맞춰 성큼성큼 제 걸음을 걷고 있다. 그런데 지켜보는 엄마는 뛰어넘은 시간에 대한 불안이 남아 있었나 보다. 그 성장이 쉽게 인정되지 않아 자꾸만 아이의 걸음을 뒤에서 잡아당기는 것은 아닌지 반성이 된다. 입학보다는 졸업이 힘들다는 해외 대학이다. 그래서 수월한 길을 선택해주기를 바랐지만 아이는 도전을 꿈꾸고 결국 그 길에 들어섰다.

반디는 파운데이션 과정을 이수하면서 자신이 선택해서 듣고 있는 과목과 최종 점수에 따라 처음에 받은 입학 허가와 다른 학위로 변경이 가능하다는 것을 알게 되었다. 기존에 반디가 지원해서 입학 허가를 받은 것은 화학 전공 이학사(Bachelor of Science with a major in Chemistry)였다. 로컬 기준 ATAR 75.05, 국제학생 신분인 반디에게 요구되는 점수는 ATAR 기준 75.0이었다.

시드니는 대학 입학을 희망하는 모든 수험생에게 ATAR(Australian Tertiary Admission Rank)을 발급한다. 대부분의 대학에서는 홈페이지에 학과마다 각각의 탈락 기준 ATAR 점수를 공지해놓는다. ATAR 은 산출 방법이 다소 복잡하지만 기본적으로 학교 내신 성적과 12 년 교육을 마치고 응시하는 HSC(우리나라 수능에 해당된다고 보면 된 다), 이 두 가지 성적을 합산해서 나온 결과라 할 수 있다. 파운데이 션을 마치는 학생들은 자신이 얻은 점수를 ATAR로 환산하여 지원 가능한데 반디는 ATAR 점수 95.0 이상을 자신했다. 그에 따라 화학 에 특화된 고급 이학사(Bachelor of Advanced Science with a Specialization in Chemistry)로 변경하기를 원했다. 로컬 기준 ATAR 96.45. 국제학 생은 95.00이 탈락 기준으로 되어 있었다.

시드니에 들어와 알게 된 지인이 있다. 하이스쿨 6년을 현지에 서 다닌 지인의 딸이 반디 학교 1년 선배였다. 그 친구가 전공 과정 공부를 위해 얼마나 많은 시간을 쏟는지 지켜봤었다. 그 과정이 쉽 지 않다는 것을 알았기에 엄마로서는 학과를 높이는 것이 걱정이 안 될 수가 없었다. 하지만 의외로 반디는 단호했다. 자신을 믿어주 기를 원했다. 하이스쿨을 마치고 곧바로 대학으로 진학하는 로컬 친 구들보다 본 과정과 유사한 파운데이션을 거쳐 입학하는 자신이 전 체적인 학습 방법이나 평가 방법에 익숙하기 때문에 충분히 무리 없이 해나갈 수 있다는 말로 엄마를 설득했다.

기존에 신청한 대로 전공 과정에 들어갔으면 아무런 별도의 절 차 없이 수월하게 연계되었을 본교 등록 과정이 더없이 복잡해졌다. 변경에 따른 COE를 다시 받아야 했다. 학교 홈페이지에서 신청 등록을 위한 생년월일을 입력하는 과정에서 전산등록으로 최하 1997년생까지만 가능하게 되어 있어 1998년생인 반디는 직접 입력 자체가 안 되었다. 별도로 학교 담당자의 도움을 빌어 신청 등록을 해야 하는 번거로움과 파운데이션 성적을 일일이 ATAR로 환산하며 수강신청 과목에 대하여 담당교수에게 수강 자격을 확인받아야 하는 까다로운 절차를 거쳐야 했지만, 결국 반디는 자신이 원하는 대로 변경해서 등록을 마무리 지었다.

파운데이션 3학기를 진행하며 반디는 미래에 대한 구체적인 계획을 세우기 시작했다. 그 계획을 실현하기 위한 첫 도전을 하며 조금 더 힘들더라도 어려운 과정을 공부하는 것이 올바른 선택이라는 결론을 얻었다고 하니 지켜보는 엄마로서는 불안이 없지 않지만 그렇다고 뒷덜미를 잡아당길 수는 없었다. 그렇게 해서 반디는 2014년 3월 3일 본교 전공 과정에 들어갔다. 신입생 전체 오리엔테이션을 비롯하여 국제학생 오리엔테이션, 학부 오리엔테이션 등을 통해 디테일하게 학교생활을 안내받은 반디는 개강 첫 주부터 폭탄 급으로 쏟아지는 메일을 통해 전달되는 학습량을 소화하느라 주에 서너 번은 자정을 훨씬 넘겨서야 겨우 잠자리에 들 수 있었다.

반디의 예상대로 고급 과학(Advanced Science)을 수강하는 신입생은 그리 많지 않았고 그 덕분인지 입학 후 신청한 학과 장학금도 반디 차지가 되었다.(이후 3년 내내 이 장학금을 놓치지 않았다.) 한국의 새내기들처럼 신입생 환영회도, 과별 MT도 없었지만 개별 멘토가 되어주는 선배들의 메일을 통해 격려를 받고 적극적으로 도움을 요청하는 데도 부담이 없어 적응이 쉬울 수 있겠다 한다. 또 전체 학년이 뒤섞여 몇 개의 그룹으로 진행되는 수업에서 만난 선배 중 복수전공뿐 아니라 3년 내내 학과 장학금을 독차지하고 있는 진정한 롤 모델을 찾았다고 기뻐했다. 앞으로 반디는 한국에 있는 친구들이 새롭게 시작한 고등학교 3년 동안 쏟아 부어야 할 에너지와 맞먹는, 어쩌면 그 이상의 열과 성을 다해야 할 것 같다. 그리고 3년 뒤 무사히 졸업을 하면서는 지금까지와 마찬가지로 최선을 다했을 때 마주할 수 있는 선택의 폭이 넓었으면 하는 바람이다.

아이만큼 변한 엄마 ——— • • •

2014년 3월 어느 날

어떤 부모가 좋은 부모인지 책을 통해 주변 사람들과의 대화를 통해 자주 고민하고 스스로에게 질문을 던져보았다. 흔들림 없는 중심이 필요했기 때문이다. 내가 바라고 추구하는 부모상은 '때를 아는 부모'였다. 아이가 크는 동안 수없이 마주하게 되는 때, 그중 가장 중요하게 놓치지 말아야 할 때가 아이를 내 품에서 떠나보내야 하는 때라는 것도 알게 되었다. 그때를 놓쳐버려 스스로 부딪치고 깨지면서 자신의 인생을 만들어나갈 수 있는 기회를 빼앗아버리면 어쩌나 늘 걱정하면서도 아이를 놓기가 쉽지 않았다. 낯선 환경 덕분이었을까? 생각보다 빨리 그리고 쉽게 반디를 놓을 수 있었던 나 자신에 놀랐다.

1990년대 초, 미국의 시사주간지에 처음 등장한 '헬리콥터 맘'이라는 말이 한동안 우리나라에서도 크게 회자되었던 때가 있었다. 높은 곳에서 아이를 관찰하며 활주로를 거치지 않고 곧바로 이착륙이 가능한 장점으로 언제 어디서나 아이의 일상에 깊이 개입하여 과잉보호하는 엄마들을 부르는 신조어였다. 대학생이 되었지만 읽어야 할 책을 엄마가 대신 읽어 요약 정리한 내용으로 리포트를 쓰고, 수강신청은 상의도 모자라 엄마가 대신해주기도 하고, 잘못되었다 생각되는 성적을 항의하러 학교를 방문하는 것도 서슴지 않는 엄마들을 빗대어 하는 말이었다.

이렇게 대학을 졸업한 아이들은 결국 직장에서도 웃지 못할 해프닝을 벌이기도 한다. 부득이 지방 발령을 받은 직원이 '엄마에게 물어봐야 한다'는 말로 상사를 어이없게 만들고, 일이 너무 고되고 야근이 많다는 이유로 '엄마가 그만두고 다른 직장을 알아보라 한다'는 이유로 사직서를 제출하기도 한다. 이러한 관계가 발전되어 결혼 후에도 부모의 품에서 벗어나지 못하고 물질적 도움은 물론 정신적으로도 독립하지 못하는 '캥거루족'을 만들어내고 있는 것이 지금 현실이다. 이런 세태가 부부갈등이나 가정불화로 이어져 사회

문제가 되고 있다고 하니, 아마도 놓아야 할 때를 놓친 부모가 점점 많아지고 있는 듯하다. 자식을 끔찍하게 사랑하지만 독립된 인간으로 존중해주지 못해 오히려 독이 되어버린 부모의 지독한 사랑, 그 후유증일 수도 있다.

유학생활을 하며 반디도 많이 변했지만, 나 또한 반디만큼 많이 변화하고 있음을 우리는 서로 알아차렸다. 한국에 있었다면 내놓기 불안했을 사춘기 정점의 아이에게 결코 허락하지 못했을 많은 일들이 아이의 책임과 의무로 넘어갔다. 파운데이션 첫 학기, 학우들보다 어리다는 이유로 습관적으로 아이 학교생활을 꼼꼼하게 체크하려 했고 과제의 방향도 어느 정도 개입하고 싶었던 것이 사실이었다. 하지만 이곳은 내가 알고 있다 생각했고 실천해온 방법들과는 너무 다른 학습 문화를 가지고 있었다. 그것을 배우고 익숙해지는 것이 빠른 쪽은 당연히 반디였다. 아이와 작은 마찰들이 일어나며 의견이 갈렸다. 의외로 아이는 자신의 방법을 단호하게 밀고 나가길 원했다. 그것이 스스로에게 맞는 방법이라는 확신까지 가지고 있었다. 이제 더 이상 엄마가 아이의 학습에 감독도, 코치도, 러닝메이트도, 매니저도 될 수 없었다. 완벽히 놓아주어야 하는 때, 그것을 나는 불안과 희열 중간 어디쯤에서 받아들였다.

한때 난 아이에게 강한 영향력을 끼칠 수 있는 엄마이기를 바랐고 또 그렇게 했다. 그 경계가 확실하지 않지만, 어느 순간 기다리고 지켜봐줘야 하는 때와 과정에 마주하게 되었고, 그렇게 했다. 아마도 지금은 아이에게 엄마가 그저 편안한 일상과 안식처가 되어주길 바라는 때인 것 같아 그렇게 하고 있다. 반디가 가끔 "우리가 한국에 있었으면 엄마가 결코 이렇게 날 내버려둘 수 없었을 거야"라고 농담처럼 말한다. 아니라고 말할 수 없다. 나 스스로도 내가 아이를 이렇게까지 놓아버릴 수 있다는 것에 놀라는 중이니까. 때를 알고 놓아주니 모든 것이 제자리를 잡아가고 있다는 믿음이 생긴다.

아이들이 자라는 동안 성장에 맞춰서 수없이 만나게 되는 '때'가 있다. 자식 농사도 농사라면 때를 중요시해야 할 터, 때를 아는 엄마였으면 했다. 서둘지 않아도 좋을 시기에는 충분히 게으른 엄마이고 싶었고, 깊이 개입해서 살짝 손잡아 끌 수 있을 시기에는 앞서서 적극적인 엄마이고 싶었으며, 놓아주어야 할 시기다 싶을 때는 미련 없이 아이 뒷모습에 만족할 줄 아는 엄마이고 싶었다. 그게 지금이다! 누가 알려주면 좋은데 아이들마다 모두 다르니 일반화된 기준도 없고 늘 가까이 지켜보며 눈치로 알아채야 하니 쉽지는 않았던 것 같다. 그런데 신기한 것이, 아이가 그때를 먼저 알고 자기 나름대로 받아들이기도 하고 거부하기도 하면서 다양한 방법으로 스스로를 표현한다는 것이다. 그런 아이의 표현을 눈치 채지 못하면 말 그대로 때를 놓치게 되는 거구나. 물론 다 키우고 깨닫게 된 것이다.

아이마다 모두 다르다는 그때는 수시로 찾아오고 스치듯 지나간다. 그 때를 놓치지 않을 수 있도록 아이의 하루하루를 가까이에서 깊이 들여다볼 수 있었던 선택들에 감사한다. 지나치게 서둘러도 놓칠 수 있는 '때'였다. 지나치게 움켜쥐고 있어도 놓칠 수 있는 '때'였다. 지난 시간, 적어도 되돌리기 힘들 정도의 서두름이나 놓침이 아니었던 것에 감사하다. 어쩌면 지금이 '때'이구나 싶어 놓았던 이 시간을 나중에 후회할 수도 있을 것이다. 저 깊은 어디쯤에 아직도 조금의 불안이 남아 있는 것 또한 사실이다. 하지만 놓아줄 때라 생각했고 놓아주면서 그저 엄마로서 남은 바람을 하나 남겨둔다. 먼 후일 내가 이 세상에 없는 어느 날도 반디가 엄마를 떠올릴 때 함께한 추억이 많아 저절로 얼굴 가득 미소를 떠올렸으면 한다.

상위 1%, 어떤 느낌일까 궁금했었는데 —— • • •

2016년 3월 어느 날

함께 지내고 있지만, 반디의 학교생활에 대해 그나마 어느 정도라도 알 수 있었던 것은 첫해 딱 1년이었다. 전공에 들어가 정신없이 바빠지면서는 이런저런 이야기 나누는 시간도 줄고, 설명을 해도 엄마는 잘 못 알아들었다. 그래서 이후의 3년 이야기는 아주 특별한 사항 말고는 아이만 알고 있는 일이 되어버렸다. 그저 늘 시간에 쫓기는 아이 잘 먹이고 잘 재우고 그러다 보니 졸업 학년이 되어버렸다. 세월 참.

반디가 학교에서 한 통의 메일을 받았다. 내 아이가 어떤 범주에서 상위 1%라면 어떤 느낌일까? 궁금한 적 있었는데 이리 덤덤할 줄은 몰랐다. 현재 자신의 생활에 충분히 만족한다는 반디다. 음주가무 없고, 가족 같은 동아리나 형님 아우님 없고, 연애 없고, 아르바이트도 학교에서 후배들 수업 튜터나 교수님 프로젝트 참여 등 공부의 연장인 일상이다. 가끔은 참 재미없는 대학 생활 아닌가 싶어 지켜보는 엄마가 안타까울 때도 있다. 그런데 오늘, 아이는 그리 보낸 지난 시간을, 엄마는 그 안타까움을 조금은 위로받은 기분이다.

졸업을 1년 앞둔 반디는 다음 진로를 목하 고민 중인데 학교에서 상위 1%의 성적으로 메리트 리스트(Merit List)에 포함되었다는 기분 좋은 메일을 받았다. 학생 전체 수가 3만 명 이상이라 하는데 학적부에 영원히 기록으로 남을 썩 괜찮은 한 줄을 얻게 될 1%에 포함된 거란다. 전공 공부 본격적으로 시작하고 지나온 모든 학기의 평균 성적이 GPA 4.0 만점에 4.0이다. "인간미 없는 놈." 가끔 아이 성적표 보면서 해주는 말이다.

아이의 대답은 늘 의외다. 과목마다 너무도 친절한 가이드라인이 있었기에 그 가이드라인에 맞춰나가면 충분히 누구나 가능한 결과라는 것이다. 그런데 많이들 그러지 못하거나 그러지 않는다는 것이다. 그 가이드라인을 쫓다 보면 학습량이 만만치 않은 것은 분명하지만 소화하기 버거운 정도는 아니라는 것이다. 주변에 마음 나누는 친구들 대부분 그 가이드라인에 맞추며 충실하게 공부하는 친구들이었다. 경쟁이 아니고 협력의 관계일 수 있었기에 아낌없이 나누는 그들에게 도움받은 것이 너무 많았다고도 한다. 언제든 교수실 문이든 마음의 문이든 활짝 열어두고 학생들과 소통하는 교수님들은, 밤낮 없는 학생들의 개인적인 소소한 메일 질문에도 적극적으로 반응해주는 분들이 많은데 그걸 제대로 누리지 못하는 것은 아까운 것이 아니겠냐는 것이다. 이 부분 엄마와 생각이 같지 않아 처음에 부딪치기도 했고 조금은 불안한 마음으로 지켜봤었는데 반디가 옳았던 것 같다. 여기는 한국이 아니었다. 한국 문화로 아이를 몰아가지 않았던 것이 옳은 선택이었다.

메리트 리스트로 누릴 수 있고 얻을 수 있는 것이 무엇인지 아직은 잘 모른다. 하지만 늘 그랬듯이 '오늘'의 최선이 다음 단계에 들어서는 선택의 폭을 넓힐 수 있었음을 나도 반디도 이미 경험으로 알고 있다. 머지않은 어느 날, 다음 단계의 어느 자리에서 돌아봤을 때 그 진정한 가치를 깨달을 수 있을 것이라 믿는다. 우리가 8년 동안 '엄마표 영어'의 길에서 전력 질주하는 동안에는 해외 대학 진학이라는 기대가 숨어 있을 줄 꿈에도 몰랐었다. 그런데 영어의 완성에 근접하니 남들과 다른 기회도 내 선택 안으로 들어왔다는 것을 깨닫게 되었다. 그 순간 지난 8년의 노력, 그 가치가 이것이라는 것을 알게 되었던 것처럼 오늘 얻은 선물, 이것의 가치가 확인되는 날은 분명 올 것이다.

이 길 끝에서 만난 새로운 시작은 ——— •••
돌아가 한국에서

2016년 9월 어느 날

'끝'은 늘 새로운 '시작'에 닿아 있으니 어떤 선택이 최선인지 뒷목 뻣뻣하게 고민해야 하는 시간이었다. 아이와 함께한 지난 세월, 일 반적이지 않았던 여러 선택과 그런 시간들이 있었으니 익숙할 만도 한데 어려웠다. 힘이 들었다. 그리고 드디어 결정했다. 반디는 한국 으로 돌아가 공부의 끝을 보게 되었다. 졸업 후 진로가 확정되었다 는 홀가분함에 축하를 받고 감사를 나누었다. 우리 세 식구는 지난 4년, 각자의 자리에서 해야 했던 자기 몫의 최선에 대해 서로 위로 했다. 금의환향, 가까운 지인은 우리 모자의 귀국을 그리 표현했다.

한때 도저히 닿을 수 없을 것 같아 포기했던 학교였는데 먼 길 돌아 다시 그곳이다. 무엇이 여기에 이르게 한 것일까? 미련이었을 까? 간절함이었을까? 아니면 지금은 선택 가능한 길 중 하나로 우리 도 모르는 사이에 아이 눈 앞에 놓여 있기 때문일까? 오늘 이 선택 이 어떤 끝을 만나 어떤 시작으로 이어질지 늘 그렇듯이 예측 불가 능이다. 하지만 후회 없는 선택으로 만들 수 있는 기회의 새로운 시 작인 것은 분명하다. 지금까지 그랬듯이 '오늘, 지금'을 열심히 살며 또 그렇게 가보려 한다.

반디는 어려서부터 막연히 가지고 있었던 '과학자'의 꿈을 위해 아직도 한 우물을 파고 있다. 그 꿈의 바탕을 만들어주기 참 좋은 도시에 살았었다. 매사에 서두르지 않았던 엄마의 게으름은 어려서부터 그 좋은 환경을 충분히 누릴 수 있는 여유로운 일상이었다. 그것만으로도 충분히 행복했던 초등 6년이 지나니 친구들과는 너무 다른 시간을 채워왔던 아이는 그 꿈을 접어야 했다. 과학자의 꿈을 이루기 위해서는 '이 길이어야 한다'고 이미 정해져 있는, 정답과도 같은 길에서 많이 멀어져 있었기 때문이다. 자신의 꿈을 이루기 위해서 큰 의미 없는 무한경쟁 속으로 스스로를 밀어 넣는다 해도 뒤쫓기 힘들다 싶을 정도의 거리였다.

잠시 꿈을 접고 나만의 길에서 나만의 최선으로 친구들과는 확연히 다른 길을 선택해서 시간을 채워나갔다. 홈스쿨로 중·고등학교 교육을 마칠 즈음, 신기하게도 우리가 가는 길에서도 꿈을 위해 선택할 수 있는 전혀 예상치 못한 길이 보였다. 그렇게 하고 싶은 전공을 선택해서 이쪽 대학으로 진학할 때 가장 큰 힘이 되었던 것은 제대로 '엄마표 영어'로 성실히 쌓았던 8년이라는 시간, 그 덕분에 얻어진 자유로운 영어였다. 엄마표 영어를 시작하며 분명한 목표로 새겼던 '자유로운 영어'가 이리 아이를 이끌지는 눈앞에 선택 가능하다 놓여 있기 전까지 기대도, 예상도 못했다.

마지막 학기에 들어서며 진로 고민으로 수개월 동안 몇 날 며칠을 아이와 이야기 나누었다. 멀지 않은 미래에 자기 이름 앞에 놓일 정의(定義)에서 아직은 잃어버리고 싶지 않은 것이 '대한민국'이라고 했다. 왜 수많은 선배가 그 정의를 포기할 수밖에 없었는지 모르지 않지만 부딪쳐보고, 깨져도 보고 정말 아니다 싶으면 그때 포기해도 되지 않겠느냐고 했다. 지인 중 열에 아홉은 많은 청년이 '탈한국'을 꿈꾸는 현실에서 '의미 없다'고 말리는 선택인데도 아이는 손 내밀어보고 싶어 했다.

1차 서류전형 합격 후 2차 직접 면접을 위해 3년 7개월 만에 다니러 간 한국이었다. 참으로 지독한 모자였구나 싶다. 들어와 한 번도 한국에 다니러 가지 않았으니 말이다. 매 학기 끝 방학이면 빠짐없이 교수님 프로젝트에 참여하느라 여유 있는 한국 방문을 계획할 수 없었기에 유학 중 한국 방문을 포기했었다.

직접 면접 날짜가 이미 마지막 학기가 시작된 시점이어서 도저히 일정을 길게 잡을 수 없었다. 정식 면접과 지도 교수님 될 분과의 면담 등 4박 5일간 정신없는 일정을 소화했다. 혼자서 면접관 다수를 상대해야 하는 전공 관련 고난도 면접을 각오는 했었지만 예상을 뛰어넘는 시간과 질문들에 아이가 진이 다 빠져 나올 때까지 남편과 캠퍼스에서 기다렸다. 많이 익숙한 공간들은 마치 어제 다녀갔다 오늘 들른 느낌이었다. 한국을 떠나 있던 시간의 공백을 느낄 수 없는 친숙함이었다. 아이를 전쟁터에 내보내고 엄마는 그러고 있었다. 짧은 일정 마치고 돌아오는 비행기 안에서 아이에게 말했었다.

"합격 여부와 상관없이 너를 두고 엄마로서 꾸었던 꿈에 더 이상 어떤 미련도 후회도 남지 않았다. 고맙다!"

그때는 그저 씩 웃는 것으로 그 말을 받은 아이의 최종 합격 사실을 확인하고 가볍게 맥주 한잔 나누며 자축하는 자리에서 말했다.

"완벽한 성인은 부모로부터 정신적으로는 물론 경제적으로도 독립하는 것이라는데 그 무엇보다 경제적 독립이 가능하게 된 것이 제일 좋다"고.

스스로도 지난 4년, 비싼 등록금에 체재비까지 딴에는 엄마, 아빠에게 꽤 미안했던 모양이다. 기대하지 못했는데 스무 살에 경제적 독립, 참 매력적이다. 꿈을 이루는 길이 누군가 '정답'이라고 정해놓은 그 하나만 있는 것은 아니라는 것을 또 한 번 깨닫게 되었다. 그래서 또 생각나는 말.

"그 누구도 아닌 자기 걸음을 걸어라. 나는 독특하다는 것을 믿어라. 누구나 몰려가는 줄에 설 필요는 없다. 자신만의 걸음으로 자기 길을 가거라. 바보 같은 사람들이 무어라 비웃든 간에."

_영화 〈죽은 시인의 사회〉 중에서

최고 마음에 드는 구절이 뭐였을까? "사람들이 무어라 비웃든

간에," 이 대목이다. 시류에 맞춰 살지 못하고 어려서부터 학원도 과외도 그 흔한 학습지도 무시하고 독불장군 잘난 척한다고, 취학 전까지 무슨 배짱으로 영어 거들떠도 안 보더니 말도 안 되는 '엄마표 영어' 한다고, 겨우 초등학교 졸업하더니 의무교육도 거부하고 학교를 포기하면서 더 말도 안 되는 홈스쿨로 아이 앞길을 망치려 하느냐고, 지원 대학의 입학 기준 연령도 안 되는 어린 아이를 공식적으로 검증된 영어 실력도 아니면서 졸업이 힘들어 중도 포기도 많은 해외 대학을 무슨 욕심으로 무리해서 진학시키느냐고, 잘 알거나 잘 모르는 사람들로부터 오랜 시간 무차별적이고 노골적으로 받았던 불편한 시선들, 그것에 무딜 수 있을 만큼 의지하고 위로받았던 문구다. 앞으로 또 어떤 감사가 내 몫으로 남아 있는지 모르겠지만 지금까지의 감사로도 축복받은 어미임을 잊지 않을 것이며 이 감사를 어찌 나눌지 고민해보려 한다.

편도행 비행기 티켓을 앞에 두고

다음 주부터 3주간의 시험 기간을 남겨놓고 반디는 마지막 학기, 마지막 수업을 위해 집을 나서고, 나는 한국행 비행기 티켓을 프린트

시드니 일상 • 415

해서 식탁 위에 나란히 놓고 한동안 얼음이 되었다. 그렇다! 편도다! 드는 생각은 많은데 어느 하나도 잡힐 정도의 머무름 없이 그저 스쳐 지나갈 뿐이다. 기대와 두려움을 안고 우리 모자 시드니 공항에 입국할 당시 20㎏ 제한에도 걸리지 않았던 가방 두 개가 전부였는데 4년 동안 시나브로 늘어난 살림이 만만치 않다. 다행히 가지고 있는 모든 살림 그대로 한꺼번에 인수받을 분을 찾아서 마무리에 애를 먹지는 않을 것 같다. 올 때 그러했듯 갈 때 또한 가방 두 개면 충분할 짐만 남기고 책과 계절 지난 옷들을 정리해서 한국으로 보내고 있다. 가지고 갈 것은 그게 전부다.

개인적인 부분은 어찌 보면 모든 것이 순조롭다 할 수 있는데 왜 이리 마음이 무거울까? 지금까지 아이와 지나온 시간, 평범하지 않은 선택들이었다. 하나의 끝은 또 다른 시작과 이어져 있어 멈추지 않는 시간이었다. 그 시간 속에서 꿈꾸고 노력하고 이루어나가며 사는 '오늘'에 만족했고 감사했다. 그런데 다음으로 예정된 시간들, 그때도 변함없이 꿈꾸고 노력하면 이룰 수 있을까? 그러면 안 되는데 자꾸만 의심이 들기 시작한다. 선택한 일에 대해 '물음표'는 없었는데, 언제나 '느낌표'였는데 요즘은 '물음표'보다 더 최악이라는 '물음표와 느낌표 섞어 던지기'도 하고 있다. 연일 정치 기사의 메인을 장식하고 있는 누구누구들 때문이다.

반디가 지금까지 걸어온 길도 꽃길 하고는 거리가 멀었기에 커다란 기대는 없다. 그런데 혹시나 발 걸어 넘어뜨리는 사람들이 있지 않을까? 뛰기도 전에 뒷머리 채 잡아당기는 사람이 있지 않을까? 결승전에 잘 도착해서도 도장 바꿔치기 해서 찍어주는 사람 있지 않을까? 엄마가 살았던 세상의 온갖 부조리를 떠올리게 하는 요즘인지라 아이에게 속내는 못 보이고 혼자 끙끙거리고 있다.

정말이지 우리가 옳다고 믿어야 하고 믿고 있었던 가치관 그대로를 지키며 아이들을 키워내기 너무 힘들게 만든다. 예전 어느 분이 왜 정치를 하는지 묻는 지인의 물음에 다음과 같이 답을 했다고 한다.

"결혼해서 가족을 꾸리고 큰 어려움 없이 그 가족들 부양하고 아이들 낳고 키우며, 부모에게 효도하고 자기 건강 유지하고 이웃과 좋은 관계를 가꿔나가고, 여유가 생기면 놀러 가기도 하고. 보통 사람들이 사는 것처럼 평범하고 일상적인 행복을 누릴 수 있는 사회를 만들기 위해서"라고.

생각해보니 요즘 세상에서 가장 어렵다는 것들이 우리가 얼마 전까지만 해도 평범한 일상으로 치부했던 것들이라는 것이 놀랍기만 하다. 사는 거 뭐 있겠나 싶은 생각이 든다. 그런 평범함이 내 것이 되어 일상이 되어주던 시간에 감사하기도 하다. 그럴 수 있는 세상을 아이들에게 물려주고 싶다는 간절함도 생긴다.

지금의 사태가 있기 훨씬 전이었음에도 반디가 한국에서 공부의 끝을 보고 싶다는 생각을 비쳤을 때, 지인 중 열에 아홉은 귀국을 말리는 쪽이었다. 어떻게든 기회만 되면, 탈 한국을 꿈꾸는 청년들이 많은데 의미 있는 선택이지만 후회가 따를 수도 있다는 조언이 대부분이었다. 그때까지만 해도 나라 밖에서 기사화된 텍스트만으로 보고 있는 세상과 실제 국내 사정은 다를 것이라 생각했다. 그 안에서 부대끼며 살다 보면 살 만한 세상임을 자신했었다.

그런데 요즘은 새로운 선택에 대한 희망과 기대가 큰 반디에게는 털어놓을 수 없는 엄마로서의 물음표들이 자꾸만 마음을 어지럽힌다. 빨리 마음을 다잡아야겠다. 모든 '물음표'를 '느낌표'로 바꾸자. 지금 우리 모두가 겪고 있는 일들은 좀 더 나은 내일을 위함이라는 믿음을 갖자.

행복한 아이를 바라보며
행복했다

그리고
행복하다

결혼하고 엄마로 준비됨이 부족했는지 허락되지 않아 마냥 기다릴 수밖에 없었던 아이였다. 부부만 단 둘이 사는 10년 가까운 시간 동안 가진 것에 대한 부족함, 미래에 대한 불안, 내 것에 대한 욕심, 그런 거 별로 없었다. 그런데 내 평생 짊어지고 가야 할 자식이란 존재를 세상에 내어놓고는 욕심도 많아지고, 늘 내가 가진 것이 부족해 보이고, 내 아이의 미래에 대한 불안은 더더욱 커졌다. '세상의 모든 욕심과 지어야 하는 죄의 근원은 아마도 내 새끼를 세상에 낳아놓았기 때문 아닌지' 잠든 아이의 천사 같은 얼굴을 보면서 드는 생각이었다.

아이에게 부모는 주어진 존재일 뿐 아이에게는 선택의 여지가 없다. 쌍방이 선택했으니 쌍방이 책임을 져야 하는 부부관계와 달리 일방적인 선택이었기에 부모는 자식에게 무한 책임이 있다고 볼 수 있다. 그렇다고 자식이 부모 인생의 종합성적표라 생각하거나 부모가 남기고 가야 할 일생일대의 작품으로 보아서도 안 될 것이다. 부모가 아이의 삶에 깊이 영향력을 미칠 수 있는 시간은 생각보다 짧다. 정말 짧다. 관계가 나쁜 부모 자식 간에는 더 짧겠지만, 좋은 관계를 유지한다 해도 그리 길지 않다. 부모가 자신의 삶이 복잡하고 분주하다 해서 그 시간을 가볍게 대한다면 긴 시간 후회를 안고 아이를 지켜봐야 할지도 모른다.

아이들의 힘든 하루의 무게를 위로하느라 "지금처럼 살면 언젠가는 행복할 수 있다"고 말하지만 '언젠가는'이라는 그 시간이 5년 뒤가 될지, 10년 뒤가 될지, 아니면 결국 찾지 못하고 말지 알 수 없다. 행복을 상징하는 파랑새나 무지개는 억지로 찾으려 해서 찾아지는 것도 아니고 저 멀리 손에 잡힐 듯 보인다 해도 뒤쫓아 잡을 수 있는 것이 아니다. 잘 알고 있으면서도 우리는 늘 행복이란 놈을 어딘가에서 애써 찾아야 할 무엇으로 여기는 것 같다. 그래서 눈앞에 '행복'의 상징인 세 잎 클로버를 짓밟으며 미래를 위한 '행운'만을 위해 네 잎 클로버를 찾고 있는 것은 아닌지.

행복은 참고 기다리거나 애써 찾아야 하는 것이 아니라 내가 만들며 하루하루 이어가고 있는 삶에서 깨닫는 것, 느끼는 것, 그 순간순간의 충만감이라 말하면 너무 소박한 것인가? 후일 언젠가의 행복을 위해 오늘을 참고 희생해야 하는 많은 사람이 오랜 시간 행복하지 않다. 그런 면에서 지금 우리 아이들이 가장 행복하지 않다고 할 수 있다.

말이 되어 나오면 그 의미가 변질될 것 같아 반디에게 "사랑한다"는 말을 잘 하지 않는다. 부모가 아이에게 사랑한다는 말을 하는 것, 가끔은 그 사랑에 아이가 감당하기 너무 큰 기대를 담기도 하기 때문이다. 어느 순간 아이가 사랑한다는 말 속에 감춰진 부모의 기대가 부담스러워지는 날이 오면 온전하지 않은 사랑에 상처받을 수도 있을 것이다. 반디에게 "사랑한다"는 말을 하지 못하는 것과 달리 자주 "행복하다"고 말한다. 책상에 앉아 지적 호기심에 빠져 몰두하고 있는 뒷모습을 볼 때, 야외 카페에 앉아 높이 쌓은 수제 햄버거를 볼이 미어지게 우겨 넣는 모습을 볼 때, 작은 간이 무대 거리 공연의 음악에 맞춰 어깨를 들썩이며 그 순간을 즐기는 모습을 볼 때, 다양한 국적의 사람들과 인연 만들기에 만족하며 그 안에서 즐거움을 만끽할 때, 자신감 넘치는 학교생활에서 기대 이상의 피드백을 받아 스스로를 성장시킬 때, 그런 반디를 보고 있으면 난 정말 행복했다. 행복한 아이를 바라보며 행복한 엄마만큼 행복한 엄마를 바라보며 아이도 행복할 거라 믿었다.

유학을 마치고 자신의 꿈을 완성하기 위해 돌아와 2년이 되었다. 지금은 어떤지 스스로에게 다시 물어본다. "지금도 아이를 바라보며 행복한가?" 감사하게도 그 대답은 "YES!" 아이는 다시 새로운 길을 만나 걸으면서 나아가며 오늘을 살고 있으니까!

세상에서 가장 아름다운 '엄마'라는 이름이 내 몫이 되기까지

10여 년의 시간을 기다려야 했다. 그렇게 기적처럼 찾아와준 아이와 20년을 함께했다. 남들 시선으로는 참으로 괴팍한 아줌마였겠다. 욕먹을 만했구나 싶다. 물론 눈앞에서 욕한 사람은 극히 일부였다. 대부분 이러쿵저러쿵 뒷말이 동네를 한 바퀴 돌아 귀에 들어오고는 했다. 그런 부분 아주 쿨할 수 있었던 모자의 둔감한 성격에 감사한다. 시류에 맞춰 살지 않아 받았던 불편한 시선들에 전혀 맘 다치지 않았다면 거짓이다. 하지만 아이와 내일을 위해 오늘 없이 살았던 시간보다, 오늘을 위해 다가올 내일을 두려워하지 않고 살았던 지난 시간이 많이 행복했구나. 지난 시간 되짚으면서 드는 생각은 이것이다.

꿈을 이루는 길이 누군가 정답이라고 정해놓은 그 하나만 있는 것이 아닌 세상, 각자가 나름의 길을 만들고 나아가도 꿈은 이루어질 수 있다 믿어지는 세상, 그런 세상을 꿈꾸며 어디선가 보이지 않게 '자신만의 길'을 만들고 나아가는 사람들, 또 그 길을 위해 준비 중인 사람들을 온 마음으로 응원한다.

2018년 2월 《엄마표 영어 이제 시작합니다》가 출간되고 받아본 첫 책에 반디에게는 자주 해주어 익숙한 말을 처음으로 글로 남겼다. 첫 책도 지금 이 책도 반디가 빠른 시일에 꼼꼼하게 읽어주리라는 기대는 없다. 그렇다 해도 먼 후일 엄마, 아빠와 함께한 시간을 추억할 수 있는 선물이 되어줄 것 같아 기쁘고 감사하다.

게으르고 틈 많은 엄마 밑에서 어른이 될 때까지 잘 견뎌준 아들, 고맙다! 너와 함께한 모든 시간 많이 행복했어. 물론 지금도!

엄마도 처음부터 엄마로 태어난 것이 아니었기에 너로 인해 '진짜 엄마'로 성장하면서 사랑한다는 말을 해준 기억이 별로 없지만 '널 보고 있으면 행복하다'는 말을 자주 할 수 있어서 엄마로서 더할 나위 없었다.

앞으로 엄마 아빠가 곁에 있어주지 못하는 날들이 점점 많아지겠지. 먼 후일 그것이 영원이 된다 해도 너의 기억 속에 '엄마 아빠는 많이 행복한 부모였다', 이렇게 남길 수 있어 정말 감사하다.

덕분에 '오늘'도 행복한 엄마가

2018년 2월 8일

아이의 행복한 오늘을 위한 선택

누리보듬 홈스쿨

초판 1쇄 2019년 1월 15일
초판 3쇄 2021년 4월 27일

지은이 한진희
펴낸이 장선희

펴낸곳 서사원
출판등록 제2018-000296호
주소 서울시 마포구 월드컵북로400 문화콘텐츠센터 5층 22호
전화 02-898-8778
팩스 02-6008-1673
전자우편 seosawon@naver.com
블로그 blog.naver.com/seosawon
페이스북 @seosawon **인스타그램** @seosawon

교정·교열 조창원 **디자인** [★]규

ⓒ 한진희 2019

ISBN 979-11-965330-1-4 13590